Physical Research

Laser-Doppler-Strömungsmessung

Heinz-Eberhard Albrecht

AKADEMIE-VERLAG BERLIN

In this series original contributions of physical research in all fields are contained, such as

— research monographs
— collections of papers to a single topic
— reports on congresses of exceptional interest for physical research.

This series is aimed at promoting quick information and communication between physicists of the various special branches.

Manuscripts
in English comprising at least 100 pages and not more than 500 pages can be admitted to this series. With respect to a quick publication in future the manuscripts will be reproduced photomechanically. Authors who are interested in this series please turn directly to the Akademie Verlag Berlin. Here you will get more detailed information about the form of the manuscripts and the modalities of publication.

In diese Reihe werden Originalbeiträge zu allen Gebieten der physikalischen Forschung aufgenommen wie

— Forschungsmonographien
— Sammlungen von Arbeiten zu einem speziellen Thema
— Berichte von Tagungen, die für die physikalische Forschung besonders aktuell sind.

Die Reihe soll die schnelle Information und gute Kommunikation zwischen den Physikern der verschiedenen Fachgebiete fördern.

Manuskripte
in englischer Sprache, die mindestens 100 Seiten und nicht mehr als 500 Seiten umfassen, können in diese Reihe aufgenommen werden. Im Interesse einer schnellen Publikation werden die Manuskripte künftig auf fotomechanischem Wege reproduziert. Autoren, die an der Veröffentlichung entsprechender Arbeiten in dieser Reihe interessiert sind, wenden sich bitte direkt an den Akademie-Verlag Berlin. Sie erhalten dort genauere Informationen über die Gestaltung der Manuskripte und die Modalitäten der Veröffentlichung.

Heinz-Eberhard Albrecht

Laser-Doppler-Strömungsmessung

Physical Research

Volume 2

Laser-Doppler-Strömungsmessung

von
Heinz-Eberhard Albrecht

Laser-Doppler-Strömungsmessung

von
Heinz-Eberhard Albrecht

Mit 136 Abbildungen und 14 Tabellen

Akademie-Verlag Berlin
1986

Verfasser:

Prof. Dr. sc. techn. Heinz-Eberhard Albrecht
Wilhelm-Pieck-Universität Rostock
Sektion Technische Elektronik

ISBN 3-05-500030-7

Erschienen im Akademie-Verlag Berlin, DDR-1086 Berlin, Leipziger Straße 3—4

Lizenznummer: 202 · 100/414/86
Printed in the German Democratic Republic
Gesamtherstellung: VEB Druckhaus „Maxim Gorki", 7400 Altenburg
Lektor: Dipl.-Phys. Gisela Lagowitz
LSV 1125
Bestellnummer: 763 533 7 (6917)

04500

Vorwort

Die zunehmende Forderung nach material- und energiesparenden hochautomatisierten Maschinen, Verfahren und Anlagen hat zu einem breiten Aufschwung der Prozeßmeßtechnik und Meßtechnik sowie der Analysentechnik im Bereich der Forschung und Entwicklung geführt. Wesentlich gefördert wird dieser Prozeß durch den enormen Fortschritt in der Elektronik, die mit nahezu unübersehbaren Möglichkeiten der Informationsverarbeitung durch Mikrorechner in fast alle Teilgebiete der Technik eingedrungen ist.

Dabei ist gegenwärtig zu beobachten, daß die Entwicklung geeigneter Sensoren, d. h. Meßwandler und Meßfühler, die eine gegebene physikalische Größe in eine elektrische umwandeln, immer mehr in den Vordergrund des Interesses rückt. Unter diesem Blickwinkel ist auch der große Aufschwung in der Durchfluß- und Strömungsmeßtechnik zu sehen, der sich in den vergangenen Jahren vollzogen hat und noch nicht abgeschlossen ist.

Das Verlangen nach genauerer Kenntnis von Strömungsfeldern und deren Dynamik hat zur Entwicklung moderner Strömungsmeßverfahren, wie der Hitzdrahtanemometrie, der Ultraschallmeßtechnik und der **L**aser-**D**oppler-**A**nemometrie (LDA) geführt. Die Hitzdrahtanemometrie ist soweit entwickelt, daß praktisch eine punktförmige Messung der Geschwindigkeit möglich ist. Nicht zu übersehen ist aber, daß durch die Sondenbauform die Störung der Strömung unvermeidbar ist. Außerdem ist die Messung in Flüssigkeiten und in aggressiven Medien problematisch, da die Sonden sich mit störenden Schichten überziehen bzw. zerstört werden. Die akustischen Verfahren erlauben nur die Messung von räumlichen Mittelwerten und sind deshalb mehr als Durchflußmesser und in Sondenbauform zur Messung in ausgedehnten Medien geeignet.

Mit LDA-Meßplätzen ist eine quasipunktförmige berührungslose Strömungsmessung in begrenzten Medien mit einer Ausdehnung von wenigen Millimetern bis zu einigen Metern und im Freien sogar bis zu 100 m möglich. Bedingung ist in der Regel ein durchstrahlbares Medium und das Vorhandensein geeigneter Streuteilchen. Mit dem Verfahren kann man einen Geschwindigkeitsbereich von $v < 1$ mm/s bis zu mehreren hundert Metern pro Sekunde erfassen.

Mit der Entwicklung leistungsfähiger monochromatischer Lichtquellen mit relativ großer Kohärenzlänge, wie wir sie heute in den Lasern vorfinden, wurde die Grundlage zur Ausnutzung des Doppler-Effektes im optischen Bereich und damit die Grundlage für das Laser-Doppler-Anemometer als Meßwandler geschaffen. Yeh und Cummins [Y 1] waren die ersten, die mit einem Laser-Doppler-Anemometer gearbeitet haben; 1964 bereits berichteten sie über ein „He—Ne Laser Spectrometer". In den folgenden Jahren nahmen die Arbeiten auf diesem Gebiet zu. Eine erste Zusammenfassung der Arbeiten der sowjetischen Akademie der Wissenschaften erschien 1975 [1], eine posterförmige Zusammenfassung ihrer Ergebnisse gaben 1976 Durst, Melling und Whitelaw [2], ebenfalls 1976 erschien eine Zusammenfassung der in den USA, Großbritannien und der BRD durchgeführten Arbeiten von Watrasiewicz und Rudd [3] und 1977 von Durani und Graeted [4]. Eine erste Zusammenfassung der Arbeiten des Moskauer Energetischen Institutes wurde 1978 von Rinkevičjus [5] gegeben; 1982 wurde eine Zusammenfassung der Arbeiten der sowjetischen Akademie der Wissenschaften und des Energetischen Institutes herausgegeben [6]. Inzwischen bieten auf dem Weltmarkt eine Reihe von Firmen Laser-Doppler-Anemometer-Meßsysteme an [FI-1 bis FI-4].

Die praktischen Erfahrungen zeigen, daß zur effektiven Arbeit mit dem Laser-Doppler-Anemometer außer strömungstechnischen Kenntnissen eingehende Kenntnisse auf optischem, elektronischem und rechentechnischem Gebiet erforderlich sind. Auf Grund dieser Komplexität und des damit verbundenen Kostenaufwandes für die Meßeinrichtung ist das Laser-Doppler-Verfahren mehr für die Forschung und Entwicklung als für die Betriebsmeßtechnik geeignet. Forschung und Entwicklung finden allerdings im Laser-Doppler-Anemometer ein außerordentlich leistungsfähiges, wenn nicht überhaupt das gegenwärtig leistungsfähigste Strömungsmeßverfahren, das zahlreiche offene Probleme einer Lösung zuführen wird.

Dieses Buch macht es sich zur Aufgabe, den Leser in die Grundlagen und die mit dem Einsatz des Laser-Doppler-Anemometers verbundenen Probleme einzuführen, Hinweise zur praktischen Arbeit mit dem Laser-Doppler-Anemometer und zur Anpassung des Meßsystems an die Meßstrecke sowie einen Überblick über die Probleme der Informationsgewinnung und -verarbeitung von Laser-Doppler-Signalen zu geben.

Das Buch befaßt sich im wesentlichen mit der Meßstrecke und ihren Problemen und ist insofern als eine Einführung in die Laser-Doppler-Anemometrie zu betrachten. Es ist nicht möglich, in diesem Rahmen einen Überblick über die Probleme der „Meßtechnologie" zu geben.

Die Komplexität des Themas macht es erforderlich, in einem ersten Kapitel kurz auf die wesentlichen physikalischen Effekte der verschiedendsten Wissensgebiete einzugehen, die im Laser-Doppler-Anemometer zur Anwendung kommen. Dies ist umso notwendiger, als es beim Laser-Doppler-Verfahren vielfach um die optimale Ausnutzung dieser Effekte geht. Im zweiten Kapitel wird mit der Signalbildung die spezifische Physik des Laser-Doppler-Anemometers behandelt. Dieses Kapitel beinhaltet implizit die Anforderungen an die Optik, Elektronik und die Streuteilchen. Das dritte Kapitel baut darauf auf; es wird ausgehend von den Grundlagen der Berechnung optischer Systeme gezeigt, wie die optische Strecke des Laser-Doppler-Anemometers, der eigentliche Sensor, zu dimensionieren ist.

Das vierte Kapitel befaßt sich mit der elektronischen Signalverarbeitung. Vier Gesichtspunkte sind dabei zu beachten. Die Elektronik muß das Signal erkennen, sie muß dieses Signal auf seine Brauchbarkeit bewerten, das Signal auswerten und schließlich die Information verdichten, um die gewünschten Aussagen über die Strömung und ihre Dynamik zu bekommen.

Das fünfte Kapitel gibt einen kurzen Einblick in die Probleme der Anpassung des Meßsystems an die Meßstrecke und damit einen Einstieg in die Meßtechnologie. Das sechste Kapitel befaßt sich mit dem Grenzfall des Laser-Doppler-Anemometers dem Laser-Laufzeit- oder Laser-Zweifokus-Verfahren.

Die Forschungs- und Entwicklungsarbeiten, deren Ergebnisse in diesem Buch mit dargelegt sind, wurden im Auftrage der Industrie durchgeführt. Im Ergebnis dieser Arbeiten konnten mehrere Meßplätze in Forschungslaboratorien an Hochschulen und Meß- und Prüflaboratorien der Industrie erprobt und eingesetzt werden.

Die Komplexität dieser leistungsfähigen anspruchsvollen Meßtechnik erfordert vom Betreiber umfassende Kenntnisse über die ausgenutzten Effekte und angewandten Techniken der verschiedenen physikalischen Teilgebiete. Dieses Buch wendet sich an Ingenieure und Studenten, die sich in die Laser-Doppler-Anemometrie einarbeiten oder selbst Meßplätze entwerfen und aufbauen wollen.

Die Breite des Themas hat den Autor veranlaßt, Unterstützung bei Fachkollegen zu suchen, die sich mit speziellen Teilproblemen der Laser-Doppler-Anemometrie auseinandergesetzt haben. Besonderer Dank gebührt den Mitarbeitern der Forschungsgruppe Laser-Doppler-Anemometrie der Sektion Technische Elektronik der Universität Rostock für ihre Beiträge und kritische förderliche Diskussion. Herrn Dr. Kröger (Universität Rostock) bin ich dankbar für die Entwicklung des Periodendauermessers, den gewissenhaften Aufbau der Empfänger und der Optiken und für die Unterstützung bei der Abfassung des Kapitels 4. Mein Dank gilt Herrn Dr. Fuchs (jetzt Schiffbauversuchsanstalt Potsdam) für die kritische Aufarbeitung der Literatur zur Informationsverarbeitung sowie Beiträge zum Abschnitt 1.2 und zum Kapitel 4 und Herrn Dipl.-Ing. Beyer (Universität Rostock) für die gewissenhaften Berechnungen der Streufunktionen. Herrn Prof. Puls (Universität Rostock) danke ich für die Durchsicht des Abschnittes 1.2. Die Arbeiten wurden von der Leitung der Sektion Technische Elektronik der Universität Rostock, insbesondere von Prof. Fiedler, gefördert.

Dem Akademie-Verlag und besonders der Lektorin Frau Lagowitz danke ich für die Unterstützung bei der Drucklegung des Buches.

Rostock, Januar 1985 H. E. Albrecht

Inhaltsverzeichnis

1. Meßprinzip und physikalische Grundlagen der Laser-Doppler-Anemometrie 10

1.1. Ausnutzung des Doppler-Effektes im Laser-Doppler-Anemometer 10

1.2. Strömungsmechanische Kenngrößen 18

1.3. Physikalische Eigenschaften des Lasers und des Laserstrahles 23

1.4. Methoden der Modulation des Laserstrahles 31
1.4.1. Rotationsbeugungsgitter 31
1.4.2. Bragg-Zellen 37

1.5. Polarisation der Laserstrahlung 45

1.6. Teilcheneigenschaften 48
1.6.1. Streueigenschaften von Teilchen 48
1.6.2. Teilchenfolgevermögen 61

1.7. Optoelektronische Wandler 04

2. Signalbildung und Signalqualität 73

2.1. Optische Mischung zweier Streuwellen im Empfänger 73

2.2. Signalbildung durch bewegte Streuteilchen am Laserstrahl 76

2.3. Das Zweibeleuchtungsstrahl-Zweistreustrahl-Verfahren 81

2.4. Das Referenzstrahlverfahren 85

2.5. Das Meßvolumen des Laser-Doppler-Anemometers 88

2.6. Die Signalstruktur im Zeitbereich 89

2.7. Die Signalstruktur im Frequenzbereich 105

2.8. Das Signal-Rausch-Verhältnis beim Laser-Doppler-Anemometer 112

2.9. Grenzen des Meßverfahrens 118

2.10. Moiré-Modelle zur Darstellung der Signalbildung beim Laser-Doppler-Anemometer . . 122

3. Dimensionierung der optischen Meßstrecke 127

3.1. Die optimale Auslegung der Sendeoptik 128

3.2. Die optimale Auslegung der Empfangsoptik 133

3.3. Optische Meßstrecken zur Ein- und Mehrkomponentenmessung 135
3.3.1. Einkomponenten-Laser-Doppler-Anemometer 135
3.3.2. Zwei- und Dreikomponenten-Laser-Doppler-Anemometer 143

4. Signalauswertung, Informationsgewinnung und -verarbeitung 149

4.1. Fotoempfänger 151

4.2. Signalauswerteverfahren 154
4.2.1. Spektralanalysatoren 154
4.2.2. Frequenz- und Phasenregelschleifen 155
4.2.3. Periodendauermesser 157
4.2.4. Eventoskope 160

4.3. Verfahren zur Signalverbesserung 161
4.3.1. Filterbank 161
4.3.2. Korrelatoren 162

4.4. Informationsverarbeitung 164

4.5. Längenmessung 176

5. Anpassung des Laser-Doppler-Anemometers an Meßprobleme 177

6. Das Laser-Zweifokus-Verfahren als Grenzfall des Laser-Doppler-Anemometers 183

7. Anhang 186

7.1. Anhang I: Ableitung des Radius der Phasenfront 180

7.2. Anhang II: Referenzstrahlverfahren — Integration über die Empfängerfläche 187

7.3. Anhang III: Berechnung der Projektionsfläche $A_{\perp}(\vartheta, \varphi)$ 188

8. Literaturverzeichnis 192

9. Symbolverzeichnis 198

10. Sachwortverzeichnis 201

1. Meßprinzip und physikalische Grundlagen der Laser-Doppler-Anemometrie

Die Entwicklung hochempfindlicher Meßwandler und ihre Integration in komplette Meßsysteme ist durch zunehmende Komplexität der einbezogenen physikalischen und fachwissenschaftlichen Teilgebiete gekennzeichnet. Das Spektrum reicht bei der Laser-Doppler-Anemometrie (LDA) von den strömungsmechanischen Größen, die geeignet sind, eine Strömung hinreichend zu beschreiben, über optische Probleme, die mit dem eigentlichen Sensor dieses Verfahrens verbunden sind, Probleme der Signalerfassung, -erkennung und -auswertung bis hin zu Problemen der Informationsverarbeitung im Rechner.

Der effektive Einsatz des Meßverfahrens und die Anpassung des Meßsystems an ein Meßproblem erfordern meist Detailkenntnisse aus den verschiedenen berührten Fachgebieten, so daß es unumgänglich ist, sich mit den grundlegenden Zusammenhängen der physikalischen Größen der beteiligten Fachgebiete zu befassen.

1.1. Ausnutzung des Doppler-Effektes im Laser-Doppler-Anemometer

Grundlage des Laser-Doppler-Anemometers ist der Doppler-Effekt. Zum Zweck einer einheitlichen übersichtlichen Darstellung sei der Doppler-Effekt anhand der Abb. 1.1.1. kurz erläutert. Eine vom Sender S abgestrahlte elektromagnetische Welle breitet sich unabhängig von der sich eventuell verändernden Stellung des Senders mit der Lichtgeschwindigkeit $\boldsymbol{c}$ im Raum aus. Bewegt sich der Sender bezüglich eines festen Koordinatensystems mit der Geschwindigkeit $\boldsymbol{v}_S$, so werden die ausgesendeten Wellen in Bewegungsrichtung komprimiert und entgegen der Bewegungsrichtung gestreckt. Die Wellenlänge wird bezüglich des angenommenen Koordinatensystems durch die relative Geschwindigkeit zwischen Sender und Wellenfront bestimmt und ergibt sich aus

$$\lambda_{1,2} \cdot f_S = \frac{\Delta s_{1,2}}{\Delta t} = v_{1,2} = c \mp v_S . \qquad (1.1.1)$$

Für einen mit der Geschwindigkeit $\boldsymbol{v}_E$ bewegten Empfänger ergibt sich die Frequenz f_E der detektierten Welle aus der relativen Geschwindigkeit der Wellenfront bezüglich des Empfängers $E_{1,2}$ gemäß

$$\lambda_{1,2} \cdot f_{E1,2} = c \mp v_E . \qquad (1.1.2)$$

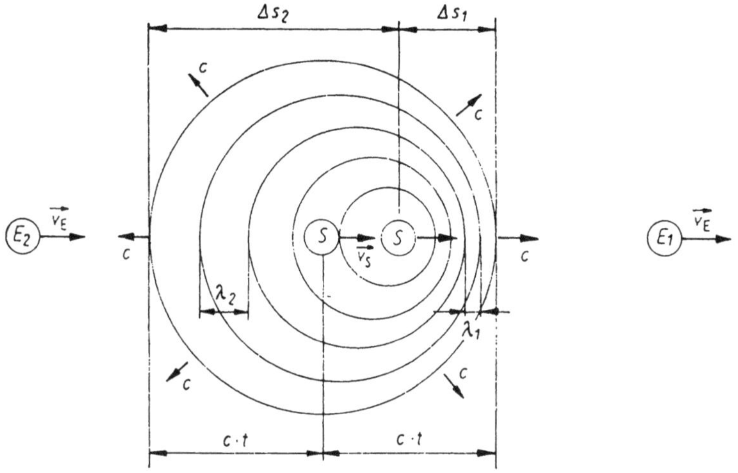

Abb. 1.1.1. Prinzip des Doppler-Effektes

Für die vom Empfänger aufgenommene Frequenz folgt damit

$$f_{E1,2} = f_S \frac{c \mp v_E}{c \mp v_S}. \tag{1.1.3}$$

Bei beliebigen Richtungen für die Geschwindigkeiten $\boldsymbol{v}_S$ und $\boldsymbol{v}_E$ nimmt unter Verwendung des Einheitsvektors für das Fortschreiten der Wellenfront $\boldsymbol{e}_c = \boldsymbol{c}/c$ (Abb. 1.1·2.) Gl. (1.1.3) allgemein die Form

$$f_E = f_S \cdot \frac{c - \boldsymbol{e}_c \cdot \boldsymbol{v}_E}{c - \boldsymbol{e}_c \cdot \boldsymbol{v}_S} = f_S \cdot \frac{1 - \boldsymbol{e}_c \cdot \boldsymbol{v}_E/c}{1 - \boldsymbol{e}_c \cdot \boldsymbol{v}_S/c} \tag{1.1.4}$$

an.

Da die mit diesem Meßverfahren registrierbaren Geschwindigkeiten in der Größenordnung bis zu einigen hundert Metern liegen ($v/c < 10^{-4}$), sind relativistische Effekte höherer Ordnung vernachlässigbar. Damit ist Gl. (1.1.4) die Grundlage für die weiteren Betrachtungen.

Das LDA-Meßverfahren ist ein indirektes Meßverfahren. Das eigentliche Wandlerelement bilden von der Strömung mitgeführte optische Inhomogenitäten, in der Regel Teilchen im Mikrometerbereich, deren Geschwindigkeit bestimmt wird und von denen deshalb gefordert wird, daß sie der Strömung schlupflos folgen. Dort, wo keine natürlichen Streuteilchen vorhanden sind, muß das strömende Medium mit geeigneten künstlichen Streuteilchen geimpft werden. Ist das schlupflose Folgen dieser Teilchen nicht gesichert, dann ist eine Bestimmung des Schlupfes unumgänglich, um von den Meß-

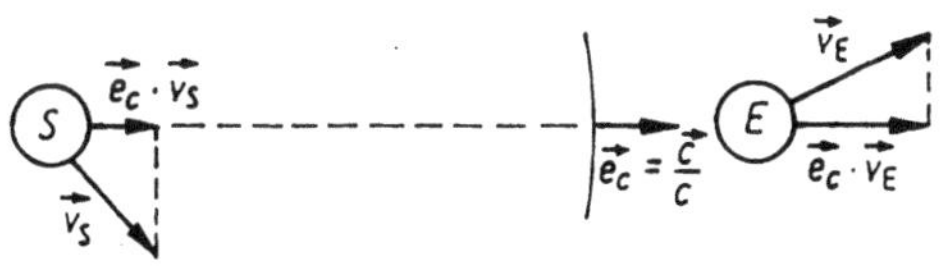

Abb. 1.1.2. Doppler-Effekt bei beliebiger Bewegungsrichtung von Sender und Empfänger

werten auf die Geschwindigkeit des strömenden Mediums schließen zu können. Auf Grund der zentralen Stellung der Streuteilchen bei diesem Meßverfahren wird ihrem Verhalten und ihren physikalischen Eigenschaften, insbesondere ihrer Eigenschaft, elektromagnetische Strahlung zu streuen, und dem Teilchenfolgevermögen, in den folgenden Kapiteln noch besondere Aufmerksamkeit zu widmen sein.

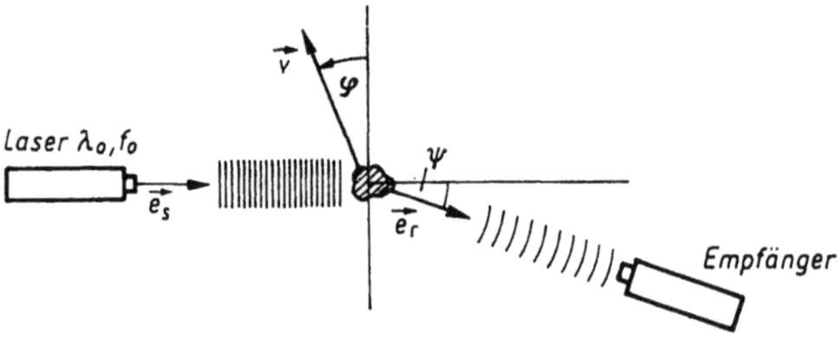

Abb. 1.1.3. Doppler-Effekt beim Laser-Doppler-Anemometer

Das Grundprinzip des Laser-Doppler-Anemometers ist in Abb. 1.1.3. dargestellt. Der Laser der Wellenlänge λ_0 sendet ein Strahlenbündel monochromatischen Lichtes (Beleuchtungsstrahl) in das Medium mit der Strömungsgeschwindigkeit $\boldsymbol{v}$. Die Strahlung wird an den mitgeführten Partikeln gestreut. Dabei wird der Doppler-Effekt in zweifacher Hinsicht wirksam. Bezüglich des Lasers wirken die Streupartikel als bewegte Empfänger von Laserstrahlung, bezüglich des Empfängers treten sie als bewegte Sender für Streulicht auf. Dabei ergibt sich unter Berücksichtigung der unterschiedlichen Richtung für den ausgesendeten Beleuchtungsstrahl (Frequenz f_0, Richtung $\boldsymbol{e}_s$) und die durch den Empfänger fixierte Richtung der aufgenommenen Streuwelle (Frequenz f_P, Richtung $\boldsymbol{e}_r$) für die vom Empfänger aufgenommene Frequenz

$$f_E = f_P \cdot \frac{1}{1 - \boldsymbol{e}_r \cdot \boldsymbol{v}/c} = f_0 \cdot \frac{1 - \boldsymbol{e}_s \cdot \boldsymbol{v}/c}{1 - \boldsymbol{e}_r \cdot \boldsymbol{v}/c}. \tag{1.1.5}$$

Wegen $v/c < 10^{-4}$ kann Gl. (1.1.5) durch

$$f_E = f_0 + f_0 \frac{\boldsymbol{v}}{c} \cdot (\boldsymbol{e}_r - \boldsymbol{e}_s) \tag{1.1.6}$$

angenähert werden. Die durch den Doppler-Effekt hervorgerufene Frequenzverschiebung beträgt damit

$$\Delta f_D = f_0 \frac{\boldsymbol{v}}{c} \cdot (\boldsymbol{e}_r - \boldsymbol{e}_s). \tag{1.1.7}$$

Der erste Summand gibt die durch die Relativbewegung des Streuteilchens gegenüber dem optoelektronischen Empfänger, der zweite Summand die durch die Relativbewegung des Streuteilchens gegenüber dem Laser verursachte Frequenzverschiebung an. Mit den in Abb. 1.1.3 angegebenen Winkeln und mit $f_0 \cdot \lambda_0 = c$ beträgt die Frequenzverschiebung

$$\Delta f_D = -\frac{v}{\lambda_0} \sin(\varphi + \psi) + \frac{v}{\lambda_0} \sin \varphi \qquad (1.1.8)$$

bzw. nach Zusammenfassung [L 1]

$$\Delta f_D = \frac{v}{\lambda_0} \cos(\varphi + \psi/2) \sin \psi/2 . \qquad (1.1.9)$$

Speziell für $\varphi = 0°$ ist die Frequenzverschiebung nur noch von der Stellung des Empfängers abhängig

$$\Delta f_D = \frac{v}{\lambda_0} \sin \psi . \qquad (1.1.10)$$

Bei einer Anordnung mit He-Ne-Laser ($\lambda_0 = 632{,}8$ nm) beträgt bei $v = 300$ m/s der Faktor $v/\lambda_0 = 474$ MHz bei einer Laserfrequenz von $f_0 = 4{,}75 \cdot 10^{14}$ Hz. Für $\varphi = 0°$ ist Δf_D positiv, für $\varphi = 180°$ wird Δf_D negativ (Abb. 1.1.4.).

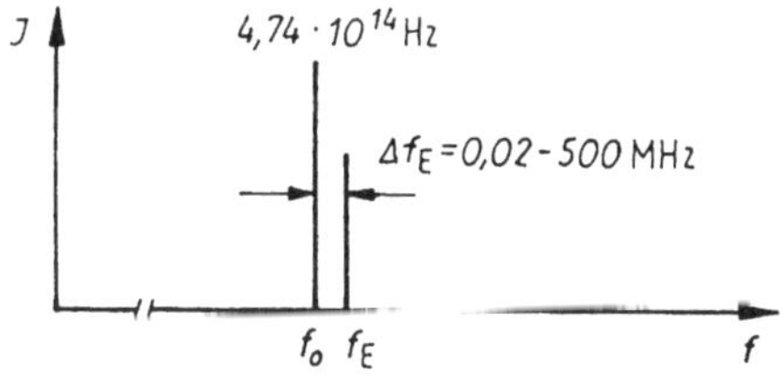

Abb. 1.1.4. Spektrum der auf den Empfänger auftreffenden Strahlung

Eine direkte Auswertung dieser Frequenzverschiebung ist mit dem Fabry-Perot-Interferometer möglich. Nach [J 1, P 1] werden mit kommerziellen Geräten Auflösungen von 5 MHz bei einer Genauigkeit von 0,3% erreicht. Im technisch interessierenden Bereich haben sich Differenzverfahren auf der Grundlage der optischen Mischung in einem Heterodynempfänger bewährt. Die Signaldetektion erfolgt durch Fotodioden oder Sekundärelektronenvervielfacher (SEV); das Ergebnis ist in jedem Fall eine Frequenzdifferenz. Damit wird die Empfangsfrequenz in einen elektronisch verarbeitbaren Bereich verschoben.

In Bezug auf die optische Mischung bieten sich zwei Grundprinzipien an — Verfahren der Mischung von zwei Streuwellen und Verfahren der Mischung einer Streuwelle mit einer Welle bekannter Frequenz z. B. mit dem unbeeinflußten Laserstrahl. In jedem Fall sind optische Anordnungen möglich, die von einem Laserstrahl oder von zwei durch Strahlteilung gewonnenen Laserstrahlen ausgehen.

Im folgenden sollen zunächst die Verfahren näher analysiert werden, die zur Signaldetektion zwei Streuwellen verwenden.

In Abb. 1.1.5. ist eine Einbeleuchtungsstrahl-Zweistreustrahl-Anordnung dargestellt. Sie geht von einem Laserstrahl aus, der als Beleuchtungsstrahl der von der Strömung mitgeführten Streuteilchen dient. Zur Detektion werden zwei aus ein und demselben Streufeld unter den Winkeln ψ_1 und ψ_2 ausgeblendete Teilwellen dem Empfänger zur optischen Überlagerung zugeführt. In der Anordnung Abb. 1.1.5. treten folgende Frequenzen auf:

$$
\begin{aligned}
f_1 &= f_0 + \boldsymbol{v} \cdot (\boldsymbol{e}_{r1} - \boldsymbol{e}_s)/\lambda_0, \\
f_2 &= f_0 + \boldsymbol{v} \cdot (\boldsymbol{e}_{r2} - \boldsymbol{e}_s)/\lambda_0, \\
f_E &= f_2 - f_1 = \boldsymbol{v} \cdot (\boldsymbol{e}_{r2} - \boldsymbol{e}_{r1})/\lambda_0.
\end{aligned} \tag{1.1.11}
$$

Für den speziellen Fall $\psi_1 = -\psi_2 = -\Theta/2$ wird aus Gl. (1.1.11)

$$f_E = \frac{2v \cos \varphi \sin \Theta/2}{\lambda_0} = \frac{2v_\perp \sin \Theta/2}{\lambda_0}. \tag{1.1.12}$$

Die empfangene Frequenz ist direkt der zum Laserstrahl senkrechten Geschwindigkeitskomponente proportional. Als Proportionalitätskonstante tritt eine ausschließlich von der optischen Anordnung und der Laserwellenlänge abhängige Gerätekonstante auf.

Die Fixierung eines als Meßvolumen zu definierenden Strahlbereiches, aus dem beide Teilsignale aufgenommen werden, ist bei dieser Anordnung schwierig. Bei fehlerhafter Orientierung der Optiken wird Streulicht aus verschiedenen Bereichen des Laserstrahles gemischt, was zu Meßfehlern führt. Das ist auch die wesentliche Ursache dafür, daß diese Anordnung in der praktischen Meßtechnik wenig Anwendung gefunden hat.

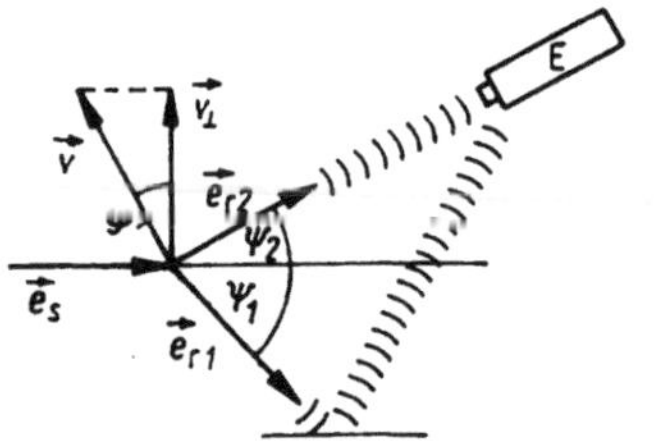

Abb. 1.1.5. Einbeleuchtungsstrahl-Zweistreustrahl-Verfahren

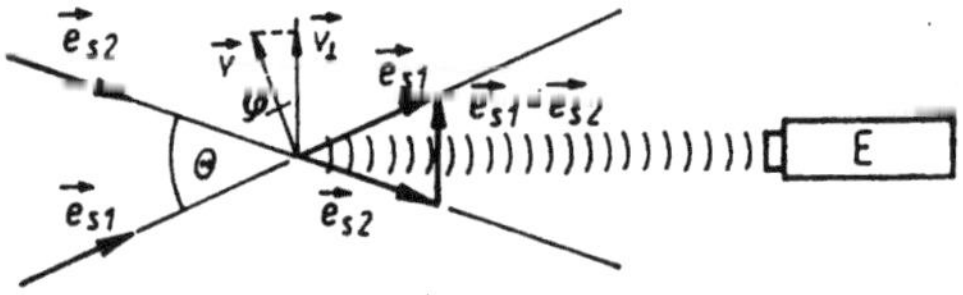

Abb. 1.1.6. Zweibeleuchtungsstrahl-Zweistreustrahl-Verfahren

Die Zweibeleuchtungsstrahl-Zweistreustrahl-Anordnung (Abb. 1.1.6.) verwendet zwei durch Strahlteilung aus einem Laserstrahl gewonnene Teilstrahlen als Beleuchtungsstrahl. Sie hat den Vorteil, daß durch den Schnittpunkt der beiden Laserstrahlen der als Meßvolumen zu betrachtende Strahlbereich eindeutig festgelegt ist. Maximale Signalqualität wird erreicht, wenn die beiden Teilstrahlen gleiche Intensität haben. Das Signal entsteht aus der Überlagerung der von den beiden Beleuchtungsstrahlen am Streuteilchen erzeugten Streuwellen.

Bei dieser Anordnung entsteht durch die örtliche Überlagerung der beiden Laserstrahlen im Schnittvolumen ein räumliches real existierendes Interferenzfeld, das sich in periodischen Schwankungen der Energiedichte, d. h. der Intensität der elektrischen Feldstärke, äußert. Der Abstand der Interferenzflächen Δx hängt direkt mit dem Schnittwinkel Θ der Laserstrahlen und der Laserwellenlänge zusammen und erweist sich als dem reziproken Wert der Gerätekonstanten gleich

$$\Delta x = \frac{\lambda_0}{2 \sin \Theta/2}. \tag{1.1.13}$$

Es ist leicht einzusehen, daß die Schwebungsfrequenz der resultierenden Streuwelle direkt mit der senkrecht zu den Interferenzflächen auftretenden Geschwindigkeitskomponente $\boldsymbol{v}_\perp$ und dem Abstand der Interferenzflächen zusammenhängt

$$f_E = v_\perp / \Delta x. \tag{1.1.14}$$

Ein wesentlicher Vorteil dieser Anordnung besteht auch darin, daß die Frequenz des empfangenen Signales unabhängig von der Stellung des Empfängers ist. Dieser Vorteil und das durch den Schnittpunkt der beiden Strahlen klar fixierte Meßvolumen haben dazu geführt, daß diese Anordnung die häufigst verwendete Variante ist.

Aus Abb. 1.1.6. ergibt sich

$$\begin{aligned} f_1 &= f_0 + \boldsymbol{v} \cdot (\boldsymbol{e}_r - \boldsymbol{e}_{s1})/\lambda_0, \\ f_2 &= f_0 + \boldsymbol{v} \cdot (\boldsymbol{e}_r - \boldsymbol{e}_{s2})/\lambda_0, \\ f_E &= f_2 - f_1 = \boldsymbol{v} \cdot (\boldsymbol{e}_{s1} - \boldsymbol{e}_{s2})/\lambda_0. \end{aligned} \tag{1.1.15}$$

Die Auswertung dieser Gleichung führt wiederum auf das Ergebnis Gl. (1.1.12).

Verfahren der Mischung einer Streuwelle mit einer Welle bekannter Frequenz werden allgemein als Referenzstrahlverfahren bezeichnet. Es sind wiederum Einstrahl- und Zweistrahlanordnungen möglich. Eine Anordnung als Einstrahlverfahren zeigt Abb. 1.1.7.; dem Empfänger werden die unter dem Winkel $-\psi_1$ gestreute Welle und der aus der Strömung austretende Laserstrahl zugeführt. In Abb. 1.1.8. sind zwei Anordnungen dargestellt, die nach dem Zweistrahlprinzip arbeiten. Die Teilstrahlen werden wiederum durch Strahlteilung aus einem Strahl gewonnen. Die in Abb. 1.1.8a abgebildete Anordnung ist ein reines Referenzstrahlverfahren. Es treten keine unerwünschten Nebenprodukte auf. Der Strahl $\boldsymbol{e}_{s1}$ dient als Beleuchtungsstrahl. Der Empfänger nimmt die unter dem Winkel $-\psi_1$ gestreute Welle und den Referenzstrahl $\boldsymbol{e}_{s2}$ auf.

Die beiden behandelten Varianten sind mit der Unsicherheit der Positionierung des Meßvolumens behaftet. Die in Abb. 1.1.8b gezeigte Variante umgeht diese Schwierig-

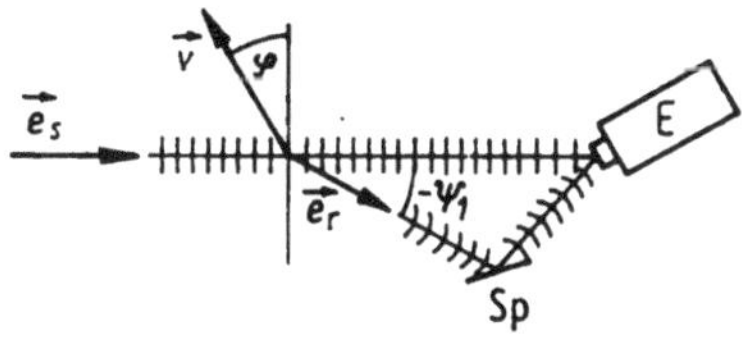

Abb. 1.1.7. Referenzstrahlverfahren nach dem Einstrahlprinzip

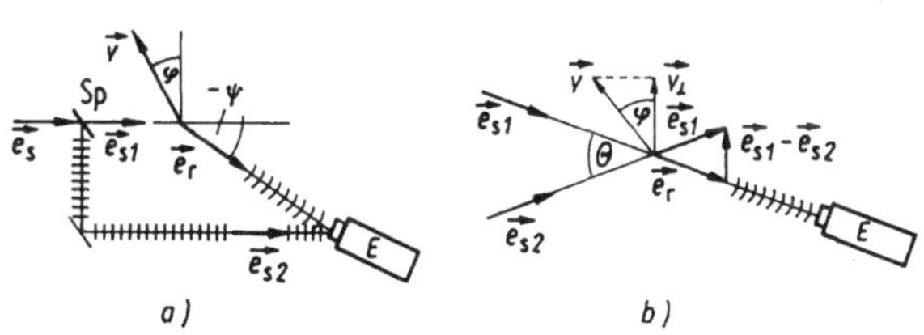

Abb. 1.1.8. Referenzstrahlverfahren nach dem Zweistrahlprinzip

a) mit separat geführtem Referenzstrahl

b) mit gekreuzten Strahlen

keit. Durch den Schnittpunkt der Strahlen ist das Meßvolumen eindeutig bestimmt. Dafür treten im Signal eine Reihe unerwünschter Nebenprodukte auf. Ein Nebenprodukt ist das räumliche Interferenzfeld entsprechend der Abb. 1.1.6. Das gewünschte Signal entsteht aus der Mischung des Referenzstrahles ($\boldsymbol{e}_{s1}$, $\boldsymbol{e}_r$) mit der vom Strahl $\boldsymbol{e}_{s2}$ in Richtung $\boldsymbol{e}_r$ gestreuten Welle. Das Signal erreicht maximale Amplitude, wenn die Intensität der Streuwelle und die des Referenzstrahles gleich sind, d. h., die Intensität des Referenzstrahles darf nur wenige Prozent der Intensität des Beleuchtungsstrahles erreichen ($\approx 5\%$). Durch diese Dimensionierung wird die Wirkung der Nebenprodukte weitgehend unterdrückt. Für die Empfängerfrequenz ergibt sich aus Abb. 1.1.8b

$$\begin{aligned} f_1 &= f_0 + \boldsymbol{v} \cdot (\boldsymbol{e}_r - \boldsymbol{e}_{s1})/\lambda_0 , \\ f_2 &= f_0 , \\ f_E &= f_2 - f_1 = \boldsymbol{v} \cdot (\boldsymbol{e}_{s1} - \boldsymbol{e}_r)/\lambda_0 . \end{aligned} \tag{1.1.16}$$

Die Auswertung dieser Gleichung führt wiederum auf das Ergebnis der Gl. (1.1.12).

Auf Grund der eindeutigen Fixierung des Meßvolumens haben sich in kommerziell erhältlichen Meßplätzen das Zweibeleuchtungsstrahlverfahren (Abb. 1.1.6.) und das Referenzstrahlverfahren nach Abb. 1.1.8b durchgesetzt.

In der behandelten Form liefern die gewählten Meßanordnungen nur Informationen über den Betrag einer Komponente. Durch die Strömungsrichtung bedingte Vorzeichen in Gl. (1.1.12) gehen bei der Informationserfassung verloren, so daß sich beispielsweise bei einer cos-förmig schwankenden Strömung die in Abb. 1.1.9. angegebene Zeitfunktion für den Momentanwert der Frequenz ergibt. Diese Unzulänglichkeit kann behoben werden, wenn an Stelle der Teilstrahlen mit Lasergrundfrequenz f_0 ein Strahlenpaar benutzt wird, bei dem entweder ein Strahl oder sogar beide Strahlen um die Frequenz $f_{s1,2}$ frequenzvorverschoben sind. In diesem Fall ergibt die optische Mischung z. B. an Stelle von Gl. (1.1.11) für die empfangene Frequenz

$$f_E = f_{s2} - f_{s1} + \frac{\boldsymbol{v}}{\lambda_0} \cdot (\boldsymbol{e}_{r2} - \boldsymbol{e}_{r1}) = f_s + \frac{\boldsymbol{v}}{\lambda_0} \cdot (\boldsymbol{e}_{r2} - \boldsymbol{e}_{r1}) . \tag{1.1.17}$$

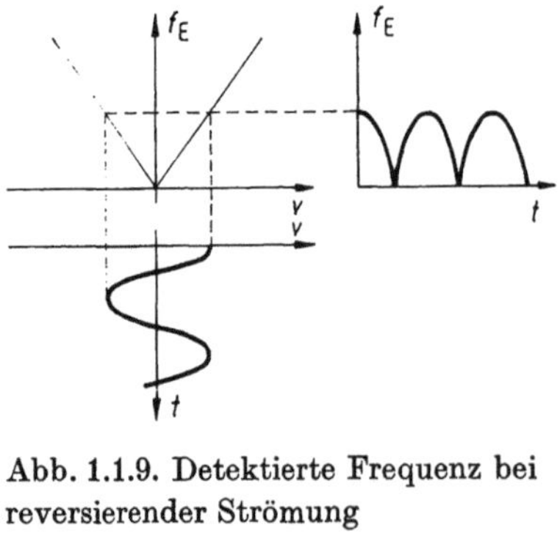

Abb. 1.1.9. Detektierte Frequenz bei reversierender Strömung

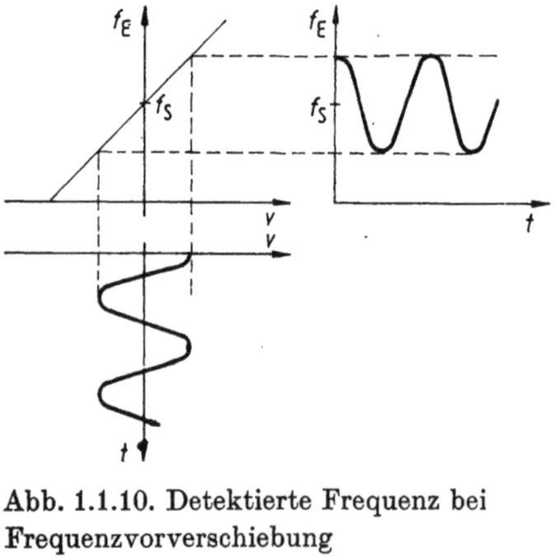

Abb. 1.1.10. Detektierte Frequenz bei Frequenzvorverschiebung

Ein ruhendes Teilchen wird somit mit der Shiftfrequenz f_s detektiert (Abb. 1.1.10). Aus der Lage der Empfangsfrequenz zur Shiftfrequenz kann nunmehr das Vorzeichen der Strömung bestimmt werden.

Damit ergibt sich für einen LDA-Meßplatz der in Abb. 1.1.11. dargestellte Aufbau.

Die Messung mehrerer Komponenten ist nach diesem Verfahren grundsätzlich möglich, erfordert aber einen unter Umständen wesentlich erhöhten optischen und elektronischen Aufwand. Zur Trennung der Signalfrequenz für die einzelnen Strömungskomponenten können

— die Lasergrundfrequenz (d. h. Verwendung von verschiedenfarbigen Strahlenpaaren),
— die Polarisation der Strahlen (d. h. Verwendung von Strahlenpaaren unterschiedlicher Polarisation) und
— die Frequenzvorverschiebung (d. h. Verwendung von Strahlenpaaren mit unterschiedlicher Frequenzvorverschiebung)

benutzt werden.

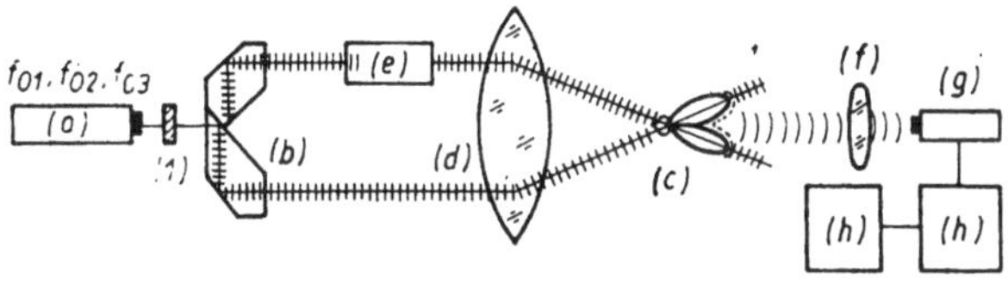

Abb. 1.1.11. Grundstruktur für ein Laser-Doppler-Anemometer

(a) Laser, (b) Strahlteiler, (c) Meßvolumen mit Streuteilchen, (d) Sendeoptik, (e) Frequenzvorverschiebeeinheit, (f) Empfangsoptik, (g) Auswerteelektronik, (h) Informationsverarbeitungs- und Ausgabeeinheiten, (1) Anpassungskollimator und Polarisator

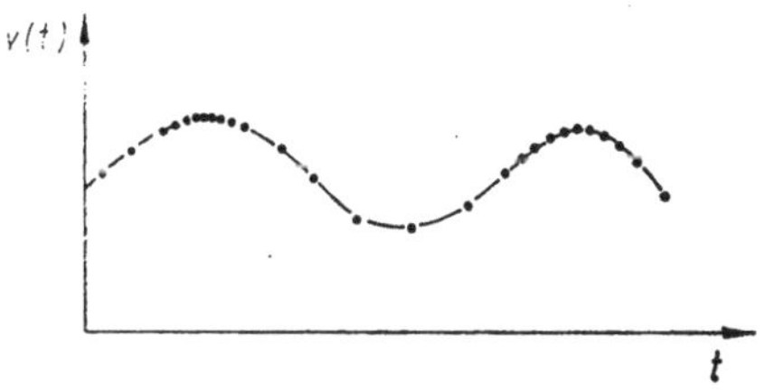

Abb. 1.1.12. Abhängigkeit der Signalrate von der Strömungsgeschwindigkeit

Auf praktische Anordnungen für Mehrkomponentenmeßplätze wird in Kap. 3 eingegangen.

In der Einführung wurde bereits erwähnt, daß das LDA-Meßverfahren ein indirektes Meßverfahren ist, das im Prinzip die Geschwindigkeit der von der Strömung mitgeführten Teilchen bestimmt. Der Momentanwert der Geschwindigkeit der Streuteilchen kann aus dem Einzelsignal eines Teilchens in Abhängigkeit vom elektronischen Aufwand sehr genau (besser 1%) bestimmt werden. Da durch die Streuteilchen der Momentanwerteverlauf $v(t)$ der Strömung im Punkt $P(x, y, z)$ mehr oder weniger lückenhaft abgetastet wird (Abb. 1.1.12.), ist die Bestimmung von Zeitmittelwerten, des Turbulenzgrades und anderer Parameter der Strömung von der Datenrate, d. h. der pro Zeiteinheit anfallenden Anzahl verwendbarer Signale und damit vom Teilchenstrom durch das Meßvolumen, abhängig. Das Problem besteht nun darin, aus den von der Strömungsgeschwindigkeit beeinflußten statistisch verteilt anfallenden Signalen die Strömungsparameter möglichst fehlerfrei zu bestimmen. Damit ist eine strömungsangepaßte Datenverarbeitung erforderlich. Dem Problem der Informationsgewinnung aus dem mehr oder weniger lückenhaft gemessenen Momentanwerteverlauf wird deshalb besonderes Augenmerk zu widmen sein.

Die Darstellung des Meßprinzips hat gezeigt, daß es sich bei der Laser-Doppler-Anemometrie um ein sehr komplexes Meßverfahren handelt. Die Ergebnisse der verschiedendsten Wissensgebiete kommen zur Anwendung. Im Interesse einer hohen Meßgenauigkeit und Empfindlichkeit ist eine optimale Auslegung der einzelnen Bau- und Funktionseinheiten der optischen Meßstrecke, der Auwerteelektronik und der Informationsverarbeitung anzustreben. In der optischen Meßstrecke verschenkte Effektivität kann im elektronischen Teil der Meßeinrichtung nicht wieder gewonnen werden. In den folgenden Abschnitten werden deshalb die einzelnen Baueinheiten der optischen Meßstrecke und die nachfolgenden elektronischen Baueinheiten näher untersucht.

1.2. Strömungsmechanische Kenngrößen [7, 8, 9]

Eine wesentliche Eigenschaft des Laser-Doppler-Anemometers besteht in der berührungslosen quasipunktförmigen Messung der Geschwindigkeit in einem Punkt $P(x, y, z)$ eines räumlichen Strömungsfeldes. Die Koordinaten x, y, z fixieren dabei den Meßpunkt bezüglich eines ortsfesten Bezugssystems. Der örtliche Zeitverlauf des Momentanwertes der Geschwindigkeit $v(t)_{P(x,y,z)}$ kann mit einem geeignet ausgelegten optischen System und entsprechender Auswerteelektronik in Form der orthogonal zueinander stehenden Komponenten $v_x(t)_{P(x,y,z)}$, $v_y(t)_{P(x,y,z)}$ und $v_z(t)_{P(x,y,z)}$ bestimmt werden (Eulersche Darstellungsform). Bei stationären bzw. quasistationären Strömungsfeldern kann durch zeitserielle Messungen an ausgewählten Punkten des Strömungsfeldes das gesamte dreidimensionale Feld beschrieben werden.

Soll die Dynamik eines Feldbereiches eines turbulenten Feldes untersucht werden, dann scheint zunächst eine zeitparallele Messung an ausgewählten Feldpunkten unumgänglich.

Neben der Eulerschen Form ist die Beschreibung und meßtechnische Erfassung des Strömungsfeldes nach der Lagrangeschen Darstellung möglich. Die Bewegung eines markierten Volumenelementes ΔV wird ausgehend von einem Anfangsvektor $\boldsymbol{a} = a\boldsymbol{e}_x + b\boldsymbol{e}_y + c\boldsymbol{e}_z$ ($\boldsymbol{e}_x, \boldsymbol{e}_y, \boldsymbol{e}_z$ Einheitsvektoren) in Form der zeitabhängigen Koodinaten $x(a, b, c, t)$, $y(a, b, c, t)$ und $z(a, b, c, t)$ verfolgt. Diese Darstellungsform findet z. B. Anwendung bei der Ausmessung des Strömungsfeldes mittels fotografischer Methoden. Für die Laser-Doppler-Anemometrie ist die Lagrangesche Form nur für die Bahnbeschreibung der Streuteilchen im Bereich des Meßvolumens von Bedeutung.

Die vollständige Beschreibung der Strömung geht von der Newtonschen Grundgleichung der Dynamik und der Kontinuitätsgleichung für den Massestrom aus, benötigt aber darüber hinaus noch Angaben über den Druck $p(x, y, z)$ und die Dichte $\varrho(x, y, z)$.

Im folgenden sollen nur inkompressible Medien, d. h. Flüssigkeitsströmungen oder Gasströmungen mit einer Geschwindigkeit kleiner als die Schallgeschwindigkeit, betrachtet werden. An einem infinitesimalen Volumenelement ΔV (Abb. 1.2.1.) wird für die drei Komponenten die Grundgleichung der Dynamik analysiert. Unter Hinzunahme der Kontinuitätsgleichung

$$\operatorname{div} (\varrho \boldsymbol{v}) = \varrho \operatorname{div} \boldsymbol{v} = 0 \tag{1.2.1}$$

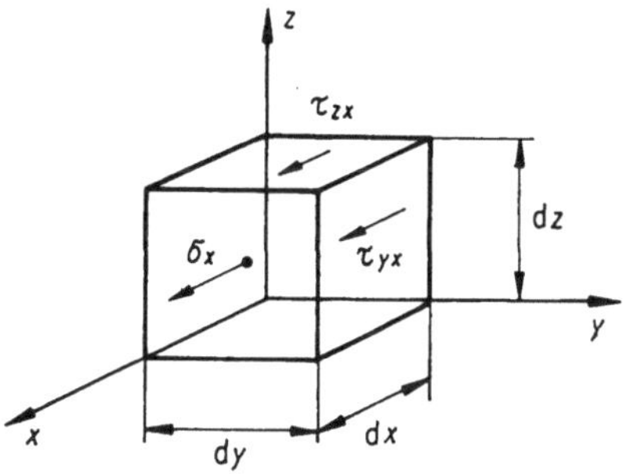

Abb. 1.2.1. Spannungszustände in einem infinitesimalen Volumenelement eines zähen Fluids

ergibt sich ein Gleichungssystem für die vier Unbekannten p, v_x, v_y, v_z, das Ausgangspunkt für ein Meßprogramm sein kann. Für das in Abb. 1.2.1. dargestellte Volumenelement gilt für die x-Komponente

$$\varrho \, dx \, dy \, dz \, \frac{dv_x}{dt} = -\frac{\partial p}{\partial x} \, dx \, dy \, dz - g\varrho \, \frac{dh}{dx} \, dx \, dy \, dz$$
$$+ \frac{\partial \sigma_x}{\partial x} \, dx \, dy \, dz + \frac{\partial \tau_{yx}}{\partial y} \, dx \, dy \, dz + \frac{\partial \tau_{zx}}{\partial z} \, dx \, dy \, dz. \tag{1.2.2}$$

Auf der linken Seite steht das Produkt aus Masse und Beschleunigung, auf der rechten Seite die Druckkraft, die im Schwerefeld g durch das Gefälle dh/dx verursachte Kraft und die durch die Schub- und Scherspannungen σ_x, τ_{yx} und τ_{zx} verursachten Kräfte.

Für eine quasireibungsfreie Flüssigkeit, d. h., die durch Schub- und Scherspannungen verursachten Kräfte sind vernachlässigbar, geht nach Integration Gl. (1.2.2) in die Bernoulli-Gleichung über

$$\frac{p}{\varrho} + g \, \frac{dh}{dx} + \frac{v_x^2}{2} = K_B = \text{konst.} \tag{1.2.3}$$

Diese Gleichung ermöglicht, bei Strömungen mit vernachlässigbarer Reibung aus der gemessenen Geschwindigkeit den wirksamen Druck zu bestimmen.

Für den Fall, daß die Konstante der Bernoulli-Gleichung K_B längs einer Strömungslinie und für alle Strömungslinien dieselbe ist, beschreibt Gl. (1.2.3) eine Potentialströmung. Damit ist bereits ein breites Einsatzgebiet abgesteckt, bei dem die Geschwindigkeitsmessung zur Beschreibung des Strömungsfeldes ausreicht.

Unter der Voraussetzung konstanter Zähigkeit (Newtonsche Flüssigkeiten)

$$\eta \neq f\left(\frac{\partial v_i}{\partial x}, \frac{\partial v_i}{\partial y}, \frac{\partial v_i}{\partial z}\right), \quad i = x, y, z, \tag{1.2.4}$$

lauten die Beziehungen für die Schubspannungen und die Normalspannungen

$$\begin{aligned} \sigma_x &= 2\eta \frac{\partial v_x}{\partial x}, \quad \tau_{xy} = \tau_{yx} = \eta\left(\frac{\partial v_x}{\partial y} + \frac{\partial v_y}{\partial x}\right), \\ \sigma_y &= 2\eta \frac{\partial v_y}{\partial y}, \quad \tau_{yz} = \tau_{zy} = \eta\left(\frac{\partial v_y}{\partial z} + \frac{\partial v_z}{\partial y}\right), \\ \sigma_z &= 2\eta \frac{\partial v_z}{\partial z}, \quad \tau_{zx} = \tau_{xz} = \eta\left(\frac{\partial v_z}{\partial x} + \frac{\partial v_x}{\partial z}\right). \end{aligned} \tag{1.2.5}$$

Mit der totalen zeitlichen Änderung der Geschwindigkeit

$$\frac{\mathrm{d}v_x}{\mathrm{d}t} = \frac{\partial v_x}{\partial t} + v_x \frac{\partial v_x}{\partial x} + v_y \frac{\partial v_x}{\partial y} + v_z \frac{\partial v_x}{\partial z} \tag{1.2.6}$$

ergeben sich, wenn unter p allein der Druck infolge der Bewegung verstanden wird, die Navier-Stokesschen Differentialgleichungen

$$\begin{aligned} \varrho\left(\frac{\partial v_x}{\partial t} + v_x \frac{\partial v_x}{\partial x} + v_y \frac{\partial v_x}{\partial y} + v_z \frac{\partial v_x}{\partial z}\right) &= -\frac{\partial p}{\partial x} + \eta\left(\frac{\partial^2 v_x}{\partial x^2} + \frac{\partial^2 v_x}{\partial y^2} + \frac{\partial^2 v_x}{\partial z^2}\right), \\ \varrho\left(\frac{\partial v_y}{\partial t} + v_x \frac{\partial v_y}{\partial x} + v_y \frac{\partial v_y}{\partial y} + v_z \frac{\partial v_y}{\partial z}\right) &= -\frac{\partial p}{\partial y} + \eta\left(\frac{\partial^2 v_y}{\partial x^2} + \frac{\partial^2 v_y}{\partial y^2} + \frac{\partial^2 v_y}{\partial z^2}\right), \\ \varrho\left(\frac{\partial v_z}{\partial t} + v_x \frac{\partial v_z}{\partial x} + v_y \frac{\partial v_z}{\partial y} + v_z \frac{\partial v_z}{\partial z}\right) &= -\frac{\partial p}{\partial z} + \eta\left(\frac{\partial^2 v_z}{\partial x^2} + \frac{\partial^2 v_z}{\partial y^2} + \frac{\partial^2 v_z}{\partial z^2}\right). \end{aligned} \tag{1.2.7}$$

Mit Gl. (1.2.1) bilden sie das gesuchte Gleichungssystem für die Unbekannten p, v_x, v_y, v_z. Mit diesem Gleichungssystem werden sowohl laminare als auch turbulente Strömungen normalviskoser Fluide entsprechend den genannten Voraussetzungen (ϱ = konst) erfaßt.

Die Navier-Stokesschen Differentialgleichungen sind nur in Ausnahmefällen geschlossen lösbar. Darüber hinaus ist die Zugänglichkeit zu numerischen Lösungen stark eingeschränkt, da die für die irreversible Umwandlung der turbulenten Schwankungen in Wärme verantwortlichen kleinsten Abmessungen der Turbulenz, die Kolmogorovschen Mikromaßstäbe, derart kleinen Längen zugeordnet sind, daß die Berechnung in vielen Fällen die Kapazität von Großrechnern übersteigt. Einer durch Meßtechnik gestützten Lösung ist das Gleichungssystem nur dann zugänglich, wenn durch simultane Messung an ausgewählten Feldpunkten die örtlichen Ableitungen bestimmt werden können. Ein auf O. Reynolds zurückgehender Ansatz betrachtet die örtlichen Momentanwerte als Summe aus dem zeitlichen Mittelwert und der momentanen Abweichung:

$$v_i = \bar{v}_i + v_i', \quad p_i = \bar{p}_i + p_i', \quad i = x, y, z. \tag{1.2.8.}$$

Durch die Festlegung

$$\bar{v}_i = \frac{1}{T} \int\limits_T v_i \, dt, \quad \bar{p}_i = \frac{1}{T} \int\limits_T v_i \, dt \tag{1.2.9}$$

mit der Maßgabe, daß die Integrationszeit T so groß sein muß, daß die Mittelwerte zeitunabhängig sind

$$\bar{\bar{v}}_i = \bar{v}_i, \quad \bar{\bar{p}}_i = \bar{p}_i \tag{1.2.10}$$

und Mittelwertbildung über die Variablen der Navier-Stokesschen Differentialgleichungen wird das Problem der turbulenten Strömung auf die Betrachtungsweise für stationäre Strömungen zurückgeführt. Die zeitliche Variation des Strömungsfeldes wird durch die statistische Beschreibung erfaßt. Aus Gl. (1.2.8) und Gl. (1.2.9) folgt weiterhin

$$\begin{aligned} &\bar{v}_i' = 0, \quad \bar{p}_i' = 0, \quad \overline{v_i \cdot v_j} = \bar{v}_i \cdot \bar{v}_j + \overline{v_i' \cdot v_j'} \\ &\overline{v_i \frac{\partial v_j}{\partial k}} = \bar{v}_i \overline{\frac{\partial v_j}{\partial k}} + \overline{v_i' \frac{\partial v_j}{\partial k}}, \qquad i, j, k = x, y, z. \end{aligned} \tag{1.2.11}$$

Mit der allgemein üblichen Schreibweise für die Komponenten

$$\begin{aligned} v_x &= \bar{v}_x + v_x' = U + u', \qquad p = \bar{p} + p' = P + p', \\ v_y &= \bar{v}_y + v_y' = V + v', \\ v_z &= \bar{v}_z + v_z' = W + w' \end{aligned} \tag{1.2.12}$$

ergeben sich nach Mittelwertbildung über die Variablen für die Kontinuitätsgleichung

$$\frac{\partial U}{\partial x} + \frac{\partial V}{\partial y} + \frac{\partial W}{\partial z} = 0 \tag{1.2.13}$$

und aus den Navier-Stokesschen Differentialgleichungen die Reynoldsschen Gleichungen

$$\begin{aligned} \varrho \left(U \frac{\partial U}{\partial x} + V \frac{\partial U}{\partial y} + W \frac{\partial U}{\partial z} \right) &= -\frac{\partial P}{\partial x} + \frac{\partial}{\partial x} \left(\eta \frac{\partial U}{\partial x} - \varrho \overline{u'^2} \right) \\ &\quad + \frac{\partial}{\partial y} \left(\eta \frac{\partial U}{\partial y} - \varrho \overline{u'v'} \right) + \frac{\partial}{\partial z} \left(\eta \frac{\partial U}{\partial z} - \varrho \overline{u'w'} \right), \\ \varrho \left(U \frac{\partial V}{\partial x} + V \frac{\partial V}{\partial y} + W \frac{\partial V}{\partial z} \right) &= -\frac{\partial P}{\partial y} + \frac{\partial}{\partial x} \left(\eta \frac{\partial V}{\partial x} - \varrho \overline{u'v'} \right) \\ &\quad + \frac{\partial}{\partial y} \left(\eta \frac{\partial V}{\partial y} - \varrho \overline{v'^2} \right) + \frac{\partial}{\partial z} \left(\eta \frac{\partial V}{\partial z} - \varrho \overline{v'w'} \right), \\ \varrho \left(U \frac{\partial W}{\partial x} + V \frac{\partial W}{\partial y} + W \frac{\partial W}{\partial z} \right) &= -\frac{\partial P}{\partial z} + \frac{\partial}{\partial x} \left(\eta \frac{\partial W}{\partial x} - \varrho \overline{u'w'} \right) \\ &\quad + \frac{\partial}{\partial y} \left(\eta \frac{\partial W}{\partial y} - \varrho \overline{v'w'} \right) + \frac{\partial}{\partial z} \left(\eta \frac{\partial W}{\partial z} - \varrho \overline{w'^2} \right). \end{aligned} \tag{1.2.14}$$

Durch den Ansatz Gl. (1.2.8) sind aus den vier Unbekannten der Navier-Stokesschen Differentialgleichungen zehn geworden, deren Vorteil darin besteht, daß sie durch serielle Messungen an ausgewählten Feldpunkten für eine Reihe von Problemen eine Lösung für turbulente Strömungsfelder ermöglichen. Zu den Spannungen der Zähigkeit sind in den Reynoldsschen Gleichungen die von der Turbulenz verursachten sogenannten Reynoldsschen Spannungen hinzugekommen. Diese bilden den Tensor

$$\varrho \begin{vmatrix} \overline{u'^2} & \overline{u'v'} & \overline{u'w'} \\ \overline{u'v'} & \overline{v'^2} & \overline{v'w'} \\ \overline{u'w'} & \overline{v'w'} & \overline{w'^2} \end{vmatrix} . \qquad (1.2.15)$$

Meßtechnisch ergeben sich für Messungen in turbulenten Strömungen folgende Konsequenzen:

Die Bedingung, daß der Zeitmittelwert zeitunabhängig sein soll (Gl. (1.2.10)), verlangt theoretisch $T \to \infty$; die Forderung, kleinste Turbulenzerscheinungen nachzuweisen, verlangt nach punktförmiger Messung $V \to 0$, so daß für den Zeitmittelwert

$$\bar{v}_{x,y,z} = \lim_{T\to\infty} \left\{ \frac{1}{T} \int_T \left(\lim_{V\to 0} \frac{1}{V} \int_V v_{x,y,z} \, \mathrm{d}V \right) \mathrm{d}t \right\} \qquad (1.2.16)$$

gefordert werden muß.

Abschätzungen über das maximal mögliche Meßvolumen und die minimal notwendige Meßzeit können anhand von Turbulenzmodellen vorgenommen werden. Einige dieser Modelle beruhen auf der Vorstellung der Superposition der Wechselwirkung von Wirbeln zufälliger Frequenz und zufälliger Amplitude, wobei Wirbel kleinster und größter Ausdehnung existieren, die von der Strömung abhängig sind. Aus der Ausdehnung der kleinsten Wirbel lassen sich die Forderungen an die maximal zulässige Größe des Meßvolumens ableiten. Von den größten Abmessungen der Turbulenz wird die Mindestmeßzeit bestimmt

$$T > N \frac{l}{\bar{v}}. \qquad (1.2.17)$$

Dabei ist N die Mindestzahl der größten Turbulenzerscheinungen der Ausdehnung l, die statistisch unabhängig abgetastet werden müssen.

Unter Voraussetzung einer turbulenten Strömung in x-Richtung, deren Geschwindigkeitsstatistik einer Normalverteilung mit dem Erwartungswert μ_x und der Varianz σ_x entspricht, ergibt sich bei einer nach (siehe Abschnitt 4.4.)

$$\sigma_i = (\overline{v_i'^2})^{1/2} = \left(\frac{1}{M-1} \sum_{n=1}^{M} (v_{in} - \bar{v}_i)^2 \right)^{1/2}, \quad i = x, y, z \qquad (1.2.18)$$

durch Testmessung geschätzten Varianz S_x unter Festlegung des Konfidenzintervalles

$$\varepsilon \geqq |\bar{v}_x - \mu_x| \qquad (1.2.19)$$

in Abhängigkeit von der Schwankung um den Mittelwert S_x/μ_x, der geforderten Genauigkeit ε/μ_x und der Irrtumswahrscheinlichkeit α ein notwendiger Stichprobenumfang von

$$N > \left(\frac{S_x}{\varepsilon}\, t_{N-1;\alpha/2}\right)^2 = \left(\frac{S_x/\mu_x}{\varepsilon/\mu_x}\, t_{N-1;\alpha/2}\right)^2. \tag{1.2.20}$$

Dabei ist $t_{N-1;\alpha/2}$ der Wert der Student-Verteilung bei $N - 1$ Freiheitsgraden. Praktische Erfahrungen und theoretische Untersuchungen haben gezeigt, daß der Umfang der Stichproben zur Schätzung von S_x mit $M \approx N$ ausreichend ist.

Aus Gl. (1.2.17) folgt für die Zeitbasis der Abtastung

$$\Delta T > \frac{l}{\bar{v}}. \tag{1.2.21}$$

Die Wahl einer kleineren Zeitbasis erhöht zwar den Wertevorrat, führt aber nicht zu einer höheren Genauigkeit in der Mittelwertbestimmung. Bei zeitäquidistanter Abtastung mit der Zeitbasis ΔT geht Gl. (1.2.16) in den Ensemblemittelwert über

$$\bar{v}_i = \frac{1}{N} \sum_{n=1}^{N} v_{in}, \qquad i = x, y, z. \tag{1.2.22}$$

Diese grundlegenden Beziehungen bilden die Basis für die Informationsverdichtung in den Informationsverarbeitungseinheiten des Laser-Doppler-Anemometers.

Mit dem Laser-Doppler-Anemometer können sowohl der Zeitverlauf des Momentanwertes als auch die statistischen Momente Mittelwert, Varianz und die Kreuzkorrelationen $\overline{u'v'}$, $\overline{u'w'}$ und $\overline{v'w'}$ bestimmt werden. Auf der Grundlage der gemessenen Momentanwerte kann ein Rechner eine weitere Informationsverdichtung, z. B. eine Fourier-Analyse, und ausgehend von den statistischen Momenten eine Feldberechnung vornehmen.

1.3. Physikalische Eigenschaften des Lasers und des Laserstrahles

Für Laser-Doppler-Anemometer-Meßplätze werden Gaslaser der verschiedendsten Wellenlängen eingesetzt. Vielfach hängt die Auswahl des Lasertyps ausschließlich von der zur Lösung eines Meßproblems notwendigen Laserleistung ab. Die notwendige Laserleistung ist dabei eine Funktion der zu messenden Geschwindigkeit, wobei die Art und Größe der verwendeten Streuteilchen, die Lage des Meßpunktes bezüglich des optischen Senders und Empfängers sowie die Anforderungen an Abmessungen des Meßvolumens von entscheidender Bedeutung sind. Labormeßplätze für Forschungs- und Entwicklungsaufgaben setzen in der Regel Laser im sichtbaren Bereich ein, d. h. He-Ne-Laser mit Wellenlängen von $\lambda = 632{,}8$ nm (rot) und Leistungen von 0,5···700 mW sowie Ar-Laser mit Wellenlängen $\lambda_1 = 488$ nm (blau), $\lambda_2 = 514{,}5$ nm (grün), $\lambda_3 = 528{,}7$ nm (grün) und Leistungen von 0,5···20 W. Für Windgeschwindigkeitsmessungen im Freien wurden CO_2-Laser, die Leistungen bis zu 500 W ermöglichen, mit Wellenlängen im unsichtbaren Bereich $\lambda = 10$ μm eingesetzt.

Im Laser (Light Amplification by Stimulated Emission of Radiation) werden zwei physikalische Effekte gezielt ausgenutzt, die stimulierte Emission, die die außerordentlich hohe Monochromasie der Strahlung bewirkt, und die Verstärkung der Strahlung

Tab. 1.3.1 Laserübergänge beim Ar-Laser

λ nm	Übergang	Δf_n MHz	Δf_L MHz
488	$4p^2D^0_{5/2} \rightarrow 4s^2P_{3/2}$	107	0,5
514,5	$4p^4D^0_{5/2} \rightarrow 4s^2P_{3/2}$	108	0,68
528,7	$4p^4D^0_{3/2} \rightarrow 4s^2P_{1/2}$	—	—

in einem optischen Resonator, die zu einer Strahlung hoher Leistungsdichte und großer Kohärenzlänge bei niedrigem Divergenzwinkel führt. Auf die wesentlichen Eigenschaften dieser beiden Effekte soll, soweit sie für den Betrieb des Laser-Doppler-Anemometers von Bedeutung sind, kurz eingegangen werden.

Eine eingehende theoretische Darstellung der Laser geben [11, 12], eine umfangreiche Zusammenstellung theoretischer und vor allem praktischer Ergebnisse geben [13, 14], auf technische Aspekte gehen [14, 15] ein.

Das Prinzip der stimulierten Emission besteht bekanntlich darin, daß in einem „laseraktiven Medium", bei dem durch Pumpen in einem Energieniveau W_2 eine höhere Besetzungsdichte als in einem niederen Energieniveau W_1 ($W_2 > W_1$) erreicht wurde, die angeregten Atome ihre Energie in einem bestimmten Unschärfebereich phasengerecht an eine einfallende elektromagnetische Welle abgeben.

In Abb. 1.3.1. ist das Termschema des He-Ne-Lasers dargestellt. Das laseraktive Medium ist das Neon mit dem Übergang $3s_2(W_2) \rightarrow 2p_4(W_1)$; das He dient zum Pumpen des Lasers. Die Besetzungsinversion wird durch unelastische Stöße der Ne-Atome mit durch Elektronenstoß angeregten metastabilen He-Atomen bewirkt (Stöße 2. Art).

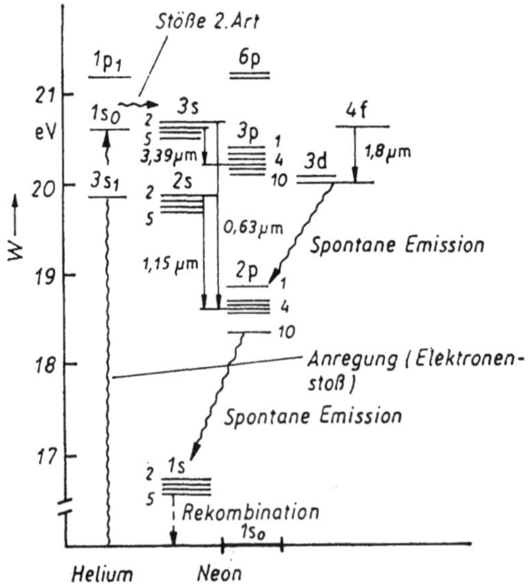

Abb. 1.3.1. Termschema des He-Ne-Lasers nach [11] (Die ausgezogenen Linien sind mögliche Laserübergänge.)

Eine gewisse Unschärfe für den einzelnen Emissionsprozeß ergibt sich aus der endlichen Lebensdauer τ_1, τ_2 der Zustände W_1, W_2

$$\Delta f_n = \frac{1}{2\pi}\left(\frac{1}{\tau_2} + \frac{1}{\tau_1}\right). \tag{1.3.1}$$

Bei Unterdrückung des Einflusses des Resonators wird in einem Gaslaser die emittierte Linienbreite im wesentlichen dadurch beeinflußt, daß die Rekombination in und damit die Emission der Strahlung von bewegten Molekülen ausgeht. Damit ist eine Doppler-Verbreiterung des Spektrums verbunden. Die auf die halbe Intensität bezogene Linienbreite beträgt ([11] S. 45)

$$\Delta f_L = \frac{2f_{12}}{c}\left(\frac{2kT \ln 2}{m}\right)^{1/2} \tag{1.3.2}$$

(T absolute Temperatur, m Masse, k Boltzmannkonstante).

Die sichtbare Linie des He-Ne-Lasers hat die Wellenlänge 632,8 nm ($3s_2 \to 2p_4$). Die Lebensdauer des Zustandes $2p_4$ wird mit $\tau_2 = 20$ ns angegeben. Für $\tau_1 \approx \tau_2$ beträgt nach Gl. (1.3.1) die natürliche Linienbreite für den Einzelprozeß $\Delta f_n = 16$ MHz und die Doppler-Breite nach Gl. (1.3.2) beträgt bei $T = 300$ K für den He-Ne-Laser $\Delta f_L = 1{,}3$ GHz; gemessen wurden $\Delta f_L = 1{,}6$ GHz [11]. Den Zusammenhang zwischen natürlicher Linienbreite und Doppler-Breite verdeutlicht Abb. 1.3.2.

Die Breite der emittierten Laserlinie bestimmt der Resonator. In der Lasertechnik werden sogenannte „offne" Resonatoren verwandt, die aus zwei hochwertigen Spiegeln bestehen. Diese begrenzen den Resonator an den Stirnseiten. In einem der Spiegel wird der Strahl aus dem Resonator ausgeblendet (Abb. 1.3.3.). Derartige Resonatoren lassen sich theoretisch ähnlich behandeln wie Resonatoren der Höchstfrequenztechnik, nur mit dem Unterschied, daß das Verhältnis der Resonatorlänge zur Wellenlänge $L/\lambda \gg 1$ ist.

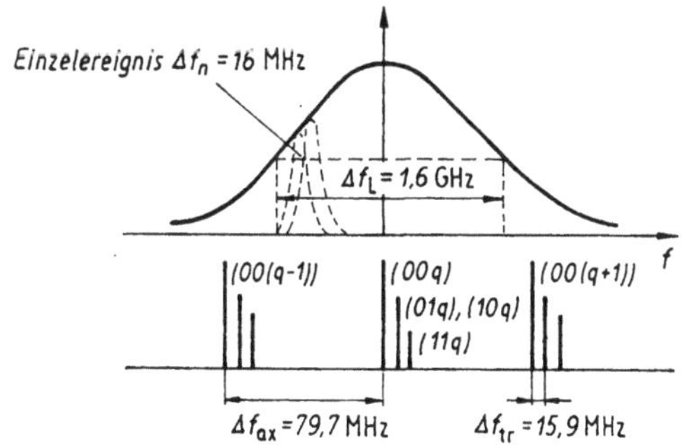

Abb. 1.3.2. Doppler-Breite und Multimoden beim Laser

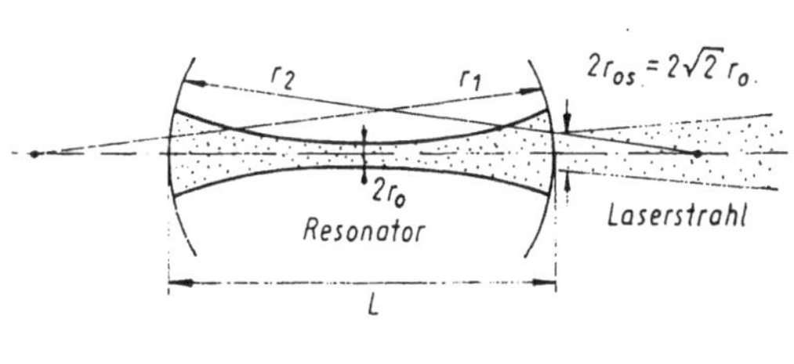

Abb. 1.3.3. Resonator des Lasers

Für Resonatoren mit runden sphärischen Spiegeln ergeben sich die Resonatorwellenlängen [11, 15]

$$\frac{1}{\lambda_{plq}} = \frac{1}{2L}\left[q + (2p + l + 1)\,\frac{1}{\pi}\,\operatorname{arc\,cos}\,(g_1 g_2)^{1/2}\right], \qquad (1.3.3)$$

$$q \gg 1\,, \qquad q, p, l = 0, 1, 2 \ldots$$

mit den Spiegelradien $r_{1,2}$ und

$$g_{1,2} = 1 - \frac{L}{r_{1,2}}. \qquad (1.3.4)$$

Die Resonatorfrequenz ist nach der Beziehung

$$f_{plq} = \frac{c}{\lambda_{plq}} \qquad (1.3.5)$$

berechenbar.

Aus Gl. (1.3.3) folgt der Abstand zwischen zwei Axialmoden

$$\Delta f_{\mathrm{ax}} = f_{00(q+1)} - f_{00q} = \frac{c}{2L} \qquad (1.3.6)$$

und der Abstand zum 1. Transversalmode

$$\Delta f_{\mathrm{tr}} = f_{00q} - f_{01q} = \frac{c}{2\pi L}\,\operatorname{arc\,cos}\,(g_1 g_2)^{1/2}. \qquad (1.3.6\mathrm{a})$$

Für den praktischen Betrieb bedeutet das, daß in Abhängigkeit von der Laserlänge mehrere Axial- und Transversalmoden innerhalb der Doppler-Breite Δf_{L} stabil sind (Abb. 1.3.2.). Der Laser arbeitet im Multimodenbetrieb. Die Daten verschiedener Laser sind in Tab. 1.3.2 zusammengestellt. Der HNA 188 erlaubt bei einem Modenabstand von 79,7 MHz insgesamt 20 Axialmoden. In Abb. 1.3.4. ist das Spektrum des HNA 188 im Bereich bis 100 MHz dargestellt. Dabei muß berücksichtigt werden, daß durch Überlagerung der Signale im optoelektronischen Empfänger als Nebenprodukt Differenz-

Tab. 1.3.2 Laser- und Resonatordaten
(HNA 50, HNA 188, Etalon Carl Zeiss JENA (DDR); LG 79 (SU))

Typ	Spiegelradien m	Resonatorlänge m	Strahltaille mm	Divergenzwinkel α mrad	Polarisation
HNA 50	2,6	0,5	0,83	0,48	lin. horz.
HNA 188	10,0	1,88	1,63	0,28	lin. horz.
LG 79	—	0,75	0,85	0,47	lin. 45°
Etalon	—	0,046	—	—	—

frequenzen entstehen. Der 1. Transversalmode (Abstand zum Axialmode 15,9 MHz) erscheint deshalb spiegelbildlich zu jedem Axialmode. Für das Laser-Doppler-Anemometer ist dieser Multimodenbetrieb insofern von Bedeutung als sich um jede dieser Spektrallinien ein durch die bewegten Streuteilchen verursachter Geschwindigkeitspeak ausbildet, der durch die genannte Differenzbildung beiderseitig der Spektrallinie erscheint. Damit ergibt sich bei Multimodenbetrieb eine obere Grenze für das LDA-Meßverfahren [D 1] (Abb. 1.3.4.).

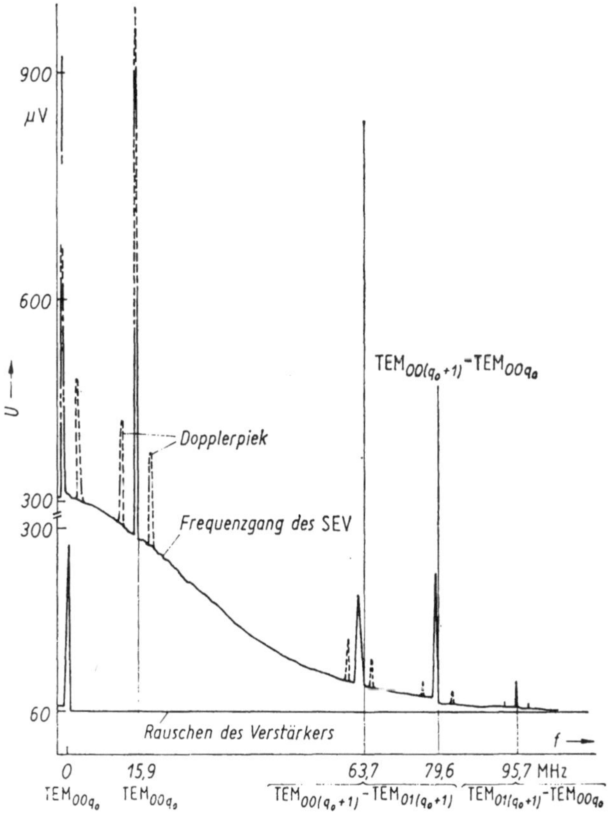

Abb. 1.3.4. Laserlinien des HNA 188, aufgenommen mit SEV FEU 51 (SU), Betriebsspannung 1600 V

Durch Verwendung eines Etalons, d. h. eines zweiten Resonators, der z. B. bei einer Länge von nur 46 mm im Bereich von 2 GHz nur eine Linie zuläßt, können die höheren Moden unterdrückt und darüber hinaus durch Verbesserung der Resonatorgüte die Breite der emittierten Laserlinie verringert und deren Kohärenzlänge vergrößert werden. Der Nachteil allerdings besteht darin, daß ein Laser mit Etalon temperaturempfindlicher ist. Der Resonator bestimmt über seine Güte Δf_R die im Bereich der emittierten Laserlinie zugelassenen Phasenfluktuationen. Bei einer Laserleistung P_L

und -frequenz f_0 beträgt die Linienbreite

$$\Delta f_L = \frac{hf_0}{P_L} \Delta f_R . \tag{1.3.7}$$

Damit ist die Kohärenzlänge, d. h. die Wegdifferenz, die zwei Strahlen haben dürfen, damit sie noch interferieren, festgelegt

$$\Delta l = \frac{c}{2\Delta f_L} . \tag{1.3.7a}$$

Bei He-Ne-Lasern sind ohne weiteres Kohärenzlängen von 0,5 m bis zu mehreren hundert Metern möglich; darüber hinaus können mit qualitativ hochwertigen Resonatoren Kohärenzlängen bis zu 10^6 m erreicht werden [17]. Von Seiten der Kohärenzlänge gibt es bei Einsatz von Gaslasern für die Dimensionierung der optischen Meßstrecke demzufolge keine Probleme.

Der Laserstrahl wird an einem der beiden Spiegel ausgeblendet. Dadurch werden ca. 0,1% der für die Entladung im Laserrohr verwendeten Leistung dem Laser entzogen. Durch Abschluß des Laserrohres mit unter dem Brewsterschen Winkel [16, 17] angestellten Fenstern wird erreicht, daß eine TEM-Welle (Transversale elektromagnetische Moden) mit nur einer Polarisationsrichtung angeregt wird.

Für die optimale Auslegung eines LDA-Meßplatzes sind die Kenntnis der Strahlparameter des Laserstrahles und der Funktionen der optischen Abbildung durch eine Linse oder ein Linsensystem von entscheidender Bedeutung. Fehlerhafte Abbildungen können zu erheblichen Meßfehlern führen.

Infolge der mehrfachen Beugung im Resonator weist der Laserstrahl eine Charakteristik auf, die unter dem Begriff „Gaußscher Strahl" zusammengefaßt wird.

Kogelnik und Li [K 1] haben durch Lösen der Wellengleichung die Form des Gaußschen Strahles berechnet. Für den Feldstärkeverlauf ergibt sich $E(r, z) = \mathrm{Re}\{\underline{E}(r, z)\}$ aus (Abb. 1.3.5.)

$$\underline{E}(r, z) = E(0, 0) \frac{r_{0s}}{r_m} e^{-(r/r_m)^2} e^{j\left(\omega t - \frac{2\pi}{\lambda}\left(z + \frac{r^2}{2R}\right) + \arctan \frac{\lambda z}{\pi r_{0s}^2}\right)} \tag{1.3.8}$$

mit dem ortsabhängigen Strahlradius

$$r_m{}^2 = r_{0s}^2 \left(1 + \left(\frac{\lambda z}{\pi r_{0s}^2}\right)^2\right) \tag{1.3.9}$$

und dem Radius für die Flächen gleicher Phase (Anhang I)

$$R = z \left[1 + \left(\frac{\pi r_{0s}^2}{\lambda z}\right)^2\right]. \tag{1.3.10}$$

Für die Intensität oder Flächenleistungsdichte erhält man mit der Strahlleistung P_L

$$I = \varepsilon c \cdot E(0, 0)^2 \cdot (r_{0s}/r_m)^2 \, e^{-2(r/r_m{}^2)} = \frac{2P_L}{\pi r_m{}^2} e^{-2(r/r_m)^2} . \tag{1.3.11}$$

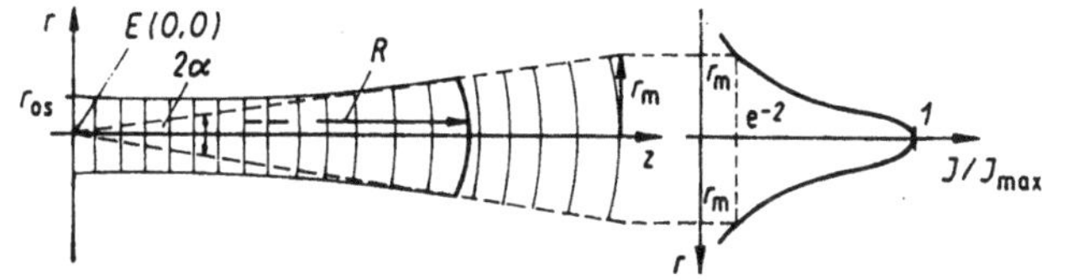

Abb. 1.3.5. Gaußscher Laserstrahl

In Abb. 1.3.5. ist der Gaußsche Strahl schematisch abgebildet; aus der Abbildung sind die einzelnen Strahlparameter zu entnehmen. Kennzeichen des durch Gl. (1.3.8) bis Gl. (1.3.9) beschriebenen Strahles sind:

— Der Strahl hat die Form eines einschaligen Hyperboloids.
— Die Amplituden der elektrischen Feldstärke bzw. die Amplituden der Intensität sind nach einer Gaußschen Glockenkurve verteilt.
— Die praktische Begrenzung des Strahles wird mit r_m für den Abfall der Amplitude der elektrischen Feldstärke auf e^{-1} bzw. der Intensität auf e^{-2} des Maximalwertes festgelegt.
— Auf den durch r_m begrenzten Strahlbereich entfallen 87% der gesamten Strahlleistung.
— Die engste Einschnürung des Bündels, die Laserstrahltaille r_{0s}, liegt im Bereich des Resonators. Ihre Lage und Ausdehnung ist eine Funktion der Spiegelparameter und der Spiegelanordnung.
— Im Fernfeld schließt der Strahl einen Kegel mit dem halben Divergenzwinkel

$$\alpha = \frac{\lambda}{\pi r_{0s}} \tag{1.3.12}$$

ein.
— Die Analyse der Phasengleichung (Gl. 1.3.10) ergibt, daß in der Strahltaille und in sehr guter Näherung für $z \gg \frac{\pi r_{0s}^2}{\lambda}$ ein ebenes Feld vorliegt. Im Übergangsbereich ist mit gekrümmten Phasenflächen zu rechnen.

Für den Entwurf einer LDA-Meßstrecke muß der Taillenradius bekannt sein, da von ihm die Ausdehnung des Meßvolumens abhängt.

Ein einfaches Verfahren zur Ausmessung des Strahlradius haben Tridimas, Lalor und Wooley [T 1] angegeben. Mit Hilfe eines bekannten kalibrierten Drahtes oder Blechstreifens vom Durchmesser bzw. der Breite $2r_D$ wird aus dem Strahl der zentrale Teil ausgeblendet (Abb. 1.3.6.). Der verbleibende Rest der Strahlleistung $P(r_m/r_D)$ wird mit dem Leistungsmesser gemessen. Das Argument des Wahrscheinlichkeits-

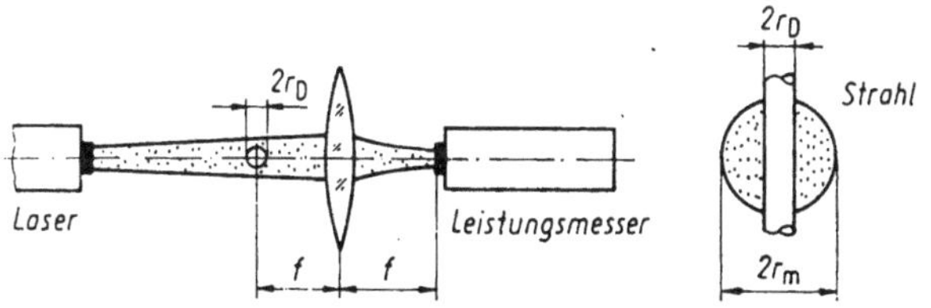

Abb. 1.3.6. Meßanordnung zur Ausmessung des Strahlradius r_m

integrals

$$\Phi\left(\frac{2r_D}{r_m}\right) = 1 - \frac{P(r_m/r_D)}{P_L} \tag{1.3.13}$$

ermöglicht die Bestimmung des aktuellen Radius r_m.

Die nach diesem Verfahren ausgemessenen Strahlausdehnungen $r_m(z)$ sind für zwei Laser (HNA 50, LG 79) in Abb. 1.3.7. dargestellt. Aus den Meßwerten können die Lage und die Ausdehnung der Lasertaille mit Hilfe von Gl. (1.3.9) berechnet werden.

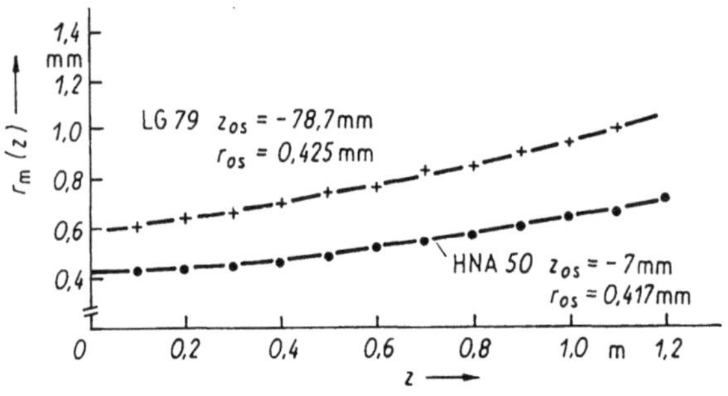

Abb. 1.3.7. Strahlradius $r_m(z)$ für die Laser HNA 50 und LG 79 (z Abstand zum Laserspiegel)

Die Sendeoptik des Laser-Doppler-Anemometers bildet den Strahl in den Meßraum ab und formt das Meßvolumen. Die Abbildung des Gaußschen Strahles wurde von Dickson [D 2] eingehend untersucht. Für eine zur optischen Achse kreissymmetrische Pupille mit einer Pupillenfunktion entsprechend einer Gaußverteilung wurde das Kirchhoffsche Beugungsintegral gelöst.

Für die Abbildung der Strahltaille durch eine Linse oder ein Linsensystem ergibt sich aus (Abb. 1.3.8.)

$$z_1 = f + \frac{(z_0 - f) \cdot f^2}{(z_0 - f)^2 + \left(\frac{\pi r_0^2}{\lambda}\right)^2} \tag{1.3.14}$$

die Lage der Taille im Bildraum und aus

$$r_1 = \frac{r_0 f}{\left[(z_0 - f)^2 + \left(\frac{\pi r_0^2}{\lambda}\right)^2\right]^{1/2}} \tag{1.3.15}$$

der Radius der abgebildeten Taille. Bei einem Linsensystem stellen die Abstände z_0 und z_1 die Abstände von den jeweiligen Hauptebenen des Systems dar.

Nach Gl. (1.3.13) wird eine eingangsseitig im Brennpunkt der Linse befindliche Taille in den ausgangsseitigen Brennpunkt transformiert und hat den Durchmesser

$$d = 2r_1 = \frac{4}{\pi}\,\frac{\lambda \cdot f}{D}. \tag{1.3.16}$$

In diesem Fall tritt in den Brennpunkten und in ihrer unmittelbaren Umgebung der Laserstrahl mit ebenen Wellenfronten auf, eine Eigenschaft, die für die Anwendung im Laser-Doppler-Anemometer besonders wichtig ist.

Untersuchungen von Rempel und Fischer [R 1] für asymmetrisch auf eine Linse auftreffende Strahlen haben ergeben, daß die von Dickson angegebenen Gleichungen in sehr guter Näherung auch für asymmetrische Strahlen gelten.

Auf die konkrete Dimensionierung der Optik wird im Kapitel 3 eingegangen. Wesentlich für den Entwurf optischer Systeme ist noch der Einfluß von Blenden auf den Laserstrahl. Nach Dickson treten keine wesentlichen Störungen durch eine Blende auf, wenn der Radius der Apertur mindestens doppelt so groß ist wie der Strahlradius. Bei gleichem Durchmesser von Apertur und Bündel vergrößert sich der Durchmesser des abgebildeten Bündels auf das 1,5fache des ungestörten Bündels; die Mittenintensität sinkt auf 60% der Intensität des ungestörten Bündels ([18] S. 240).

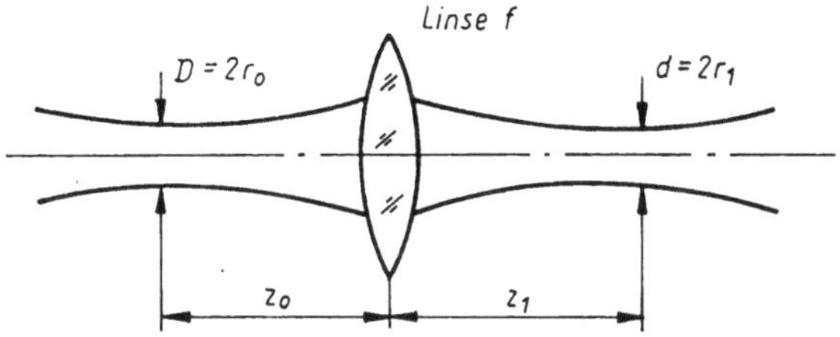

Abb. 1.3.8. Abbildung des Laserstrahles durch eine Linse

1.4. Methoden der Modulation des Laserstrahles

Die Modulation des Laserstrahles kann beim Laser-Doppler-Anemometer mit Vorteil zur Auflösung von Turbulenzen, zur Erkennung der Strömungsrichtung und bei Zwei- und Dreikomponentenanemometern zur Signalmarkierung angewandt werden. Einfache Modulatoren bestehen aus einem Rotationsbeugungsgitter, komfortablere bieten sich in den Bragg- und Kerr-Zellen an. Für die Anwendung im Laser-Doppler-Anemometer haben sich die Bragg-Zellen bewährt, in einzelnen Fällen wird auf die Rotationsbeugungsgitter zurückgegriffen. Die Kerr-Zellen konnten sich nicht durchsetzen. Sie weisen gegenüber den Bragg-Zellen eine geringere Grenzfrequenz ($f \approx 10^8$ Hz) auf und benötigen hohe Betriebsspannungen [21]. Im folgenden soll auf die beiden für LDA-Meßplätze wichtigen Verfahren, die Rotationsbeugungsgitter und die Bragg-Zellen, näher eingegangen werden.

1.4.1. *Rotationsbeugungsgitter*

Rotationsbeugungsgitter haben einen einfachen Aufbau. Verwendet wird ein mit einer konstanten Drehzahl angetriebenes auf eine Scheibe aufgebrachtes Gitter.

Grundlage des Rotationsbeugungsgitters ist der allgemein bekannte Effekt der Beugung am Spalt [19]. Wird die Lasertaille in die Gitterebene abgebildet (ebene Wellen), dann ist die Amplitude der einfallenden Welle $E_B(x, y)$ im Bereich des Spaltes annähernd konstant, wenn für die Ausdehnung des Spaltes $x^2 \ll \lambda R$ gilt (bei He-Ne-Laser mit $x = 0{,}1$ mm, $R \gg 15$ mm). In diesem Fall kann mit Frauenhofer-Beugung gerechnet werden.

Für die Feldstärke im Punkt $P(r)$ hinter dem Spalt (Abb. 1.4.1.) gilt [19]

$$\underline{E}_P(r) = \frac{2r_\mathrm{m}}{\lambda_0 R} \mathrm{e}^{-\mathrm{j}(k_0 R + \pi/2)} \cdot \underline{E}_\mathrm{B}(x, y) \int\limits_{\mathrm{Spalt}} \underline{F}_\mathrm{S}(x) \cdot \mathrm{e}^{\mathrm{j}k_0(\sin\beta_\mathrm{m} - \sin\alpha)} \,\mathrm{d}x. \tag{1.4.1}$$

$\underline{F}_\mathrm{S}(x)$ ist die Funktion des Beugungsspaltes, $2r_\mathrm{m}$ die Ausdehnung der einfallenden Welle in y-Richtung. Bei einer Spaltbreite $b/2$ ergibt sich aus dem Integral über den Spalt als Beugungsbild eine si-Funktion ([17] S. 172); die Lage der Maxima wird von der Kohärenzbedingung

$$\sin\beta_m - \sin\alpha = \frac{m\lambda_0}{b}, \qquad m = 0, \pm 1, \pm 2, \dots \tag{1.4.2}$$

bestimmt. Der Einfallswinkel α bewirkt lediglich eine Verschiebung des Beugungsbildes.

Bei einem rotierenden Gitter erfolgt die Beugung an bewegten Kanten. Das Gitter wirkt für die einfallende Welle als bewegter Empfänger und für die gebeugte Welle als bewegter Sender. Die einzelnen Beugungsmaxima weisen deshalb eine durch den Doppler-Effekt verursachte vom Beugungswinkel β_m abhängige Doppler-Verschiebung in der Frequenz entsprechend Gl. (1.1.10) auf. Für $\alpha = 0$ ergibt sich (Abb. 1.4.2)

$$f_\mathrm{s}(\beta_m) = \frac{v \sin\beta_m}{\lambda_0}. \tag{1.4.3}$$

Bei einer Strichzahl des Gitters N, einer Gitterkonstanten b und einer Rotationsfrequenz der Scheibe f_r beträgt die Gitterfrequenz f_g, und in den Maxima tritt eine Verschiebung der Frequenz von

$$f_\mathrm{s}(\beta_m) = m\frac{v}{b} = m\frac{\omega_\mathrm{r} \cdot r_\mathrm{g}}{b} = m \cdot N \cdot f_\mathrm{r} = m \cdot f_\mathrm{g} \tag{1.4.4}$$

auf.

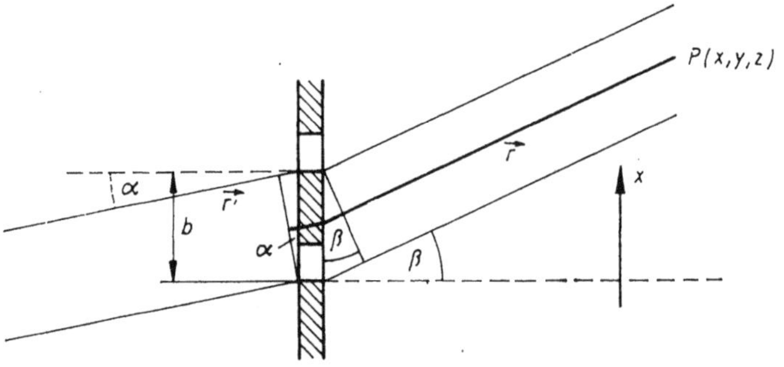

Abb. 1.4.1. Kohärenzbedingung am Doppelspalt

Mit Mitteln der modernen Halbleitertechnologie lassen sich Amplitudengitter mit Strichbreiten um 5 μm realisieren. Praktisch wurden Gitter mit 10000 bis 20000 Strich eingesetzt. Damit sind bei Drehzahlen bis zu 30000 U/min Frequenzverschiebungen bis zu 10 MHz in der 1. Ordnung möglich. Problematisch ist die Einhaltung konstanter Drehzahlen, besonders im oberen Drehzahlbereich.

Für die optimale Auslegung solcher Gitter ist die spezielle Struktur näher zu untersuchen. Die Wirkung des Gitters mit der Gitterkonstanten b läßt sich aus Gl. (1.4.1) durch eine Summation der Wirkung von n jeweils um die Gitterkonstante b verschobene Beugungsspalte erfassen

$$\underline{E}_{\mathrm{P}}(r) \sim \sum_{n=0}^{\infty} \underline{E}_{\mathrm{B}}(x, y)\, \mathrm{e}^{\mathrm{j}k_0 nb(\sin\beta_m - \sin\alpha - m\lambda_0/b)} \cdot \int\limits_{\mathrm{Spalt}} \underline{F}_{\mathrm{S}}(x)\, \mathrm{e}^{\mathrm{j}k_0(\sin\beta_m - \sin\alpha)}\, \mathrm{d}x\,. \tag{1.4.5}$$

Bei Beleuchtung mit einem Laserstrahl kann theoretisch wegen der Gaußverteilten Intensität innerhalb des Strahles mit einem unendlich ausgedehnten Gitter gerechnet werden. Wird für $E_{\mathrm{B}}(x, y)$ die Amplitudenverteilung des Laserstrahles (Gl. (1.3.8)) eingesetzt und die Summation durch eine Integration ersetzt, dann ergibt sich für die Beugung des Laserstrahles an einem Gitter

$$\underline{E}_{\mathrm{P}}(r) \sim E_0\, \mathrm{e}^{-\frac{1}{4}(k_0 r_m(\sin\beta_m - \sin\alpha - m\lambda_0/b))^2} \cdot \int\limits_{\mathrm{Spalt}} \underline{F}_{\mathrm{S}}(x)\, \mathrm{d}x\,. \tag{1.4.6}$$

Wellenoptisch kann ein solches Gitter als Filter aufgefaßt werden. Ausgangssignal (Beugungsfigur) und Eingangssignal sind über die Gitterfunktion als Fourier-Transformierte einer im allgemeinen zweidimensionalen Fourier-Transformation verknüpft ([18] S. 341, [19]).

Die gesuchte Intensität in den Beugungsordnungen ergibt sich aus der Multiplikation mit dem konjugiert komplexen Wert von $\underline{E}_{\mathrm{P}}(r)$ nach Gl. (1.7.8).

Technologisch am einfachsten herstellbar ist das Amplitudenstrichgitter als Rechteckgitter mit dem Tastverhältnis eins. Die zur Analyse dieses Gitters notwendigen Schritte sind in Abb. 1.4.3. dargestellt. Die Gitterfunktion $\underline{F}_{\mathrm{S}}(x)$ kann unter Vernachlässigung der radialen Anordnung durch eine Rechteckwelle in x-Richtung und damit durch eine Fourier-Reihe von Wellenfunktionen beschrieben werden. Das Ergebnis

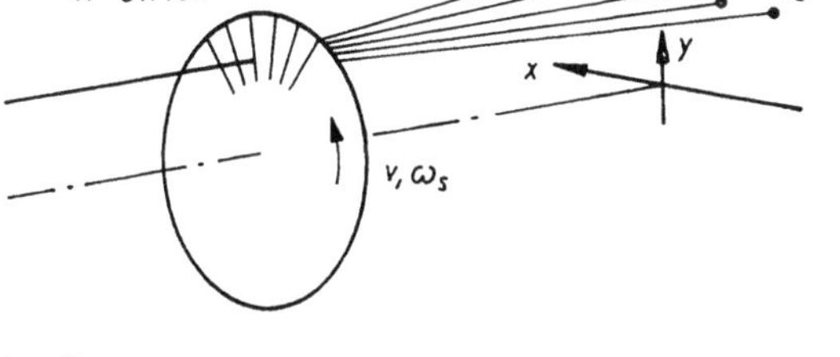

Abb. 1.4.2. Rotationsbeugungsgitter

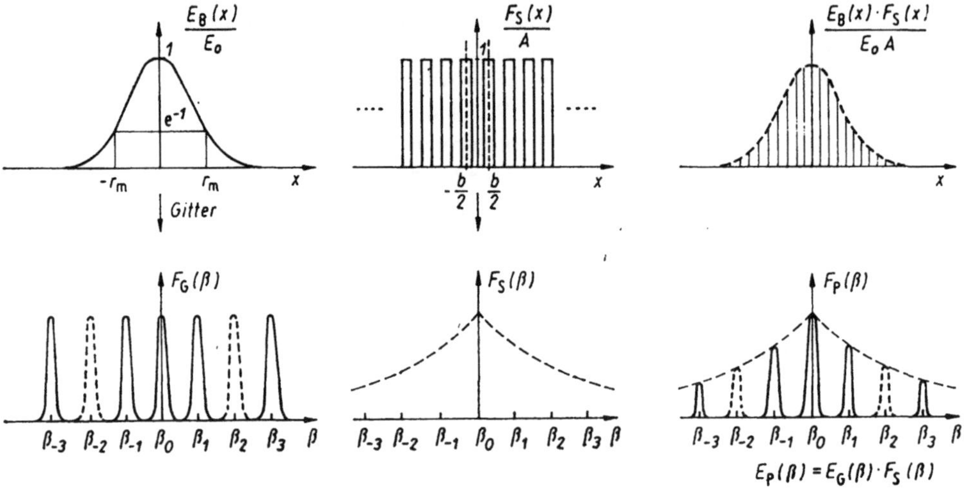

Abb. 1.4.3. Analyse des Amplitudenstrichgitters
1. Zeile: ortsabhängige Komponenten am Gitter,
2. Zeile: Beugungsergebnisse im Bildbereich

wird im Bildbereich durch

$$\underline{E}_\mathrm{P}(r) \sim E_0 \left\{ \mathrm{e}^{-\frac{1}{4}(k_0 r_m(\sin\beta_0 - \sin\alpha))^2} \operatorname{si}\left[\frac{k_0 b}{4}(\sin\beta_0 - \sin\alpha)\right] \cdot \mathrm{e}^{\mathrm{j}\omega t} \right.$$

$$- \sum_m \frac{2}{\pi m} \mathrm{e}^{-\frac{1}{4}(k_0 r_m(\sin\beta_m - \sin\alpha - m\lambda_0/b))^2} \operatorname{si}\left[\frac{k_0 b}{4}(\sin\beta_m - \sin\alpha - m\lambda_0/b)\right]$$

$$\left. \times \mathrm{e}^{\mathrm{j}\left[(\omega + m\omega_g)t + (m+1)\frac{\pi}{2}\right]} \right\}, \qquad (1.4.7)$$

$$m = 2n + 1, \quad n = 0, \pm 1, \pm 2, \ldots$$

beschrieben.

Die Lage der Beugungsmaxima und ihre Ausdehnung wird durch die Exponentialfunktion bestimmt; die si-Funktionen beeinflussen die Amplituden in den Beugungsordnungen. Beim Amplitudengitter mit dem Tastverhältnis eins treten außer der 0. Ordnung nur alle ungeraden Beugungsordnungen auf. Gl. (1.4.7) bestätigt die Ergebnisse der Gl. (1.4.4); die Frequenz in den gebeugten Ordnungen ist um $m \cdot f_g$ verschoben. Versuche wurden mit einem He-Ne-Laser an einem relativ groben Gitter mit $N = 1000$, $b = 94\ \mu$m ($\alpha = 0$, $\beta_1 = 0{,}38°$) vorgenommen. Bei einer Drehzahl von 10000 U/min konnten Frequenzverschiebungen von 160 kHz in der 1. Ordnung erzielt werden. Werden die beiden Strahlen 1. Ordnung in einem Laser-Doppler-Anemometer verwendet, dann ist das Streulicht um $2f_g$ frequenzvorverschoben, in diesem Fall um 320 kHz. Abb. 1.4.4. zeigt das Gitter und sein Beugungsbild.

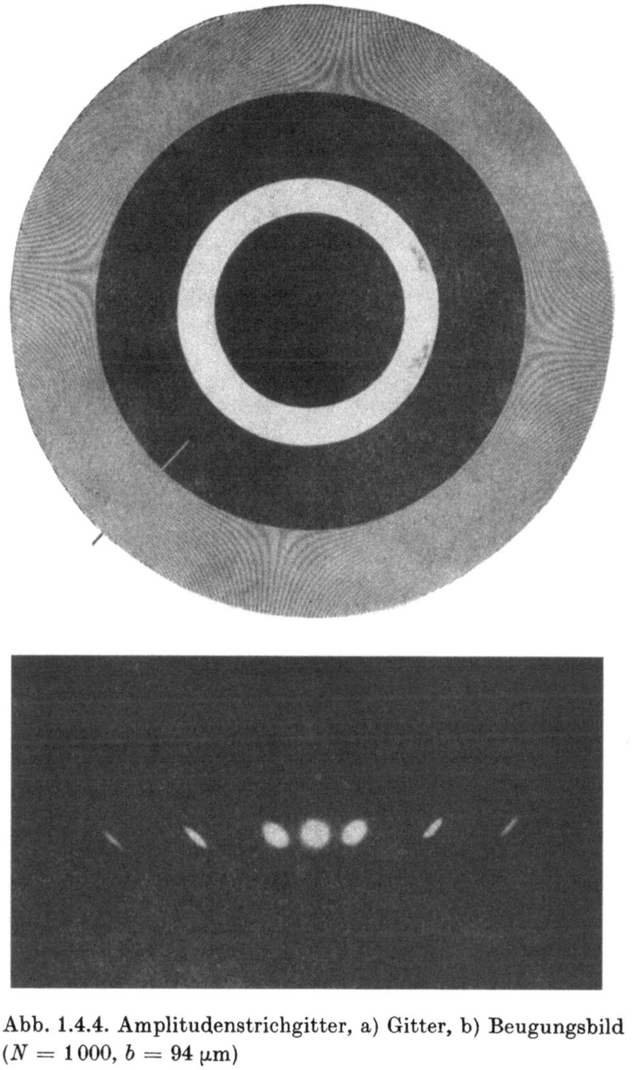

a)

b)

Abb. 1.4.4. Amplitudenstrichgitter, a) Gitter, b) Beugungsbild
($N = 1000$, $b = 94$ µm)

Für die Anwendung in der Laser-Doppler-Anemometrie ist dieses Gitter uneffektiv, da zuviel Leistung in die Strahlen der 0. und der höheren Ordnungen verlorengeht. Wesentlich bessere Ergebnisse verspricht das sin-Amplitudengitter. Bei einem derartigen Gitter schwankt die Schwärzung sin-förmig. Bei einer Gitterkonstante von Λ kann die Gitterfunktion durch

$$\underline{F}_S(x) = \frac{A}{2}\left(1 - \cos\left(\omega_g t - \frac{2\pi x}{\Lambda}\right)\right) \tag{1.4.8}$$

beschrieben werden. Das Ergebnis im Bildbereich läßt sich aus Gl. (1.4.6) herleiten. Es treten im Beugungsbild nur die Strahlen der 0. Ordnung und der ± 1. Ordnung auf.

Der Strahl 0. Ordnung kann durch Verwendung eines Phasengitters unterdrückt werden. Ein Phasengitter hat z. B. die Form einer dickenmodulierten Glasscheibe (Abb. 1.4.5.) mit der Gitterfunktion

$$\underline{F}_S(x) = e^{j\frac{2l}{\lambda_0}\left(1-\frac{\Delta l}{l}\cos\left(\omega_g t-\frac{2\pi x}{\Lambda}\right)\right)}. \tag{1.4.9}$$

Im Beugungsbild ergibt sich

$$\underline{E}_P(r) \sim E_0 \sum_m J_{-m}\left(\frac{2\pi\,\Delta l}{\lambda_0}\right) e^{-\frac{1}{4}\left(k_0 r_m\left(\sin\beta_m-\sin\alpha-\frac{m\lambda_0}{\Lambda}\right)\right)^2}$$
$$\times e^{j\left[(\omega+m\omega_g)t-m\frac{\pi}{2}\right]}. \tag{1.4.10}$$

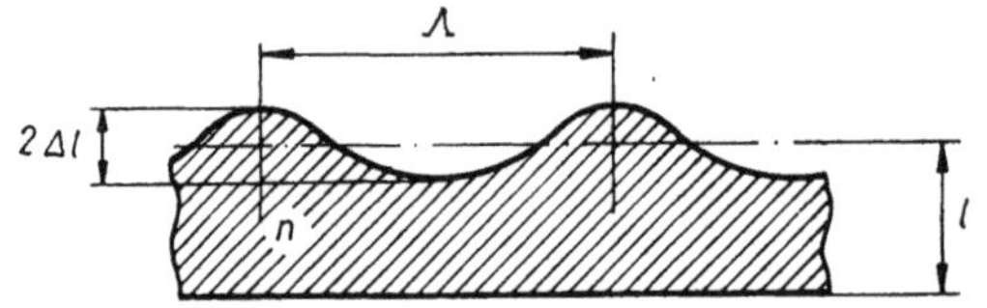

Abb. 1.4.5. Prinzip des Phasengitters

Wird der Hub Δl so gewählt, daß die Bessel-Funktion 0. Ordnung verschwindet, dann ist die Leistung des Laserstrahles im wesentlichen in den Strahlen der 1. Ordnung konzentriert

$$\Delta l = 0{,}38\lambda_0\,; \tag{1.4.11}$$

das entspricht bei einem Brechungsindex des Scheibenmaterials von n einem äquivalenten Luftweg von

$$\Delta l_1 = \frac{0{,}38}{n-1}. \tag{1.4.12}$$

In Tab. 1.4.1 sind zum Vergleich die Intensitäten der 0. und der 1. Ordnung der diskutierten Gitter gegenübergestellt. Rotationsbeugungsgitter vereinigen in sich die Funkion der Strahlteilung und der Modulation. Sie haben darüberhinaus noch den Vorteil, daß sie im Vergleich zu den Bragg-Zellen billig sind.

Tab. 1.4.1. Intensitätsverhältnisse bei Rotationsbeugungsgittern normiert auf die Intensität der 0. Ordnung des sin-Gitters

	0. Ordnung	1. Ordnung
sin-Gitter	1	0,25
Phasengitter	0	1
Strichgitter	0,25	0,1

1.4.2. Bragg-Zellen

Die Bragg-Zellen stellen eine besondere Form des Phasengitters dar. Das Rotationsbeugungsgitter wird durch ein laufendes ebenes Schallfeld ersetzt (Dichtewellenfeld), das durch einen piezoelektrischen Schwinger in einem im interessierenden Bereich optisch durchlässigen Medium erzeugt wird. Dabei muß durch konstruktive Maßnahmen dafür gesorgt werden, daß keine stehenden Wellen auftreten, d. h., Reflexionen der Schallwellen müssen vermieden werden, was durch einen geeigneten Abschlußwinkel und Absorptionsmaterial am Zellenende erreicht werden kann (Abb. 1.4.6.). Zur exakten Behandlung der Bragg-Zelle muß von den Maxwellschen Gleichungen ausgegangen werden. Eine Näherungslösung ist auf der Grundlage der Ergebnisse des Phasengitters möglich. Ausgehend von den Ergebnissen des Phasengitters in Abschnitt 1.4.1. kann die Bragg-Zelle als eine Summe in die Tiefe gestaffelter Phasengitter aufgefaßt werden.

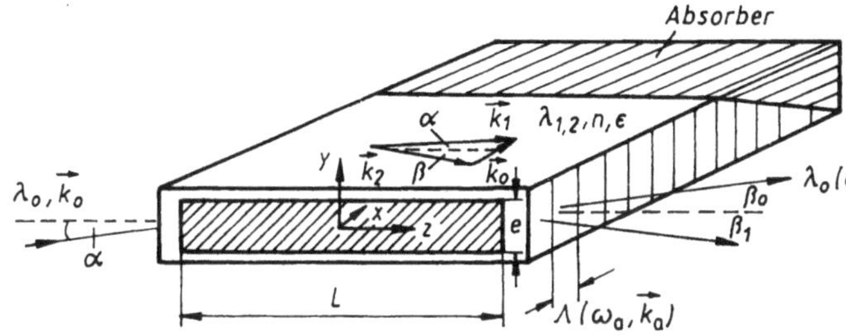

Abb. 1.4.6. Aufbau einer Bragg-Zelle

Optimale Wechselwirkung zwischen der einfallenden Welle $\boldsymbol{k}_1$ (im Medium) und der akustischen Welle $\boldsymbol{k}_a$, d. h. Kohärenz, tritt auf, wenn

$$\boldsymbol{k}_1 = \boldsymbol{k}_2 - m\boldsymbol{k}_a, \qquad m = 0, \pm 1, \pm 2 \ldots \tag{1.4.13}$$

Die gebeugte Welle wird durch den Wellenvektor $\boldsymbol{k}_2$ (im Medium) beschrieben. Daraus ergibt sich mit

$$\begin{aligned} -mk_a &= k_1 \sin \alpha - k_2 \sin \beta_m, \\ 0 &= k_1 \cos \alpha - k_2 \cos \beta_m \end{aligned} \tag{1.4.14}$$

und $\omega_1 \approx \omega_2$ ($\omega_1 \gg \omega_a$) die Beugungsbedingung

$$-m\lambda_1 = \Lambda_a(\sin \alpha - \sin \beta_m). \tag{1.4.15}$$

Für das „akustische Phasengitter" wird die Gitterfunktion

$$\underline{F}_S = e^{jk_1 L(n - \Delta n \cos(\omega_a t - k_a x))} \tag{1.4.16}$$

eingesetzt; Δn ist dabei die durch die akustische Welle hervorgerufene Brechungsindexänderung. Die Gitterkonstante ist durch die akustische Welle mit Λ_a vorgegeben. Der im Fourierintegral über den Spalt in Gl. (1.4.1) enthaltene Faktor ist bei endlicher

Ausdehnung des Gitters in z-Richtung (Abb. 1.4.6.) mit Gl. (1.4.14) durch

$$\mathrm{e}^{\mathrm{j}\left[\frac{2\pi x}{\lambda_1}\left(\sin\beta_m - \sin\alpha - m\frac{\lambda_1}{\Lambda_a}\right) + \frac{2\pi z}{\lambda_1}(\cos\beta_m - \cos\alpha)\right]} \tag{1.4.17}$$

zu ersetzen. Gilt darüber hinaus, daß die Intensität des Strahles sich in z-Richtung nicht ändert, d. h., alle Teilgitter erhalten die gleiche Intensität, dann ergibt sich für Gl. (1.4.6)

$$\begin{aligned} \underline{E}_\mathrm{P}(r) &\sim E_0\, \mathrm{e}^{-\frac{1}{4}(k_1 r_\mathrm{m}(\sin\beta_m - \sin\alpha - m\lambda_1/\Lambda_a))^2} \\ &\times \int\limits_{\mathrm{Spalt}} \underline{F}_\mathrm{S}(x)\, \mathrm{e}^{\mathrm{j}k_1 x(\sin\beta_m - \sin\alpha)}\, \mathrm{d}x \cdot \int\limits_{-L/2}^{+L/2} \mathrm{e}^{\mathrm{j}k_1 z(\cos\beta_m - \cos\alpha)}\, \mathrm{d}z \end{aligned} \tag{1.4.18}$$

und nach Transformation für das Beugungsbild

$$\begin{aligned} \underline{E}_\mathrm{P}(r) &\sim E_0 \sum_m J_{-m}\left(\frac{2\pi L\,\Delta n}{\lambda_1}\right) \mathrm{e}^{-\frac{1}{4}(k_1 r_\mathrm{m}(\sin\beta_m - \sin\alpha - m\lambda_1/\Lambda_a))^2} \\ &\times \mathrm{si}\left[\frac{\pi L}{\lambda_1}(\cos\beta_m - \cos\alpha)\right] \cdot \mathrm{e}^{\mathrm{j}[(\omega + m\omega_a)t + m\pi/2]}. \end{aligned} \tag{1.4.19}$$

Die si-Funktion erreicht ihre ersten Maxima für $\beta_m = \pm\alpha$. Nach Gl. (1.4.15) entspricht $\beta_m = \alpha$ dem Strahl 0. Ordnung. Für $\beta_m = -\alpha$ ergibt sich ein optimaler Einfallswinkel, der sogenannte Bragg-Winkel α_B

$$\sin\alpha_\mathrm{B} = -\frac{\lambda_1}{2\Lambda_a} = -\frac{\lambda_0}{2n\Lambda_a}. \tag{1.4.20}$$

Für Einfall des Strahles unter dem Bragg-Winkel ergibt sich der Strahl 0. Ordnung mit $m = 0$ unter dem Winkel $\beta_0 = \alpha_\mathrm{B}$. Die Amplitude der 0. Ordnung hat den Wert

$$|\underline{E}_\mathrm{P}(r)| \sim J_0\left(\frac{2\pi L\,\Delta n}{\lambda_1}\right). \tag{1.4.21}$$

Der Strahl erster Ordnung tritt unter dem Winkel $\beta_1 = -\alpha_\mathrm{B}$ auf mit einer Amplitude von

$$|\underline{E}_\mathrm{P}(r)| \sim J_1\left(\frac{2\pi L\,\Delta n}{\lambda_1}\right). \tag{1.4.22}$$

Der Strahl -1. Ordnung erscheint unter dem Winkel

$$\sin\beta_{-1} = -\frac{3}{2}\,\frac{\lambda_1}{\Lambda_a}. \tag{1.4.23}$$

An dieser Stelle hat die si-Funktion den Wert

$$\mathrm{si}\left[\frac{\pi L}{\lambda_1}(\cos\alpha_\mathrm{B} - \cos\beta_{-1})\right] = \mathrm{si}\left(\frac{\pi L\lambda_1}{\Lambda_a^2}\right). \tag{1.4.24}$$

Wird dafür gesorgt, daß die Länge des Schwingers $L = \Lambda_a^2/\lambda_1$ beträgt, dann nimmt die si-Funktion den Wert Null an; im Beugungsbild erscheinen nur die 0. und die 1. Ordnung. Die 0. Ordnung kann unterdrückt werden, indem durch Variation der akustischen Leistung der Hub der Dichtewelle so eingestellt wird, daß die Bessel-Funktion $I_0(2\pi\Delta n L/\lambda_1)$ ihre Nullstelle erreicht.

Das ist der optimale Betriebsfall für Laser-Doppler-Anemometer. Die gesamte Strahlleistung geht in den Strahl 1. Ordnung. Die gebeugte Welle ist wiederum mit der Gitterfrequenz, d. h. in diesem Fall mit der akustischen Erregerfrequenz der Bragg-Zelle, frequenzverschoben.

Eine zusammenfassende theoretische Analyse der Wechselwirkung zwischen akustischen und optischen Wellen wurde von Chang [C 1] gegeben, eine detaillierte Untersuchung, speziell für Bragg-Betrieb, liegt von Quate u. a. [Q 1] vor.

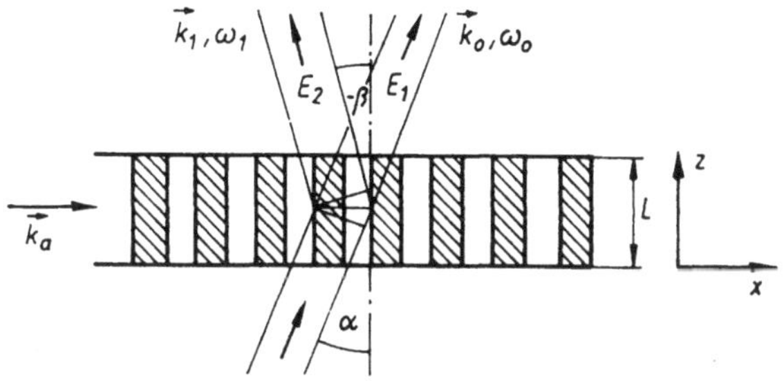

Abb. 1.4.7. Strahlorientierungen an der Bragg-Zelle

Solche exakten Untersuchungen gehen von der Wellengleichung aus. Für die in Abb. 1.4.6. dargestellte Bragg-Zelle, das Wirkschema ist in Abb. 1.4.7. angegeben, nimmt die Wellengleichung die Form

$$\frac{\partial^2 E(x, z, t)}{\partial x^2} + \frac{\partial^2 E(x, z, t)}{\partial z^2} = \frac{\partial^2\big(\varepsilon E(x, z, t)\big)}{\partial t^2} \tag{1.4.25}$$

an. Die akustische Erregung erzeugt im Medium eine Dehnungswelle

$$S_a(x, t) = \frac{1}{2} \left(S_a\, e^{j(\omega_a t - k_a x)} + \text{c.c.}\right) \tag{1.4.26}$$

(c.c. = konjugiert komplex).

Mit der Dehnungswelle ist im Medium eine räumliche und zeitliche Änderung der Dielektrizitätskonstanten verbunden. In isotropen Medien ändert sich die Polarisation im Bereich der Zelle nicht, so daß mit dem elastooptischen Koeffizienten p

$$\frac{\Delta\varepsilon}{\varepsilon} = -\frac{\varepsilon}{\varepsilon_0}\, p S_a(x, t) \tag{1.4.27}$$

gilt.

Für ε ist in Gl. (1.4.25) $\varepsilon\left(1 + \frac{\Delta\varepsilon}{\varepsilon}\right)$ einzusetzen. Im Lösungsansatz werden eine z-abhängige einfallende Welle $E_1(z)$ und eine gebeugte Welle $E_2(z)$ angenommen,

$$E(z) = E_1(z) + E_2(z). \tag{1.4.28}$$

Aus Abb. 1.4.7. ergibt sich

$$
\begin{aligned}
E_1(z) &= \frac{1}{2}\,[\underline{E}_1(z)\,\mathrm{e}^{\mathrm{j}(\omega_0 t - k_0 x \sin\alpha - k_0 z \cos\beta_m)} + \mathrm{c.c.}],\\
E_2(z) &= \frac{1}{2}\,[\underline{E}_2(z)\,\mathrm{e}^{\mathrm{j}(\omega_1 t + k_1 x \sin\alpha - k_1 z \cos\beta_m)} + \mathrm{c.c.}].
\end{aligned}
\tag{1.4.29}
$$

Allgemein muß davon ausgegangen werden, daß keine optimale Kopplung herrscht. Die Fehlanpassung findet in einem endlichen Wert

$$
\Delta \boldsymbol{k}_m = \boldsymbol{k}_0 - \boldsymbol{k}_1 + m\boldsymbol{k}_a, \qquad m = 0, \pm 1, \pm 2, \ldots \tag{1.4.30}
$$

ihren Ausdruck. Sie kann sowohl durch einen unzweckmäßigen Einfallswinkel α als auch durch akustische Fehlanpassung Δk_a verursacht sein. Die akustische Fehlanpassung beträgt

$$
\Delta k_a = k_a \frac{\Delta\alpha}{\alpha}. \tag{1.4.31}
$$

Nach [C 2] ergibt sich für isotrope Medien

$$
\Delta k_a = \frac{\pi\lambda_0}{n\Lambda_a^2 \cos\alpha}\, m \left(m + \frac{2n\Lambda_a \sin\alpha}{\lambda_0}\right). \tag{1.4.32}
$$

Daraus folgt für den Anpassungsfall $\Delta k_a = 0$ für den Einfallswinkel α

$$
\sin\alpha = -\frac{m\lambda_0}{2n\Lambda_a}. \tag{1.4.33}
$$

Mit $m = 1$ und $\lambda_0/n = \lambda_1$ ergibt sich der Bragg-Winkel entsprechend Gl. (1.4.20) und für den Einfallswinkel α_{BL} vor der Zelle unter Berücksichtigung der Brechung an der Oberfläche

$$
\sin\alpha_{BL} = -\frac{\lambda_0}{2\Lambda_a}. \tag{1.4.33a}
$$

Der für die Strahltrennung maßgebliche Winkel beträgt $2\alpha_{BL}$ (Gl. (1.4.15)). Mit Gl. (1.4.27) bis Gl. (1.4.29) und der Bedingung

$$
\omega_1 = \omega_2 + \omega_a \tag{1.4.34}
$$

folgt aus der Wellengleichung nach Vernachlässigung von Gliedern 2. Ordnung für die Beziehungen zwischen den Feldstärken der 0. Ordnung und der 1. Ordnung [Q 1]

$$
\begin{aligned}
\frac{\mathrm{d}\underline{E}_1}{\mathrm{d}z} + \mathrm{j}\,\frac{\Delta k_a}{2}\,\underline{E}_1 &= \mathrm{j}k_1 \frac{\varepsilon}{\varepsilon_0}\, p\, \frac{\underline{S}_a \underline{E}_2}{4}\, \frac{1}{\cos\alpha},\\
\frac{\mathrm{d}\underline{E}_2}{\mathrm{d}z} - \mathrm{j}\,\frac{\Delta k_a}{2}\,\underline{E}_2 &= -\mathrm{j}k_2 \frac{\varepsilon}{\varepsilon_0}\, p\, \frac{\underline{S}_a^{*} \underline{E}_1}{4}\, \frac{1}{\cos\beta_m}.
\end{aligned}
\tag{1.4.35}
$$

Glieder 2. Ordnung können auf Grund der relativ schwachen Kopplung ($\Delta\varepsilon \ll \varepsilon$) gegenüber den Gliedern 1. Ordnung vernachlässigt werden.

Die Lösung des Gleichungssystems erfolgt mit einem Exponentialansatz $e^{\lambda z}$ und ergibt für λ

$$\lambda = \pm\Gamma\left[1 - \left(\frac{\Delta k_a}{2\Gamma}\right)^2\right]^{1/2} \tag{1.4.36}$$

mit

$$\Gamma = \frac{\varepsilon p}{4\varepsilon_0}\left(\frac{k_1 k_2 \underline{S}_a \underline{S}_a^*}{\cos\alpha\cos\beta}\right)^{1/2}. \tag{1.4.37}$$

Von Interesse sind die einfallende und die gebeugte Welle am Ausgang der Bragg-Zelle ($z = L$). Unter Beachtung der Randbedingungen $\underline{E}_1(0) = \underline{E}_0$ und $\underline{E}_2(0) = 0$ beträgt $|\underline{E}_1(z)|$ (Frequenz ω_1, Strahl 0. Ordnung) am Ausgang der Zelle

$$|\underline{E}_1(L)| = \frac{\Gamma E_0}{\lambda}\left[1 - \left(\frac{\Delta k_a}{2\Gamma}\right)^2 + \sinh^2\lambda L\right]^{1/2} \tag{1.4.38}$$

und $|\underline{E}_2(z)|$ (Frequenz $\omega_1 + \omega_a$, Strahl 1. Ordnung)

$$|\underline{E}_2(L)| = \frac{\varepsilon}{\varepsilon_0}\,\frac{p k_2 S_a}{4\lambda\cos\beta_m}\,E_0\sinh\lambda L. \tag{1.4.39}$$

Damit ergibt sich ein Intensitätsverhältnis von

$$\frac{I_2}{I_1} = \frac{|\underline{E}_2(L)|^2}{|\underline{E}_1(L)|^2} = \frac{\left(\frac{\omega_2}{\omega_1}\,\frac{\cos\alpha}{\cos\beta_m}\right)\sinh^2\lambda L}{\left[1 - \left(\frac{\Delta k_a}{2\Gamma}\right)^2 + \sinh^2\lambda L\right]}. \tag{1.4.40}$$

Für praktische Fälle gilt $\Gamma < \frac{\Delta k_a}{2}$, so daß Gl. (1.4.40) durch

$$\frac{I_2}{I_1} = \frac{\omega_2\cos\alpha}{\omega_1\cos\beta_m}\,\Gamma^2 L^2\,\frac{\sin^2\left(\frac{\Delta k_a}{2}L\right)}{\left(\frac{\Delta k_a}{2}L\right)^2} \approx (\Gamma L)^2\,\mathrm{si}^2\left(\frac{\Delta k_a}{2}L\right) \tag{1.4.41}$$

angenähert werden kann; speziell für $\Delta k_a = 0$ (Kohärenz) ergibt sich

$$\frac{I_2}{I_1} = (\Gamma L)^2 = \frac{\pi^2 n^6 p^2 S_a^2}{4\lambda_0^2\cos^2\alpha_B} = \eta_1. \tag{1.4.42}$$

η_1 ist der für die Beugung zuständige Wirkungsgrad. Bei einer Dichte des verwendeten Mediums ϱ, einer Schwingerfläche A und einer Schallgeschwindigkeit im Medium von v kann für die akustische Leistung

$$P_a = S_a^2 A\,\frac{\varrho v^3}{2} \tag{1.4.43}$$

eingesetzt werden. Für den Wirkungsgrad ergibt sich damit

$$\eta_1 = \frac{\pi^2}{2\lambda_0^2} \frac{P_a}{\cos^2 \alpha_B} \frac{L^2}{A} \left(\frac{n^e p^2}{\varrho v^3}\right). \tag{1.4.44}$$

Der Klammerausdruck ist ein Materialfaktor für die Güte der Zellen

$$M_1 = \frac{n^e p^2}{\varrho v^3}. \tag{1.4.45}$$

In Tab. 1.4.2 sind die Daten für eine Reihe geeigneter Materialien zusammengestellt.

Für die Phasendifferenz (Abweichung von der Kohärenz) folgt bei einer Differenz der Wellenvektoren Δk_a mit Gl. (1.4.32) und Normierung auf die akustische Frequenz f_{aB}, für die die Bragg-Bedingung erfüllt ist, mit $m = f_a/f_{aB}$

$$\Delta\varphi = \frac{\Delta k_a L}{2} = \frac{\lambda_0 L \frac{f_a}{f_{aB}}}{2n\Lambda_a^2 \cos \alpha} \left[\frac{f_a}{f_{aB}} + \frac{2n\Lambda_a}{\lambda_0} \sin \alpha\right] \pi, \tag{1.4.46}$$

und mit der charakteristischen Länge L_0

$$L_0 = \frac{n\Lambda_a \cos \alpha}{\lambda_0} \tag{1.4.47}$$

folgt für die Phasenfehlanpassung im Bereich der 1. Ordnung

$$\Delta\varphi = \frac{L}{2L_0} m(m + 1) \pi. \tag{1.4.48}$$

Aus dem $\sqrt{2}$-Abfall der si-Funktion (Gl. (1.4.41)) läßt sich mit Gl. (1.4.48) die akustische Bandbreite berechnen. Der $\sqrt{2}$-Abfall der si-Funktion liegt bei $\Delta\varphi = \Delta k_a \cdot L/2 \approx 0{,}45\pi$, so daß sich

$$\Delta f_a = 1{,}8 \frac{f_{aB} L_0}{L} \tag{1.4.49}$$

ergibt.

Werden nun die Möglichkeiten zur Unterdrückung der 2. Ordnung untersucht, so folgt aus Gl. (1.4.48), daß die Fehlanpassung gleich dem Verhältnis L/L_0 ist, d. h., für $L \gg L_0$ ist zu erwarten, daß nur der Strahl 1. Ordnung auftritt. L_0 stellt die für den Bragg-Betrieb notwendige Mindestlänge dar. Aus Gl. (1.4.41) geht hervor, daß mit L auch der Beugungswirkungsgrad beeinflußt wird.

Die vorgenommene Analyse enthält nicht die für den Laserstrahl spezifische Gauß-förmige Intensitätsverteilung. Diese Intensitätsverteilung sorgt dafür, daß in den gebeugten Ordnungen die Intensität durch eine Bessel-Funktion vom Grad der Beugungsordnung bestimmt wird. Wie bereits angeführt, kann durch geeignete Dosierung der akustischen Leistung erreicht werden, daß I_0 Null wird und der Strahl 0. Ordnung verschwindet.

In der Praxis sind einfache Bragg-Zellen in Form von Wasserzellen aufgebaut worden [D 3]. Solche Zellen haben die unangenehme Eigenschaft, daß durch die eingebrachte akustische Leistung eine Erwärmung des Mediums erfolgt, wodurch eine Konvektionsströmung verursacht wird, die ihrerseits eine Brechungsindexänderung auslöst. Dadurch werden die Beugungsbilder erheblich gestört.

Eine Bragg-Zelle aus Tellurdioxid ist von der Sibirischen Abteilung der Sowjetischen Akademie der Wissenschaften entwickelt worden. Tellurdioxid ist ein doppelbrechendes

a) Zelle

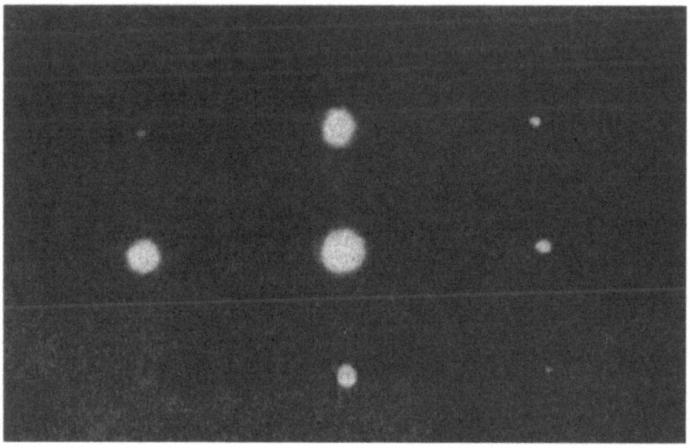

b) Beugungsbild

Abb. 1.4.8. Doppel-Bragg-Zelle aus TeO_2 (Sibirische Abteilung der Akademie der Wissenschaften der UdSSR)

Medium. Ausgenutzt wird die Scherspannung S [110] (Tab. 1.4.2) [E 1]. Die Zelle besteht aus einem Quader mit den Abmaßen $5 \times 5 \times 8$ mm³ (Abb. 1.4.8a) und wird in zwei zueinander senkrechten Richtungen mit $f_{a1} = 20$ MHz ($2\alpha_{BL1} = 1{,}17°$) und $f_{a2} = 34$ MHz ($2\alpha_{BL2} = 1{,}98°$) angeregt. Dadurch tritt eine Beugung in zwei zueinander orthogonalen Richtungen auf. Das Beugungsbild für optimale Einstellung zeigt Abb. 1.4.8b. Die Abhängigkeit der Strahlleistung in der 0. Ordnung und in der 1. Ordnung von der

Tab. 1.4.2. Daten von Bragg-Zellenmaterialien [C 1]

Material	optisches Fenster	Dichte ϱ	akustische Welle			optische Welle			Güte	
			Richtung	v	Dämpfung α_0	Polarisation	n	λ_0	M_1	P
	µm	g cm^{-3}		10^5 cm s^{-1}	dB µs (GHz)^2			µm	10^{-17} s^3 g^{-1}	
TeO_2	0,35–5	6,0	L[001]	4,2	6,3	⊥	2,39	0,633	3,32	0,28
			S[110]	0,62	17,9	Zirkular	2,26	0,633	119,7	0,11
$PbMoO_4$	0,42–5,5	6,95	L[001]	3,63	5,5	⊥	2,39	0,633	3,61	0,25
Ge	2–20	5,33	L[111]	5,50	16,5	‖	4,00	10,6	81,54	0,42
Flintglas	0,2–4,5		L	3,51		⊥	1,754	0,633		
H_2O		1,0		1,5			1,33	0,633	15,76	0,31

akustischen Anregungsleistung ist für optimale Einstellung in Abb. 1.4.9. dargestellt. Bei einer akustischen Anregung von 2,45 W werden 87% der Strahlleistung in die 1. Ordnung gebeugt. Diese Zelle wird in einer von der Akademie der Wissenschaften der UdSSR und der Firma Carl Zeiss (JENA) gemeinsam entwickelten Optik [A 1, F 7] in der Doppelfunktion als Modulator und als Strahlteiler eingesetzt.

Kommerziell werden Zellen aus Flintglas [E 2], Bleimolybdat und Germanium angeboten. Diese Zellen haben im Prinzip die in Abb. 1.4.5. dargestellte Form. Daten dieser Zellen sind in Tab. 1.4.3 enthalten; Abb. 1.4.10. zeigt eine Zelle aus Bleimolybdat. Die Parameter dieser Zellen werden bei gleichem Ausgangsmaterial durch Gestaltung der Schwingerflächen und die Strahlführung beeinflußt.

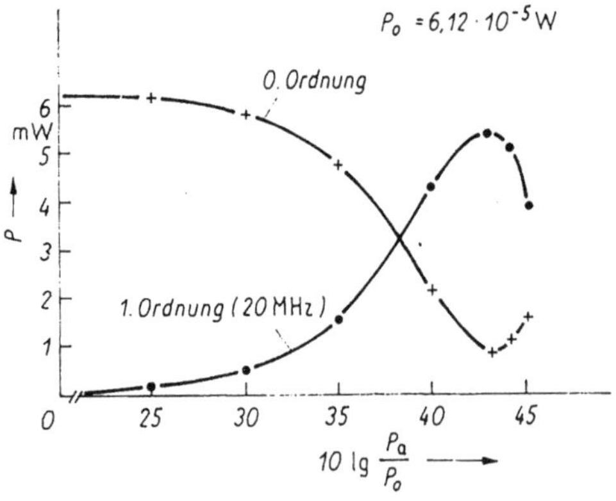

Abb. 1.4.9. Strahlleistung als Funktion der akustischen Leistung für die Doppelbraggzelle aus TeO_2 (f_a = 20 MHz)

Abb. 1.4.10. Bragg-Zelle aus $PbMoO_4$, f_a = 80 MHz (Carl Zeiss JENA)

Tab. 1.4.3. Betriebsdaten von Bragg-Zellen (nach Laser-Optronic Firmenkatalog 1981)

Material	λ	f_a	P_a	$2\alpha_{Bl}$	η
	nm	MHz	W	°	
Flintglas	632,8	40	2	0,41	0,7–0,9
Pb M_0O_4	632,8	80	1	0,80	0,75–0,9
Ge	10600	40	5–12	4,42	0,2–0,5

1.5. Polarisation der Laserstrahlung [16, 15]

Die Polarisation $\boldsymbol{p}$ gibt die Orientierung des Feldstärkevektors einer Strahlung und damit die Lage der Wellenfronten der Feldstärkewelle im Raum an. Sie hat wesentlichen Einfluß auf den optimalen Betrieb des Laser-Doppler-Anemometers. Jede beliebig im Raum orientierte Welle kann bezüglich eines vorgegebenen Koordinatensystems x, y, z in zwei orthogonal zur Ausbreitungsrichtung schwingende Komponenten zerlegt werden. Für eine Welle, die sich in z-Richtung ausbreitet, gilt

$$\begin{aligned} \boldsymbol{E} &= \boldsymbol{p} \cdot E = \boldsymbol{e}_x E_x + \boldsymbol{e}_y E_y, \\ E_x &= \operatorname{Re}\left\{E_{0x} \exp\left(\mathrm{j}(\omega t - kz + \varphi_x)\right)\right\}, \\ E_y &= \operatorname{Re}\left\{E_{0y} \exp\left(\mathrm{j}(\omega t - kz + \varphi_y)\right)\right\}. \end{aligned} \tag{1.5.1}$$

Die Orientierung der Feldstärkewelle ist damit eine Funktion der Phasenlagen φ_x, φ_y der Teilwellen. Die Analyse von Gl. (1.5.1) ergibt, daß im allgemeinen in Abhängigkeit von der Zeit die Spitze des Feldstärkevektors eine Ellipse beschreibt (Abb. 1.5.1.); die Polarisation $\boldsymbol{p}$ ist eine Funktion der Zeit. Solche Wellen sind elliptisch polarisierte Wellen. In Abhängigkeit von der Phasenlage $\varphi = \varphi_y - \varphi_x$ der Teilwellen durchläuft der Feldstärkevektor die Ellipse rechts- bzw. linksdrehend. Im Bereich $0 \leqq \varphi < \pi$ bewegt sich der Feldstärkevektor bei Ausbreitung der Welle in z-Richtung in mathematisch positivem Sinne ensprechend einer Linksschraube (rechtsdrehende Polarisation); im Bereich $\pi \leqq \varphi < 2\pi$ entgegen der mathematisch positiven Zählrichtung (linksdrehende Polarisation) entsprechend einer Rechtsschraube.

Die Phasenlagen $\varphi = 0$ und $\varphi = \pi$ führen zu einer zeitunabhängigen Polarisation; Wellen dieser Polarisation werden als linear polarisierten Wellen bezeichnet. Die Feld-

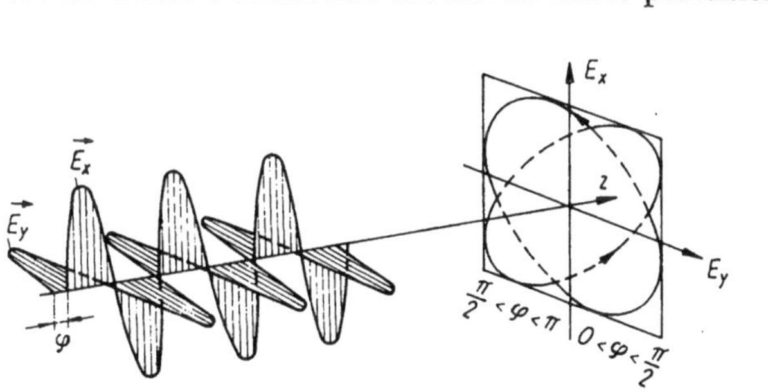

Abb. 1.5.1. Elliptisch polarisierte Welle

stärkewelle schwingt in einer Ebene, die mit der x-Achse einen Winkel

$$\psi = \arc\tan \frac{E_{0y}}{E_{0x}} \tag{1.5.2}$$

bildet.

Für $E_{0x} = E_{0y}$ und $\varphi = \frac{\pi}{2}$ oder $\varphi = \frac{3}{2}\pi$ liegt zirkulare Polarisation vor.

Reflexion und Brechung an Grenzschichten können die Polarisation beeinflussen. Zur Analyse der Grenzschichtwirkung wird die einfallende Feldstärkewelle in eine p-Welle (Feldstärkevektor schwingt parallel zur Einfallsebene) und eine s-Welle (Feldstärkevektor schwingt in einer Ebene, die senkrecht zur Einfallsebene steht) zerlegt (Abb. 1.5.2.).

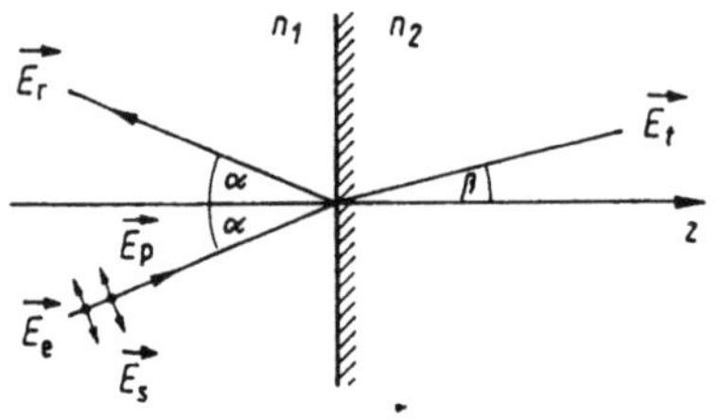

Abb. 1.5.2. Strahlorientierung an der Grenzfläche

Die reflektierte Welle $\underline{E}_r$ ist mit der einfallenden Welle $\underline{E}_e$ über den Reflexionskoeffizienten $\underline{R}$ verknüpft

$$\underline{E}_r = \underline{R} \cdot E_e. \tag{1.5.3}$$

Tab. 1.5.1 enthält den Reflexionskoeffizienten für die p- und s-Welle nach Betrag und Phase. Auf zwei typische Erscheinungen sei an dieser Stelle hingewiesen.

- Rechtsdrehende elliptische Polarisation geht durch Reflexion in linksdrehende elliptische Polarisation über.
- Eine aus s- und p-Anteil bestehende linear polarisierte Welle geht bei Totalreflexion in eine elliptisch polarisierte Welle über.
- Bei einer reinen p- oder s-Welle bleibt bei Totalreflexion die Polarisation erhalten.

Da bei Optiken von Laser-Doppler-Anemometern gerade die Totalreflexion in Prismen vielfach zur Strahlführung genutzt wird, muß dafür gesorgt werden, daß nach Umlenkung, falls erforderlich, die notwendige Orientierung wieder hergestellt wird.

Dazu eignen sich Platten aus optisch anisotropen Medien, die in den verschiedenen Richtungen unterschiedliche Brechzahlen aufweisen. Zur Drehung und Veränderung der Polarisation werden besonders einachsige Kristalle, bei denen nur noch zwischen dem ordentlichen Strahl (Brechzahl n_o) und dem außerordentlichen Strahl (Brechzahl n_a) unterschieden wird, verwendet.

Der einachsige Kristall wird so geschnitten, daß die optische Achse in der Schnittebene liegt. Optische Achse und der Ausbreitungsvektor der senkrecht auf die Schnittebene einfallenden Welle bilden die Einfallsebene.

Tab. 1.5.1. Reflexionsvermögen an Grenzflächen (nach [15])

	allgemeiner Fall $\alpha \neq 0$	Totalreflexion $\sin\beta > n_1/n_2$
p-Welle	$R = \dfrac{\tan(\alpha-\beta)}{\tan(\alpha+\beta)}$	$R = 1$
	$R > 0 \quad \varphi_r = \pi$	
	$R < 0 \quad \varphi_r = 0$	$\tan\varphi_r/2 = \dfrac{(n_1^4\sin^2\alpha - n_1^2n_2^2)^{1/2}}{n_1^2\cos\alpha}$
s-Welle	$R = \dfrac{\sin(\beta-\alpha)}{\sin(\beta+\alpha)}$	$R = 1$
	$R > 0 \quad \varphi_r = 0$	
	$R < 0 \quad \varphi_r = \pi$	$\tan\varphi_r/2 = \dfrac{(n_1^4\sin^2\alpha - n_1^2n_2^2)^{1/2}}{n_1^2\cos\alpha}$

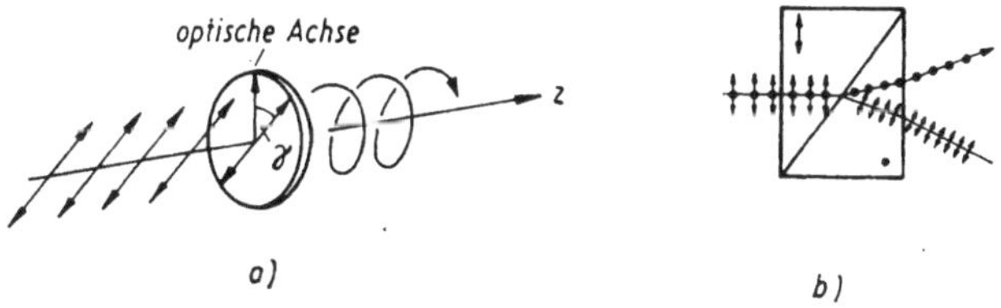

Abb. 1.5.3. Beeinflussung der Polarisation
a) durch $\lambda/4$-Platte
b) durch Wollaston-Prisma

Auf Grund der unterschiedlichen Brechungsindizes werden die Komponenten einer in einer Ebene mit einem Winkel γ zur Einfallsebene schwingenden linear polarisierten Welle (Abb. 1.5.3a) durch den Kristall unterschiedlich in ihrer Phasenlage beeinflußt. Die Phasendifferenz zwischen p- und s-Welle beträgt nach Austritt aus dem Kristall

$$\Delta\varphi = (n_0 - n_a)\, d \cdot \frac{2\pi}{\lambda}. \tag{1.5.4}$$

Wird durch die Wahl der Dicke der Platte dafür gesorgt, daß diese Phasendifferenz $\pi/2$ beträgt, dann geht linear polarisiertes Licht in elliptisch polarisiertes Licht über, wobei der Drehsinn durch das Vorzeichen der Differenz der Brechungsindizes in Gl. (1.5.4) bestimmt wird. Für $\gamma = \pi/4$ tritt zirkular polarisiertes Licht auf.
Da die Dicke der Platte der Gleichung

$$(n_0 - n_a) \cdot d = \frac{\lambda}{4} \tag{1.5.5}$$

genügen muß, wird sie als $\lambda/4$-Platte bezeichnet. Der Effekt ist umkehrbar. Es kann auf gleiche Weise zirkular polarisiertes Licht in linear polarisiertes Licht umgewandelt werden. Ähnlich der $\lambda/4$-Platte läßt sich mit einer Dicke entsprechend

$$(n_0 - n_a) \cdot d = \frac{\lambda}{2} \tag{1.5.6}$$

eine $\lambda/2$-Platte herstellen. Die Phasenverschiebung zwischen p- und s-Welle beträgt in diesem Fall π, d. h., eine unter einem Winkel γ einfallende linear polarisierte Welle tritt aus der Platte unter einem Winkel $-\gamma$ zur optischen Achse, also als um 2γ in der Polarisationsebene gedrehte linear polarisierte Welle, aus.

Abschließend sei noch auf das Wollaston-Prisma hingewiesen, das eine Strahlteilung in Strahlen gleicher Intensität unterschiedlicher Polarisation ermöglicht (Abb. 1.5.3b).

1.6. Teilcheneigenschaften

Die Empfindlichkeit und Meßgenauigkeit des LDA-Verfahrens hängt wesentlich von der Auswahl der Streuteilchen ab. Bei einer Reihe von Meßproblemen kann bzw. muß auf natürliche Streuteilchen zurückgegriffen werden, z. B. bei Messungen im Wasser reichen oft die natürlichen Verunreinigungen in der Größenordnung von einigen μm aus, in Kavitationskanäle dürfen wegen der Kavitationsgefahr keine künstlichen Teilchen zugesetzt werden.

In der Regel muß das strömende Medium mit geeigneten Streuteilchen geimpft werden. An solche Streuteilchen werden eine Reihe von Forderungen gestellt:

- Die Streuteilchen müssen im Interesse einer hohen Meßgenauigkeit der Strömung schlupflos folgen. Ist diese Forderung nicht erfüllt, dann muß das Meßergebnis über den Schlupf korrigiert werden.
- Von den Streuteilchen wird eine ausgezeichnete Streucharakteristik in Richtung des Empfängers verlangt, d. h. ausgeprägte Streukeulen in der Achse des Meßsystems in Vorwärts- und Rückwärtsstreuung, eine Forderung, die nur begrenzt erfüllbar ist. Die Streueigenschaften bestimmen maßgeblich das Signal-Rausch-Verhältnis (SRV) im optoelektronischen Empfänger.
- Streuteilchen müssen einfach herstellbar, chemisch inaktiv und ungiftig sein und dürfen die Meßapparatur nicht verunreinigen.

1.6.1. Streueigenschaften von Teilchen

Die Streueigenschaften leitender und nichtleitender Körper im elektromagnetischen Feld werden in der Literatur ausführlich behandelt [23, 24, 25].

Das Grundproblem der Streuung besteht in der Analyse des Fernfeldes, das ein leitender oder nichtleitender Störkörper in einem zunächst homogenen elektromagnetischen Feld verursacht. Ein Störkörper mit einer von seinem Umgebungsmedium verschiedenen Dielektrizitätskonstanten reagiert auf ein einfallendes Fremdfeld mit einer Polarisierung des Mediums, die sich in einem vom Fremdfeld abhängigen Dipolmoment und einer von der Größe des Teilchens abhängigen Momentenverteilung im Streuteilchen äußert. Im Fall des elektromagnetischen Wechselfeldes werden die Dipole die Form von Hertzschen Dipolen annehmen. Die negativen Ladungen des Dipoles führen um den feststehenden Schwerpunkt einer positiven Ladung periodische Schwingungen aus. Vom Standpunkt der Feldtheorie bieten sich zur Lösung des Problems methodisch zwei Wege an, einmal der Weg der Reduzierung des Problems auf ein bekanntes Quellenproblem, wobei die Quellenverteilung sowie der Wert und die Orientierung des Dipolmomentes der Quellen aus den Stetigkeitsbedingungen für das magnetische und elektrische Feld an den Grenzflächen und der Beschaffenheit des Erregerfeldes folgen. Zum anderen führt die Lösung der Wellengleichung zum Ziel.

Sind die Abmessungen des Streuteilchens, d. h. der Durchmesser $2r_P$, viel kleiner als die Wellenlänge, dann liegt im Bereich des Streuteilchens ein homogenes sich quasistationär änderndes Feld vor. Die homogene Polarisierung des Streuteilchens kann zur Beschreibung außerhalb des Teilchens durch einen einzigen Hertzschen Dipol erfaßt werden. Die Lösungen für diesen Fall sind in der Literatur als Rayleigh-Streuung bekannt und von Born [23, 24] und Kerker [25] angegeben.

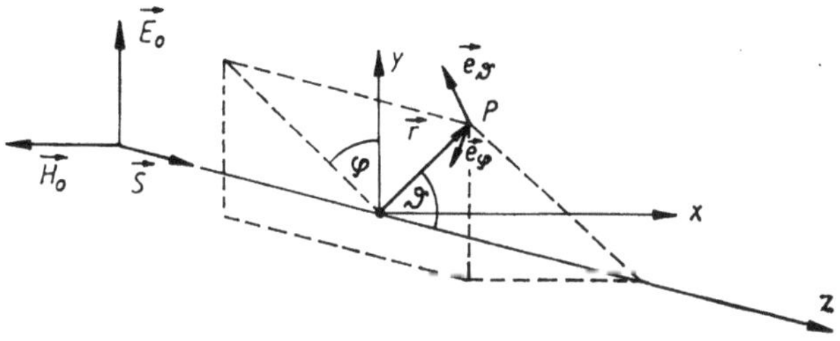

Abb. 1.6.1. Orientierung für die Analyse der Streuwelle

Für größere Streuteilchen, d. h. Streuteilchen mit Abmessungen im Bereich der Wellenlänge und darüber hinaus, treffen die oben genannten Annahmen nicht mehr zu. Dann sind Bereiche des Volumens mit partiell homogenem Feld durch jeweils einen Dipol zu ersetzen. Das Problem wird durch eine Multipolanordnung angenähert, wobei die Wechselwirkungen zwischen den einzelnen Dipolen nicht zu vernachlässigen sind. Ein Lösungsansatz dieser Art führt sehr schnell zu einem unübersichtlichen Gleichungssystem ([25,] S. 51). Deshalb ist in diesem, gerade auch für das Laser-Doppler-Anemometer interessanten Fall, eine Lösung der Wellengleichung herbeizuführen. Die allgemeine Lösung zur Berechnung der Beugungswelle wurde von Mie angegeben, von Born [23, 24] und Kerker [25] wurden Streufelder, insbesondere das Fernfeld, näher untersucht.

Zur Darstellung sind sphärische Koordinaten r, φ, ϑ zweckmäßig (Abb. 1.6.1.). Der Winkel φ ist der Winkel, den der Feldstärkevektor $\boldsymbol{E}$ mit der durch den Radiusvektor $\boldsymbol{r}$ und die Fortpflanzungsrichtung der Welle z aufgespannten Ebene bildet. Er hängt mit dem durch die Koordinatentransformation bestimmten Winkel φ_t über $\varphi_t = \varphi + \pi/2$ zusammen. Der Winkel ϑ ist der Winkel zwischen der Fortpflanzungsrichtung der Welle und dem Ortsvektor $\boldsymbol{r}$.

Für Laser-Doppler-Anemometer ist das Fernfeld der elektrischen Feldstärke interessant. Deshalb soll auf die von KERKER [25] und von [B 1], [B 2], [C 2] ausgewerteten Lösungen näher eingegangen werden. Die Feldstärke im Punkt P (Abb. 1.6.1.) ist eine Funktion

— der Parameter der einfallenden elektromagnetischen Welle, d. h. der Frequenz ω_0, der Feldstärke E_0, der Polarisation und Phasenlage der einfallenden Welle,
— der Brechungsindizes des umgebenden Mediums und der Streuteilchen sowie
— der Koordinaten r, φ, ϑ des Punktes P.

Im Hinblick auf einen einfachen Lösungsansatz werden folgende Feststellungen getroffen:

— Die elektrische Feldstärke der einfallenden Welle wird im gesamten Bereich des Streuteilchens als konstant E_0 angenommen.
— Der einfallende Lichtstrahl ist linear polarisiert und hat die Wellenlänge λ_0 im Vakuum.
— Die Achsen des Koordinatensystems werden durch den einfallenden Lichtstrahl bestimmt. Ausbreitungsrichtung des Strahles in Richtung der z-Achse, E-Vektor in Richtung der y-Achse. Das Streuteilchen befindet sich im Koordinatenursprung.
— Im Koordinatenursprung ist die Phasenlage der einfallenden Welle Null.
— Das Streuteilchen ist homogen und hat die Form einer Kugel.
— Das Streuteilchen ist unmagnetisch und besitzt keine anderen elektromagnetischen Felder.
— Das umgebende Medium ist homogen und besitzt keine Dämpfung für das elektromagnetische Feld.
— Der Punkt P liegt im Fernfeld, d. h., die Feldstärkekomponente in Richtung des Radius ist Null.

Das elektrische Streufeld besteht somit im Punkt P aus zwei senkrecht zueinander polarisierten Komponenten $\boldsymbol{E}_\vartheta$ und $\boldsymbol{E}_\varphi$

$$\underline{\boldsymbol{E}}(r, \vartheta, \varphi) = \boldsymbol{e}_\varphi \underline{E}_\varphi + \boldsymbol{e}_\vartheta \underline{E}_\vartheta , \tag{1.6.1}$$

d. h., das Feld ist allgemein elliptisch polarisiert (Gl. (1.5.1))

$$\boldsymbol{E}(r, \vartheta, \varphi) = \mathrm{Re}\{\underline{\boldsymbol{E}}(r, \vartheta, \varphi)\} = \boldsymbol{e}_\varphi \,\mathrm{Re}\{\underline{E}_\varphi\} + \boldsymbol{e}_\vartheta \,\mathrm{Re}\{E_\vartheta\}. \tag{1.6.2}$$

Durch Einsetzen von Gl. (1.6.1) in die Beziehung für die Intensität Gl. (1.7.8) ergibt sich die Intensität der gestreuten Welle

$$I = \frac{1}{2}\, \varepsilon_0 \varepsilon_r c [\underline{E}_\varphi \underline{E}_\varphi{}^* + \underline{E}_\vartheta \underline{E}_\vartheta{}^*] = \frac{1}{2}\, \varepsilon_0 \varepsilon_r c \hat{E}_{st}^2 . \tag{1.6.3}$$

$\hat{E}_{st}$ ist dabei der Spitzenwert der äquivalenten Feldstärke. Wegen der Orthogonalität der Komponenten verschwinden die Wechselprodukte, so daß die Intensitäten der Komponenten sich additiv überlagern.

Die beiden senkrecht zueinander polarisierten Wellen lassen sich nach folgenden

Beziehungen berechnen:

$$\underline{E}_\varphi = -\mathrm{j}\,\frac{E_0}{k_\mathrm{r} r}\,\mathrm{e}^{\mathrm{j}(\omega_\mathrm{r} t - k_\mathrm{r} r)} \sin\varphi \sum_{n=1}^{\infty} \frac{2n+1}{n(n+1)} \left\{\underline{a}_n \frac{P_n^{(1)}(\cos\vartheta)}{\sin\vartheta} + \underline{b}_n \frac{\mathrm{d}P_n^{(1)}(\cos\vartheta)}{\mathrm{d}\vartheta}\right\}, \tag{1.6.4}$$

$$\underline{E}_\vartheta = j\,\frac{E_0}{k_\mathrm{r} r}\,\mathrm{e}^{\mathrm{j}(\omega_\mathrm{r} t - k_\mathrm{r} r)} \cos\varphi \sum_{n=1}^{\infty} \frac{2n+1}{n(n+1)} \left\{\underline{a}_n \frac{\mathrm{d}P_n^{(1)}(\cos\vartheta)}{\mathrm{d}\vartheta} + \underline{b}_n \frac{P_n^{(1)}(\cos\vartheta)}{\sin\vartheta}\right\}. \tag{1.6.5}$$

$\boldsymbol{k}_\mathrm{r}$ ist der Wellenvektor der gestreuten Welle $\underline{E}_{\vartheta,\varphi}$, die die allgemeine Form

$$\underline{E}_{\vartheta,\varphi} = \frac{E_0}{k_\mathrm{r} r}\,\underline{F}_{1,2}(\vartheta, \varphi)\,\mathrm{e}^{\mathrm{j}(\omega_\mathrm{r} t - k_\mathrm{r} r)} \tag{1.6.6}$$

hat. $\underline{F}_{1,2}(\vartheta, \varphi)$ sind die gesuchten Streufunktionen; sie ergeben sich aus Gl. (1.6.4) und Gl. (1.6.5) mit den Koeffizienten

$$\underline{a}_n = \frac{\psi_n(q)\,\psi_n'(\underline{m}q) - \underline{m}\psi_n(\underline{m}q)\,\psi_n'(q)}{\zeta_n(q)\,\psi_n'(\underline{m}q) - \underline{m}\psi_n(\underline{m}q)\,\zeta_n'(q)} \tag{1.6.7}$$

und

$$\underline{b}_n = \frac{\underline{m}\psi_n(q)\,\psi_n'(\underline{m}q) - \psi_n(\underline{m}q)\,\psi'(q)}{\underline{m}\zeta(q)\,\psi_n'(\underline{m}q) - \psi_n(\underline{m}q)\,\zeta_n'(q)}. \tag{1.6.8}$$

Das Argument q ist der Mie-Parameter, der das Verhältnis der Abmessungen des Streu teilchens zur Wellenlänge im Streuteilchen erfaßt,

$$q = \frac{2\pi r_\mathrm{P}}{\lambda_2}. \tag{1.6.9}$$

r_P ist der Radius des Streuteilchens; $\underline{m}$ ist das Verhältnis der Brechungsindizes der beiden Medien (1) und (2), das sich nach der Beziehung

$$\underline{m} = \frac{\underline{n}_1}{\underline{n}_2} = \frac{1}{\sqrt{\varepsilon_1}} \sqrt{\varepsilon_2 + \mathrm{j}\,\frac{4\pi\varkappa_2}{\omega}} \tag{1.6.10}$$

berechnen läßt und im Fall eines elektrisch leitfähigen Streuteilchens komplex ist.

Die Summen in Gl. (1.6.4) und Gl. (1.6.5) erfassen die Abhängigkeit der elektrischen Feldstärke vom Winkel ϑ. Unter dem Gesichtspunkt der Quellenlösung lassen sie sich als Addition der einzelnen Dipolbeiträge interpretieren. Die Funktion $P_n^{(1)}(\cos\vartheta)$ ist die der Legendreschen Kugelfunktion n-ter Ordnung zugeordnete Funktion 1. Grades und ergibt sich entsprechend der Definition

$$P_n^{(q)}(\cos\vartheta) = (1 - \cos^2\vartheta)^{q/2} \frac{\mathrm{d}^q P_n(\cos\vartheta)}{d(\cos\vartheta)^q} = (\sin\vartheta)^q \frac{\mathrm{d}^q P_n(\cos\vartheta)}{\mathrm{d}(\cos\vartheta)^q} \tag{1.6.11}$$

zu

$$P_n^{(1)} = \sin\vartheta\,\frac{\mathrm{d}P_n(\cos\vartheta)}{\mathrm{d}(\cos\vartheta)}, \tag{1.6.12}$$

wobei $P_n(\cos\vartheta)$ das Legendresche Polynom n-ter Ordnung 0. Grades darstellt,

$$P_n(\cos\vartheta) = \sum_{m=0}^{n/2} (-1)^m \frac{(2n-2m)!}{2^n m!(n-m)!\,(n-2m)!} (\cos\vartheta)^{n-2m}. \tag{1.6.13}$$

Für die Winkelabhängigkeit von ϑ in Gl. (1.6.4) und Gl. (1.6.5) wird abkürzend

$$\underline{S}_1(\vartheta) = \sum_{n=1}^{\infty} \frac{2n+1}{n(n+1)} \{\underline{a}_n \Pi_n(\cos\vartheta) + \underline{b}_n T_n(\cos\vartheta)\} \tag{1.6.14}$$

und

$$\underline{S}_2(\vartheta) = \sum_{n=1}^{\infty} \frac{2n+1}{n(n+1)} \{\underline{a}_n T_n(\cos\vartheta) + \underline{b}_n \Pi_n(\cos\vartheta)\} \tag{1.6.15}$$

eingeführt.

Die Funktion $\Pi_n(\cos\vartheta)$ enthält lediglich die 1. Ableitung des Legendreschen Polynoms und ergibt sich durch Differentiation aus Gl. (1.6.13).

$$\Pi_n(\cos\vartheta) = \frac{1\cdot 3\cdot 5\cdots(2n-1)}{n!}\left[n(\cos\vartheta)^{n-1} - \frac{n(n-1)(n-2)}{2(2n-1)}(\cos\vartheta)^{n-3} + \frac{n(n-1)(n-2)(n-3)(n-4)}{2\cdot 4\cdot(2n-1)(2n-3)}(\cos\vartheta)^{n-5} + \cdots\right]. \tag{1.6.16}$$

Die Funktion $T_n(\cos\vartheta)$ läßt sich auf die Funktion $\Pi_n(\cos\vartheta)$ und deren Ableitung zurückführen,

$$T_n(\cos\vartheta) = \cos\vartheta\,\Pi_n(\cos\vartheta) - \sin^2\vartheta\,\Pi_n'(\cos\vartheta). \tag{1.6.17}$$

Mit Hilfe der Rekursionsformeln

$$\Pi_n(\cos\vartheta) = \frac{2n-1}{n-1}\cos\vartheta\,\Pi_{n-1}(\cos\vartheta) - \frac{n}{n-1}\Pi_{n-2}(\cos\vartheta) \tag{1.6.18}$$

und

$$\Pi_n'(\cos\vartheta) = (2n-1)\,\Pi_{n-1}(\cos\vartheta) + \Pi_{n-2}'(\cos\vartheta) \tag{1.6.19}$$

und den aus den Reihenentwicklungen berechenbaren Startwerten

$$\begin{aligned} &\Pi_0(\cos\vartheta) = 0, && \Pi_0'(\cos\vartheta) = 0,\\ &\Pi_1(\cos\vartheta) = 1, && \Pi_1'(\cos\vartheta) = 0,\\ &\Pi_2(\cos\vartheta) = 3\cos\vartheta, && \Pi_2'(\cos\vartheta) = 3 \end{aligned} \tag{1.6.20}$$

wird die Berechnung der Legendreschen Polynome mit Hilfe einer EDVA möglich.

Die Funktionen ψ_n und ζ_n in Gl. (1.6.7) und Gl. (1.6.8) sind mit $\underline{z} = \underline{m}q$ durch die Beziehungen

$$\psi_n(\underline{z}) = \sqrt{\frac{\pi \underline{z}}{2}}\, I_{n+1/2}(\underline{z}), \tag{1.6.21}$$

$$X_n(\underline{z}) = \sqrt{\frac{\pi \underline{z}}{2}}\, N_{n+1/2}(\underline{z}) \tag{1.6.22}$$

und

$$\zeta(\underline{z}) = \psi_n(\underline{z}) + X(\underline{z}) = \sqrt{\frac{\pi \underline{z}}{2}}\, [I_{n+1/2}(\underline{z}) - \mathrm{j} N_{n+1/2}(\underline{z})] = \sqrt{\frac{\pi \underline{z}}{2}}\, H^{(2)}_{n+1/2}(\underline{z}) \tag{1.6.23}$$

mit der Bessel-Funktion $I_{n+1/2}$, der Neumann-Funktion $N_{n+1/2}$ bzw. der Hankel-Funktion zweiter Art $H^{(2)}_{n+1/2}$ verknüpft. Diese Ricatti-Bessel-Funktionen sind wiederum durch unendliche Reihen berechenbar. Dies ist mit den Reihen [25]

$$\psi_n(\underline{z}) = 2^n \underline{z}^{n+1} \sum_{m=0}^{\infty} \frac{(-1)^m (n+m)!}{m!(2n+2m+1)!} \underline{z}^{2m}, \tag{1.6.24}$$

$$X_n(\underline{z}) = -\frac{1}{2^n \underline{z}^n} \sum_{m=0}^{\infty} \frac{\Gamma(2n-2m+1)}{m!\Gamma(n-m+1)} z^{2m} \tag{1.6.25}$$

oder mit

$$\begin{aligned} \psi_n(\underline{z}) = {} & \sin\left(\underline{z} - n\frac{\pi}{2}\right) \sum_{m=0}^{\leqq n/2} \frac{(-1)^m (n+2m)!}{(2m)!\,(n-2m)!\,(2\underline{z})^{2m}} \\ & + \cos\left(\underline{z} - n\frac{\pi}{2}\right) \sum_{m=0}^{\leqq (n-1)/2} \frac{(-1)^m (n+2m+1)!}{(2m+1)!\,(n-2m-1)!\,(2\underline{z})^{2m+1}}, \end{aligned} \tag{1.6.26}$$

$$\begin{aligned} X_n(\underline{z}) = (-1)^n \Bigg[& \cos\left(\underline{z} + n\frac{\pi}{2}\right) \sum_{m=0}^{\leqq n/2} \frac{(-1)^m (n+2m)!}{(2m)!\,(n-2m)!\,(2\underline{z})^{2m}} \\ & - \sin\left(\underline{z} + n\frac{\pi}{2}\right) \sum_{m=0}^{\leqq (n-1)/2} \frac{(-1)^m (n+2m+1)!}{(2m+1)!\,(n-2m-1)!\,(2\underline{z})^{2m+1}} \Bigg] \end{aligned} \tag{1.6.27}$$

möglich.

Nach [25] ist es für reelles Argument zweckmäßig, aus den Reihen die Startwerte zu berechnen und dann mit den Rekursionsformeln

$$\psi_{n+1}(z) = \frac{2n+1}{z} \psi_n(z) - \psi_{n-1}(z) \tag{1.6.28}$$

und

$$X_{n+1}(z) = \frac{2n+1}{z} X(z) - X_{n-1}(z) \tag{1.6.29}$$

weiterzuarbeiten. Als Startwerte ergeben sich

$$\psi_0(z) = \sin z, \qquad \psi_1(z) = \frac{\sin z}{z} - \cos z \tag{1.6.30}$$

und

$$X_0(z) = \cos z, \qquad X_1(z) = \frac{\cos z}{z} + \sin z. \tag{1.6.31}$$

Für strahlungsabsorbierende Streuteilchen ist das Argument komplex. Die Berechnung wird dadurch schwieriger. In diesem Fall hat es sich als zweckmäßig erwiesen, die Amplitudenfunktionen $\underline{a}_n$ und $\underline{b}_n$ in Form der logarithmischen Ableitungen der Ricatti-Bessel-Funktionen auszudrücken, da für diese Näherungsfunktionen existieren.

Unter diesem Gesichtspunkt nehmen $\underline{a}_n$ und $\underline{b}_n$ die Form

$$\underline{a}_n = \frac{\psi_n(a)}{\zeta_n(q)} \left[\frac{\dfrac{\psi_n'(\underline{m}q)}{\psi_n(\underline{m}q)} - \underline{m}\,\dfrac{\psi_n'(q)}{\psi_n(q)}}{\dfrac{\psi_n'(\underline{m}q)}{\psi_n(\underline{m}q)} - \underline{m}\,\dfrac{\zeta_n'(q)}{\zeta_n(q)}} \right] = \frac{\psi_n(q)}{\zeta_n(q)} \left[\frac{y_n^{(1)}(\underline{m}q) - \underline{m}y_n^{(1)}(q)}{y_n^{(1)}(\underline{m}q) - \underline{m}y_n^{(3)}(q)} \right] \tag{1.6.32}$$

und

$$\underline{b}_n = \frac{\psi_n(q)}{\zeta_n(q)} \left[\frac{\dfrac{\psi_n'(q)}{\psi_n(q)} - \underline{m}\,\dfrac{\psi_n'(\underline{m}q)}{\psi_n(\underline{m}q)}}{\dfrac{\zeta_n'(q)}{\zeta(q)} - \underline{m}\,\dfrac{\psi_n'(\underline{m}q)}{\psi(\underline{m}q)}} \right] = \frac{\psi_n(q)}{\zeta_n(q)} \left[\frac{y_n^{(1)}(q) - \underline{m}y_n^{(1)}(\underline{m}q)}{y_n^{(3)}(q) - \underline{m}y^{(1)}(\underline{m}q)} \right] \tag{1.6.33}$$

an. Die Berechnung der logarithmischen Ableitungen ist mit der Rekursionsformel

$$y_n^{(1)}(\underline{z}) = \frac{\underline{z}^2 + n\underline{z}y_{n-1}^{(1)}(\underline{z}) - n^2}{n\underline{z} - \underline{z}^2 y_{n-1}^{(1)}(\underline{z})} \tag{1.6.34}$$

möglich, wobei sich der Startwert mit Hilfe der Beziehung

$$y_0^{(1)}(\underline{z}) = \cot \underline{z} = \cot (a - jb) = \frac{\sin 2a + j \sinh 2b}{\cosh 2b - \cos 2a} \tag{1.6.35}$$

berechnen läßt. Damit sind die Amplitudenfunktionen $\underline{a}_n$ und $\underline{b}_n$ mit Hilfe einer EDVA berechenbar.

Auf Grund der verwendeten Rekursionsformeln wachsen die Funktionen ψ_n und ζ_n analog einer Fakultät an. Anfänglich unbedeutende Rundungsfehler werden mit wachsendem n immer wirksamer. KERKER [25] und Entwickler von Anwendungsprogrammen [C 1, B 1, B 2] schlagen übereinstimmend vor, die Rechnungen auf Großrechnern mit doppelter oder dreifacher Genauigkeit durchzuführen. Streulichtberechnungen wurden ausgehend von diesen Lösungen von ADRIAN und EARLY [A 2], von CHERDRON, DURST und RICHTER [C 2] und von BEYER [B 1, B 2] vorgenommen.

Für Messungen in Wasser haben sich Latex-Kugeln auf Grund ihrer angepaßten Dichte und des damit verbundenen guten Folgevermögens als zweckmäßige Streuteilchen erwiesen. In Kavitationskanälen ist eine Impfung mit Streuteilchen wegen der damit verbundenen Kavitationsgefahr nicht möglich; als Streuteilchen dienen u. a.

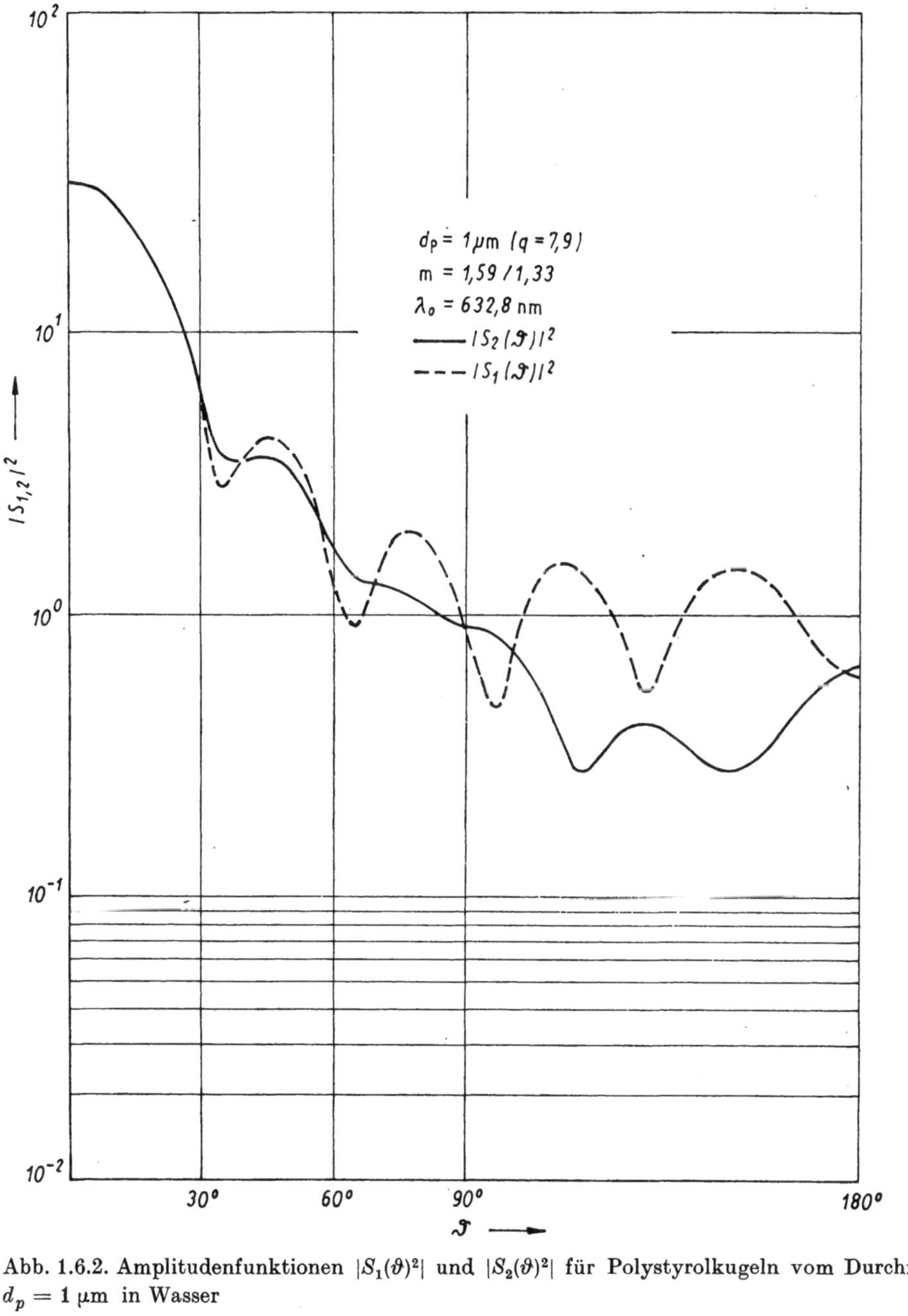

Abb. 1.6.2. Amplitudenfunktionen $|S_1(\vartheta)^2|$ und $|S_2(\vartheta)^2|$ für Polystyrolkugeln vom Durchmesser $d_p = 1$ µm in Wasser

kleine Luftblasen, eine Art natürlicher Streuteilchen. Für diese beiden Fälle wurden mit einem Computerprogramm die erforderlichen Kennwerte berechnet und näher untersucht. In Abb. 1.6.2. und Abb. 1.6.3. sind für zwei verschiedene Mie-Parameter

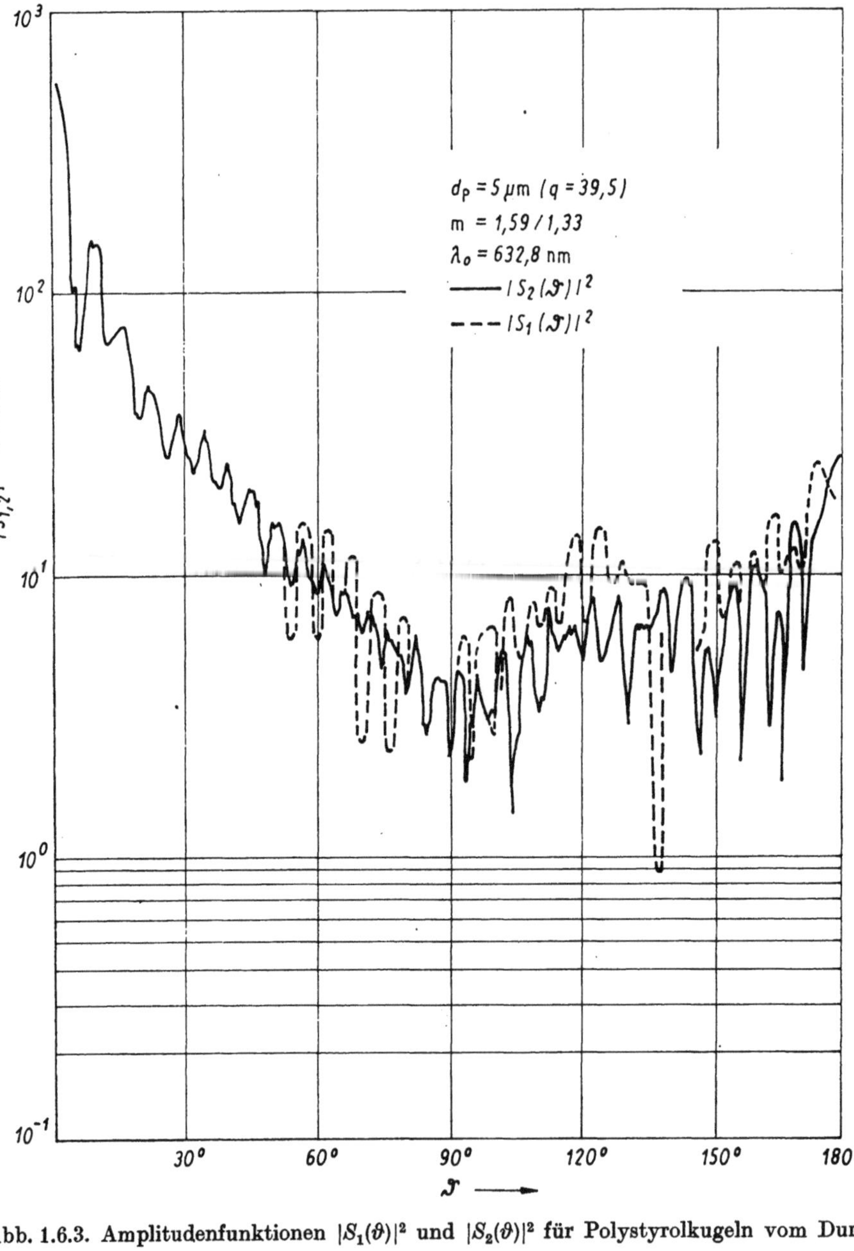

Abb. 1.6.3. Amplitudenfunktionen $|S_1(\vartheta)|^2$ und $|S_2(\vartheta)|^2$ für Polystyrolkugeln vom Durchmesser $d_p = 5\ \mu m$ in Wasser

für Latex in Wasser die Amplitudenfunktionen $|S_1(\vartheta)|^2$ und $|S_2(\vartheta)|^2$ dargestellt. Es zeigt sich:

— Die Amplitudenfunktionen $|S_1(\vartheta)|^2$ und $|S_2(\vartheta)|^2$ weisen ausgeprägte Streukeulen über den gesamten Winkelbereich von ϑ auf.
— Die Anzahl der Streukeulen nimmt proportional dem Mie-Parameter zu. Näherungsweise ist die Anzahl der Streukeulen gleich dem Mie-Parameter.
— Es existiert eine ausgeprägte Streukeule in Vorwärtsrichtung, deren Ausdehnung in ϑ umgekehrt proportional dem Mie-Parameter ist und deren Amplitude mit dem Mie-Parameter zunimmt.
— Im Bereich der Rayleigh-Streuung ($q \leqq 0{,}1$) sind die Streukeulen in Vorwärts- und in Rückwärtsstreuung praktisch gleich groß.
— Mit zunehmender Teilchengröße nehmen die Unterschiede in den Amplituden für Vorwärts- und Rückwärtsstreuung zu und erreichen Werte bis zu drei Potenzen. Der Betrieb eines Laser-Doppler-Anemometers ist deshalb in Vorwärtsstreuung wesentlich leichter mit kleinen Empfängeraperturen zu realisieren als in Rückwärtsstreuung.
— In der Regel ist die elektrische Feldstärke der Streuwelle, vor allem auch wegen der Abhängigkeit der Amplituden der Feldstärke vom Winkel φ (Gl. (1.6.4), Gl. (1.6.5)) elliptisch polarisiert. Nur für $\varphi = \pm 90°$ weist die Streuwelle die gleiche Polarisation wie die einfallende Welle auf.

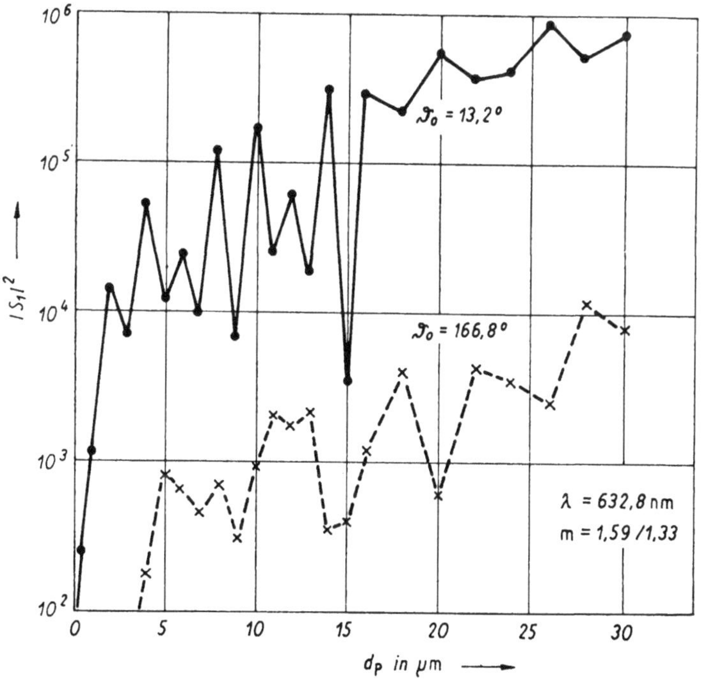

Abb. 1.6.4. Amplitudenfunktion $|S_1^2|$ in Abhängigkeit vom Teilchendurchmesser d_p

In Abb. 1.6.4. ist die Abhängigkeit $|S_1|^2$ vom Partikeldurchmesser für $\vartheta = 13{,}2°$ und $\vartheta = 166{,}8°$ dargestellt. Es ist zu erkennen:

- Die gestreute Feldstärke nimmt sowohl in Vorwärts- als auch in Rückwärtsstreuung mit zunehmendem Teilchendurchmesser zu.
- Mit zunehmendem Teilchendurchmesser wachsen die Schwankungen in der Amplitudenfunktion als Ausdruck der zunehmenden Zahl der Streukeulen ($\sim q$).
- Die Welligkeit ist im Bereich der Rückstreuung wesentlich stärker. Es treten erhebliche Unterschiede zwischen Vorwärts- und Rückstreuung auf. Für Messungen im Rückstreubetrieb ist die Verwendung von Teilchen mit großer Streuung in den Abmessungen vorteilhaft.

Ausgehend von den Komponenten der elektrischen Feldstärke $\boldsymbol{E}_\varphi$ (Gl. (1.6.4)) und $\boldsymbol{E}_\vartheta$ (Gl. (1.6.5)) läßt sich die resultierende elektrische Feldstärke E_{st} angeben

$$E_{\mathrm{st}} = \frac{E_0}{k_r r} \left[|S_1|^2 \sin^2\varphi + |S_2|^2 \cos^2\varphi\right]^{1/2}. \tag{1.6.36}$$

Die resultierende Streufunktion wird in

$$F(\vartheta, \varphi) = \left[|S_1|^2 \sin^2\varphi + |S_2|^2 \cos^2\varphi\right]^{1/2} \tag{1.6.37}$$

zusammengefaßt.

Für die Intensität der gestreuten Leistung folgt damit

$$I = \varepsilon_0 \varepsilon_r c \frac{E_0^2 F(\vartheta, \varphi)^2}{k_r^2 r^2} = \frac{I_0}{k_r^2 r^2} F(\vartheta, \varphi)^2. \tag{1.6.38}$$

Durch Integration über die Empfängeroberfläche erhält man die vom Empfänger aufgenommene Leistung. Durch die von der Empfängeroptik vorgenommene Integration erfolgt eine Glättung der mit ϑ stark welligen Streudiagramme. Unter Verwendung von Kugelkoordinaten ergibt sich für die Empfängerleistung (Abb. 1.6.5.)

$$P_{\mathrm{E}} = \frac{I_0}{k_r^2} \int\limits_{\Delta\varphi} \int\limits_{\Delta\vartheta} F(\vartheta, \varphi)^2 \sin\vartheta \,\mathrm{d}\vartheta \,\mathrm{d}\varphi = \frac{I_0}{k_r^2} G. \tag{1.6.39}$$

Das Integral ist unabhängig von den Daten der Beleuchtungsquelle, es ist nur eine Funktion der Streueigenschaften des Teilchens, der Stellung des Empfängers und der Empfängerfläche und wird als integrale Streufunktion G bezeichnet [D 4]. In Abb. 1.6.6.

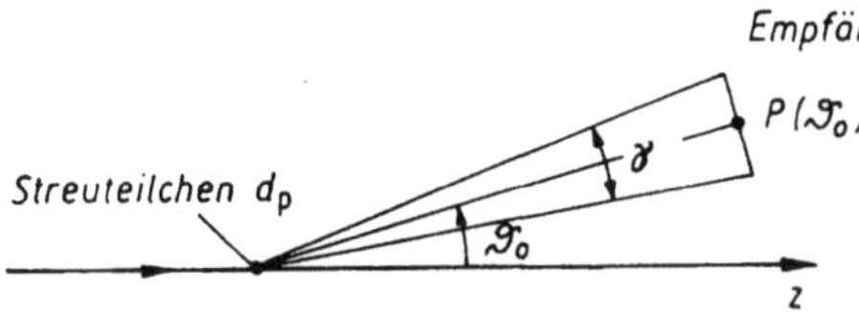

Abb. 1.6.5. Empfängerorientierung zur Bestimmung der integralen Streufunktion G

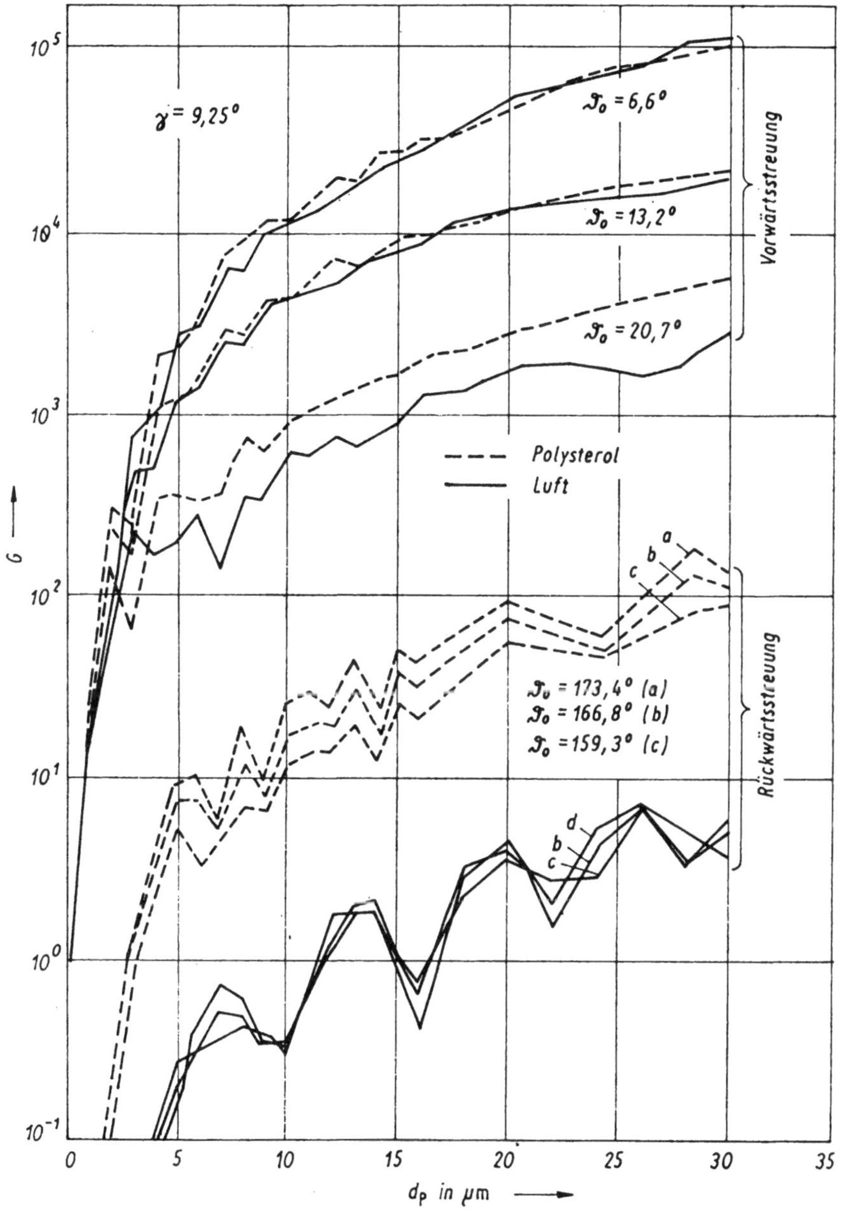

Abb. 1.6.6. Integrale Streufunktion G in Abhängigkeit vom Teilchendurchmesser für Polystyrolkugeln und Luftblasen in Wasser, $\varphi_0 = 0$, Parameter Empfängerposition ϑ_0 ($\lambda_0 = 632{,}8$ nm)

ist die integrale Streufunktion für drei verschiedene Empfängerstellungen ϑ_0 und einen Öffnungswinkel für die Empfängerapertur γ, für Luftblasen und Polystyrolkugeln in Wasser, für Vorwärts- und Rückstreubetrieb aufgetragen. Es zeigt sich in Vorwärtsrichtung eine starke Abhängigkeit von der Empfängerstellung ϑ_0 und eine geringe Abhängigkeit vom Materialparameter; in Rückstreuung dagegen ist eine relativ starke Abhängigkeit vom Materialparameter und nur eine geringfügige Abhängigkeit von der Empfängerstellung zu beobachten. In Rückstreubetrieb ließe sich durch Impfen die gestreute Leistung wesentlich erhöhen, während in Vorwärtsstreubetrieb kaum ein nennenswerter Effekt zu beobachten wäre.

Dieser Sachverhalt unterstreicht nachdrücklich die Notwendigkeit, beim Entwurf von LDA-Meßplätzen die Streuparameter zu analysieren. Mit Hilfe der Abb. 1.6.6. kann die gestreute Leistung berechnet werden. Für einen Gaußschen Strahl mit einer Leistung von 15 mW beträgt bei einem Taillendurchmesser des Strahles von 0,1 mm die Maximalintensität 3,82 W/mm² (Gl. (2.8.4)). Wird nur die der Querschnittsfläche des Teilchens ($d_P = 1 \mu m$) entsprechende Leistung empfangen, dann nimmt das Teilchen im Zentrum des Laserstrahles eine Leistung von $P_P = 3\ \mu W$ auf. Bei Polystyrolteilchen gelangen in Vorwärtsstreubetrieb entsprechend Diagramm 1.6.4 ($G \approx 15 \div 20$) und Gl. (1.6.39) 0,77 μW, d. h. 26% der aufgenommenen Leistung, in den Empfänger.

Durch Integration von Gl. (1.6.39) über die geschlossene Oberfläche ergibt sich die gesamte vom Teilchen gestreute Leistung

$$P_{st} = \frac{I_0}{k_i^2} \oint F(\vartheta, \varphi)^2 \sin \vartheta \, d\vartheta \, d\varphi. \tag{1.6.40}$$

In Analogie zu Problemen der Gasentladungselektronik kann für die Teilchen ein Streuquerschnitt A_{st} und ein Streuwirkungsgrad η_{st} definiert werden:

$$A_{st} = \frac{P_{st}}{I_0}, \tag{1.6.41}$$

$$\eta_{st} = \frac{P_{st}}{I_0 \pi r_P^2} = \frac{A_{st}}{\pi r_P^2}. \tag{1.6.42}$$

Elektrisch leitende Teilchen absorbieren einen Teil der Leistung; analog zu Gl. (1.6.41) ergibt sich ein Extinktionsquerschnitt.

Aus der gesamten Streuleistung definierte Querschnitte und Wirkungsgrade sind für Trübungsanalysen, bei denen die Wechselwirkung der Teilchen nicht zu vernachlässigen ist, sicher von Bedeutung, verlieren aber für den LDA-Betrieb, bei dem auf Grund der geringen Teilchendichte Wechselwirkungen ausgeschlossen sind, an Aussagekraft.

Beim Laser-Doppler-Anemometer wird in der Regel nur ein Winkelbereich $-10° \leqq \vartheta_0 \leqq +10°$ und $170° \leqq \vartheta_0 \leqq 190°$ ausgenutzt. Bestimmte Analysen werden bei Empfängerstellungen $\vartheta_0 = 90°$ vorgenommen.

Es scheint sinnvoll, ausgehend von der integralen Streufunktion G für die verschiedenen Empfängerstellungen einen äquivalenten Streuquerschnitt und -wirkungsgrad zu definieren. Als äquivalenter Streuquerschnitt soll der Querschnitt verstanden werden, den das Teilchen haben müßte, wenn es im gesamten Raumwinkel die vom Empfänger registrierten Streueigenschaften aufwiese,

$$A(\vartheta_0, \Delta\Omega) = \frac{P_E(\vartheta_0, \Delta\Omega)}{I_0} = \frac{G}{k_r^2}\frac{4\pi}{\Delta\Omega}, \tag{1.6.43}$$

$$\eta(\vartheta_0, \Delta\Omega) = \frac{A(\vartheta_0, \Delta\Omega)}{\pi r_P^2} = \frac{4G}{k_r^2 r_P^2 \Delta\Omega}. \tag{1.6.44}$$

$\Delta\Omega$ stellt dabei den durch die Empfängerapertur erfaßten Raumwinkel dar. Für das verwendete Beispiel beträgt mit $G \approx 15 \div 20$ der äquivalente Streuquerschnitt $A(\vartheta_0, \Delta\Omega) = 1{,}27 \cdot 10^{-4}\ \mathrm{mm}^2$ und der äquivalente Streuwirkungsgrad $\eta(\vartheta_0, \Delta\Omega) = 40$. Mit Tabellen oder Diagrammen der integralen Streufunktion bzw. des äquivalenten Streuquerschnittes kann näherungsweise, wie im 2. Kapitel gezeigt wird, das Signal-Rausch-Verhältnis berechnet werden.

1.6.2. Teilchenfolgevermögen

Das Laser-Doppler-Anemometer ist ein indirektes Meßverfahren; gemessen wird die momentane Geschwindigkeit der vom Fluid mitgeführten Streuteilchen. Da in der Regel die Strömungsgeschwindigkeit des Fluids von Interesse ist, sind Analysen des Teilchenfolgevermögens unumgänglich.

Ausgangspunkt für die Analyse des Teilchenverhaltens ist die Bewegungsgleichung für kleine Teilchen, die Basset-Boussinesq Oseen Lösung, wie sie von Tchen [T 2, C 3] angegeben wurde,

$$\frac{4\pi}{3} r_P^3 \varrho_P \dot{u}_{P,i} = 6\eta r_P(u_i - u_{P,i}) - \frac{4\pi}{3} r_P^3 \frac{\partial p}{\partial t} + \frac{2\pi}{3} r_P^3 \varrho(\dot{u}_i - \dot{u}_{P,i})$$
$$+ 6 r_P^3 (\pi\varrho\eta)^{1/2} \int_{t_0}^{t} \frac{\dot{u}_i(\tau) - \dot{u}_{P,i}(\tau)}{(t-\tau)^{1/2}}\, \mathrm{d}\tau + F_i, \qquad i = x, y, z, \tag{1.6.45}$$

u_P Partikelgeschwindigkeit,
u durch das Teilchen ungestörte Geschwindigkeit des Fluids,
ϱ, ϱ_P Dichte des Fluids bzw. der Teilchenmasse,
t_0 Startzeit,
η dynamische Viskosität,
F externe Kraft.

Auf der linken Seite der Gleichung steht die Beschleunigungskraft auf das Teilchen, auf der rechten Seite die durch den Stokesschen Widerstand bewirkte Bremskraft, die durch den Druckgradienten verursachte Kraft, die durch den Strömungswiderstand bewegter Kugeln verursachte Bremskraft, die durch eine veränderliche Beschleunigung hervorgerufene Kraft und die mögliche extern auftretende Kraft. Auf Grund des analogen Aufbaus der Differentialgleichungen zeigen Streuteilchen analoges Verhalten zu den Filterschaltungen der Elektronik, so daß alle Methoden zur Analyse des Zeit-

und Frequenzverhaltens dieser Schaltungen auch für die Analyse des Teilchenverhaltens verwendet werden können.

Ein weites Anwendungsfeld für das Laser-Doppler-Anemometer bilden Messungen in stationären Strömungen. Die Möglichkeiten, die das Meßverfahren bietet, werden dabei zwar bei weitem nicht ausgeschöpft; dafür werden aber Probleme, die für andere Verfahren unzugänglich sind, einer Lösung zugeführt, z. B. Messungen in Strömungskanälen. Bei Injektion von künstlichen Streuteilchen besteht in diesem Fall das Problem, welchen Abstand müssen Impf- und Meßstelle voneinander haben, um zu garantieren, daß die Teilchen dem Fluid gegenüber keinen Schlupf aufweisen. Für den Fall $\mathrm{d}u/\mathrm{d}t = 0$ nimmt Gl. (1.5.45) unter Verwendung der Partikelmasse m_P, der dem Teilchenvolumen äquivalenten Masse m_f und dem Partikeldurchmesser d_P die Form

$$m_\mathrm{P} \frac{\mathrm{d}u_\mathrm{P}}{\mathrm{d}t} = -3\eta\pi d_\mathrm{P}(u_\mathrm{P} - u) - \frac{1}{2} m_\mathrm{f} \frac{\mathrm{d}u_\mathrm{P}}{\mathrm{d}t} \tag{1.6.46}$$

an. Die Lösung dieser Gleichung ist ein Übergangsvorgang für u_P,

$$u_\mathrm{P} = u(1 - \mathrm{e}^{-t/\tau}), \qquad \tau = \frac{m_\mathrm{P} + \frac{1}{2} m_\mathrm{f}}{3\eta\pi d_\mathrm{P}}. \tag{1.6.47}$$

Für den Schlupf erhält man

$$s = \frac{u - u_\mathrm{P}}{u} = \mathrm{e}^{-t/\tau}. \tag{1.6.48}$$

Diese Gleichung besagt, daß zur Einhaltung eines angestrebten Minimalschlupfes, das Streuteilchen von der Impfstelle bis zum Meßort eine von den Massen m_P und m_f, von der Viskosität η und dem Teilchendurchmesser abhängige Mindestlaufzeit in der Strömung zurücklegen muß. Soll der Schlupf z. B. 0,1 % nicht überschreiten, dann benötigt das Teilchen von der Impfstelle bis zum Meßort eine Mindestlaufzeit von $6{,}9\tau$; Impfstelle und Meßort müssen den entsprechenden Abstand $6{,}9u \cdot \tau$ aufweisen.

Ein weiterer Problemkreis umfaßt Untersuchungen an Strömungen, die eine bekannte ortsabhängige Geschwindigkeit aufweisen, z. B. Strömungen im Bereich von Querschnittsveränderungen und Düsen. Im weiteren wird eine Strömung untersucht, die im Bereich $x > 0$ eine konstante Geschwindigkeitsänderung pro Längeneinheit $\mathrm{d}u/\mathrm{d}x = b_x$ aufweist (Anfangswert $x = 0$, $u = u_0$). Wird der Druck durch $-\varrho\dot{u}$ ersetzt, dann ergibt sich aus Gl. (1.6.45) als Differentialgleichung für den Schlupf

$$\frac{\mathrm{d}s}{\mathrm{d}t} + \left(\frac{3\eta\pi d_\mathrm{P}}{m_\mathrm{P} + \frac{1}{2} m_\mathrm{f}} + b_x\right) s - \frac{m_\mathrm{P} - m_\mathrm{f}}{m_\mathrm{P} + \frac{1}{2} m_\mathrm{f}} = 0 \tag{1.6.49}$$

und für den Schlupf selbst

$$s = \frac{(m_\mathrm{P} - m_\mathrm{f})\, b_x}{3\eta\pi d_\mathrm{P} + b_x \left(m_\mathrm{P} + \frac{1}{2} m_\mathrm{f}\right)} \left(1 - \frac{u_0}{u}\right). \tag{1.6.50}$$

Der Schlupf ist in diesem Fall eine Funktion des Ortes. Für $u/u_0 \gg 1$ erhält man den Maximalschlupf zu

$$s_{\max} = \frac{(m_P - m_f)\, b_x}{3\eta\pi d_P + b_x \left(m_P + \frac{1}{2}\, m_f\right)}. \tag{1.6.51}$$

Durch Massenanpassung $m_P \approx m_f$ (z. B. Polystyrol in Wasser) oder kleine Teilchendurchmesser kann der Maximalschlupf durch Auswahl geeigneter Teilchen herabgesetzt werden. Eine untere Grenze für den Teilchendurchmesser ist dadurch gegeben, daß die Teilchen keine ausreichende Streuleistung abgeben.

Die Vorteile des Laser-Doppler-Anemometers kommen bei Messungen an turbulenten Strömungen erst voll zur Geltung. Einige Turbulenzmodelle beruhen auf der Vorstellung der Überlagerung von Wirbeln zufälliger Amplitude und Frequenz. Für das Teilchenverhalten in einer mit der Frequenz ω oszillierenden Strömung ergibt sich unter sonst gleichen Bedingungen bei Vernachlässigung der beiden letzten Ausdrücke in Gl. (1.6.45) für die Partikelgeschwindigkeit die Differentialgleichung

$$\left(m_P + \frac{1}{2}\, m_f\right) \frac{du_P}{dt} + 3\eta\pi d_P u_P = \frac{3}{2}\, m_f \frac{du}{dt} + 3\eta\pi d_P u \tag{1.6.52}$$

und die Partikelgeschwindigkeit

$$u_P = \frac{\left[(3\eta\pi d_P)^2 + \left(\frac{3}{2}\, \omega m_f\right)^2\right]^{1/2}}{\left[(3\eta\pi d_P)^2 + \omega^2 \left(m_P + \frac{1}{2}\, m_f\right)^2\right]^{1/2}}\, u \sin(\omega t + \varphi). \tag{1.6.53}$$

Aus Gl. (1.6.53) ergibt sich der Schlupf für Teilchen bei oszillierender Strömung

$$s = 1 - \frac{\left[(3\eta\pi d_P)^2 + \left(\frac{3}{2}\, \omega m_f\right)^2\right]^{1/2}}{\left[(3\eta\pi d_P)^2 + \omega^2 \left(m_P + \frac{1}{2}\, m_f\right)^2\right]^{1/2}}. \tag{1.6.54}$$

Gl. (1.6.54) bildet nun die Grundlage zur Berechnung der Grenzfrequenz bis zu der die Teilchen im Rahmen einer vorgegebenen Genauigkeit $(1 - s)$ der Strömung folgen

$$\omega_g = \frac{3\eta\pi d_P[1 - (1 - s)^2]^{1/2}}{m_P \left[(1 - s)^2 \left(1 + \frac{1}{2}\, \frac{\varrho_f}{\varrho_P}\right)^2 - \left(\frac{3}{2}\, \frac{\varrho_f}{\varrho_P}\right)^2\right]^{1/2}}$$

$$= \frac{3\eta\pi d_P(2s - s^2)^{1/2}}{m_P \left[(1 - s)^2 \left(1 + \frac{1}{2}\, \frac{\varrho_f}{\varrho_P}\right)^2 - \left(\frac{3}{2}\, \frac{\varrho_f}{\varrho_P}\right)^2\right]^{1/2}}. \tag{1.6.55}$$

Tab. 1.6.1. Grenzfrequenz künstlicher Streuteilchen in einer oszillierenden Strömung in kHz ($s = 1\%$)

	Luft (20 °C)		Wasser (20 °C)		
$d_P/\mu m$	1	2	1	2	$\varrho/10^3$ kg m^{-3}
Polystyrol	46,9	11,7	∞	∞	1,05
SiO_2	18,6	4,6	148	37	2,65
MgO	13,5	3,4	106	27	3,65
Al_2O_3	12,3	3,1	97	24	3,99
TiO_2	11,7	2,9	92	23	4,2
ZrO_2	8,6	1,4	68	17	5,73

In Tab. 1.6.1 sind für eine Reihe von Teilchenmaterialien für zwei Teilchendurchmesser für Messungen in Luft und Wasser die Grenzfrequenzen, bis zu denen die Teilchen der Strömung schlupflos folgen, berechnet. Es ist zu erkennen, daß die Grenzfrequenz stark mit dem Teilchendurchmesser abnimmt. Gl. (1.6.55) kann näherungsweise auf turbulente Strömungen angewandt werden. Eine umfassende Analyse des Teilchenverhaltens unter Einbeziehung aller Terme der Gl. (1.6.45) ist bei [C 3] und [H 1] zu finden.

1.7. Optoelektronische Wandler

Den eigentlichen Ausgang des Laser-Doppler-Anemometer-Sensors bildet der optoelektronische Wandler. Er bestimmt wesentlich die Empfindlichkeit des Meßverfahrens. Vakuumfotozellen, insbesondere in Verbindung mit Sekundärelektronenvervielfacherstufen als SEV, und Fotodioden sind als optoelektronische Wandler für Laser-Doppler-Anemometer geeignet. Den zeitlichen Schwankungen des Lichtstromes folgen sie bis 10^8 Hz quasi trägheitslos [F 1]. Im Frequenzbereich oberhalb 10^8 Hz, in dem schließlich auch der Laser arbeitet, bilden sie auf Grund ihrer Trägheit den Mittelwert. Die Empfindlichkeit des Wandlers wird durch die absolute spektrale Empfindlichkeit $S(\lambda)$ bzw. durch den absoluten spektralen Quantenwirkungsgrad $\eta_q(\lambda)$ erfaßt. Der Dunkelstrom bestimmt die Empfindlichkeitsgrenze, die beim SEV im wesentlichen von den Isolationswiderständen zwischen Anode und Katode abhängig ist. In Fotodioden beeinflussen der Dunkelleitwert und die thermische Generation den Dunkelstrom. Der Wellenlängenbereich, in dem der Quantenwirkungsgrad praktisch interessante Werte aufweist, wird im wesentlichen durch Materialparameter bestimmt. Die Technologie beeinflußt die Grenzen der Ausbeute und Frequenz. In Abb. 1.7.1. und Abb. 1.7.2. sind die spektrale Empfindlichkeit verschiedener in SEV verwendeter Katoden und die von ausgewählten Fotodioden dargestellt. Zusätzlich ist der Quantenwirkungsgrad als Funktion der Wellenlänge eingetragen

$$\eta_q(\lambda) = \frac{S(\lambda)\, h \cdot f_0}{q}. \tag{1.7.1}$$

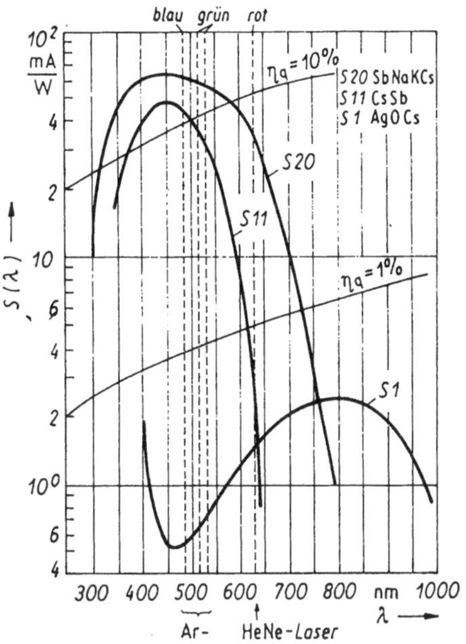

Abb. 1.7.1. Spektrale Empfindlichkeit $S(\lambda)$ ausgewählter Fotokatoden

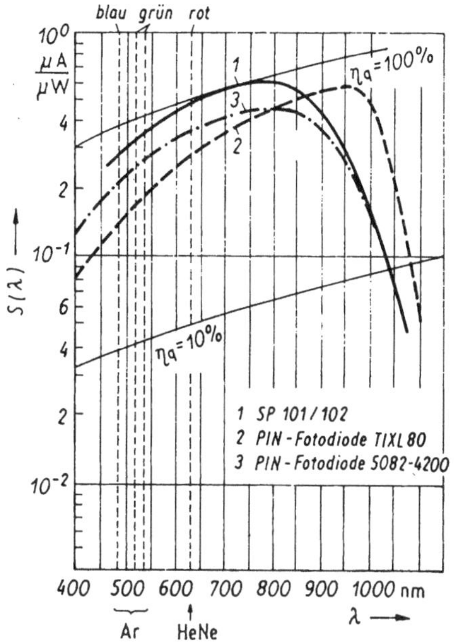

Abb. 1.7.2. Spektrale Empfindlichkeit $S(\lambda)$ ausgewählter Fotodioden

Für SEV zeigt sich, daß von den bekannten Katodentypen die Sb-Na-K-Cs-Katode im Arbeitsbereich des He-Ne-Lasers und des Ar-Lasers besonders empfindlich ist. Bei Quantenwirkungsgraden zwischen 5% und 20% wird eine Empfindlichkeit bis 60 mA/W erreicht. Für Siliziumdioden liegen die Quantenwirkungsgrade mit 90% wesentlich höher als bei den Katoden der SEV. Es werden Empfindlichkeiten bis zu 500 mA/W erzielt.

Die Auswahl des geeigneten Wandlers richtet sich neben dem Spektralbereich nach dem erreichbaren Signal-Rausch-Verhältnis (SRV). Das SRV ist durch das Verhältnis der Effektivwerte des Signalstromes I_e und des resultierenden Rauschstromes I_r im Eingangswiderstand R_e gegeben,

$$\mathrm{SRV} = \left(\frac{I_e}{I_r}\right)_{R_e}. \tag{1.7.2}$$

Dazu müssen die einzelnen Wandler bezüglich ihrer Rauschquellen und ihrer Signalempfindlichkeit näher analysiert werden.

Optoelektronische Empfänger dieser Art arbeiten als Heterodynempfänger, d. h., sie reagieren auf alle im Bereich ihrer $S(\lambda)$-Kurve einfallenden Signale. Höhere Frequenzen werden auf Grund der Trägheit, die dem Anregungsprozeß innewohnt, ausgemittelt; am Ausgang tritt ein dem Effektivwert der elektrischen Feldstärke entsprechender Gleichstrom auf.

Die vom Wandler aufgenommene Strahlungsleistung ergibt sich aus dem Poyntingschen Vektor durch Integration über die Empfängerfläche,

$$P = \frac{1}{T} \int_T \int_A \left(\boldsymbol{E}_{st}(t) \times \boldsymbol{H}_{st}(t)\right) \cdot \mathrm{d}\boldsymbol{A} \, \mathrm{d}t, \qquad T_0 \ll T \ll T_D. \tag{1.7.3}$$

$\boldsymbol{E}_{st}(t)$ und $\boldsymbol{H}_{st}(t)$ sind dabei die Feldvektoren der einfallenden Streuwelle, A ist die Empfängeroberfläche, T_0 die Periodendauer der Laserstrahlung ($T_0 \approx 10^{-14}$ s) und T_D die Periodendauer der Dopplerverschiebung ($T_D > 10^{-3}$ s).

Nimmt man senkrechten Einfall der Strahlung auf die Katode an, was in der Regel der Fall ist, und ersetzt $\boldsymbol{H}_{st}$ über die Maxwellschen Gleichungen, so nimmt Gl. (1.7.3) die Form

$$P = \varepsilon c \frac{1}{T} \int_T \int_A E_{st}^2(t) \, \mathrm{d}A \, \mathrm{d}t \tag{1.7.4}$$

an. Nach Ausführung der Mittelwertbildung ergibt sich schließlich in komplexer Schreibweise

$$P = \frac{\varepsilon c}{2} \int_A \underline{\boldsymbol{E}}_{st} \cdot \underline{\boldsymbol{E}}_{st}^* \, \mathrm{d}A\,. \tag{1.7.5}$$

$\underline{\boldsymbol{E}}_{st}$ ist die resultierende elektrische Feldstärke mit einer Amplitude und Phase nach Gl. (1.6.1). Die aufgenommene Leistung bewirkt einen Quantenstrom

$$J = \frac{\mathrm{d}N}{\mathrm{d}t} = \frac{P}{hf_0} \tag{1.7.6}$$

und bei einem absoluten Quantenwirkungsgrad η_q einen Elektronenstrom von

$$i(t) = \eta_q q \frac{\mathrm{d}N}{\mathrm{d}t} = \frac{q\eta_q}{hf_0} \frac{\varepsilon c}{2} \int_A \underline{\boldsymbol{E}}_{st} \cdot \underline{\boldsymbol{E}}_{st}^* \, \mathrm{d}A\,. \tag{1.7.7}$$

Mit der Flächenleistungsdichte (Intensität)

$$I_{st} = \frac{1}{2} \varepsilon c \underline{\boldsymbol{E}}_{st} \cdot \underline{\boldsymbol{E}}_{st}^* \tag{1.7.8}$$

ergibt sich für Gl. (1.7.7)

$$i(t) = \frac{q\eta_q}{hf_0} \int_A I_{st} \, \mathrm{d}A. \tag{1.7.9}$$

Da der Wandler, wie bereits erwähnt, auf die hochfrequente Strahlung mit einem Gleichstrom reagiert, den Schwankungen, die durch die Überlagerung von Streuwellen unterschiedlicher Frequenz im Empfänger entstehen, aber trägheitslos folgt, hat $i(t)$ grundsätzlich die Form $I_0(t)\,(1 + m \cos \omega t)$; $I_0(t)$ stellt den zeitveränderlichen Gleichstrom dar, der während des Durchganges eines Streuteilchens durch das Meßvolumen auftritt, und m die durch die genannten Schwankungen verursachte Modulationstiefe

(Abb. 1.7.3) (Sichtbarkeit)

$$m = \frac{I_{\text{max}} - I_{\text{min}}}{I_{\text{max}} + I_{\text{min}}}. \tag{1.7.10}$$

Das resultierende Rauschen einer Verstärkerkette wird entscheidend durch die erste Stufe, das ist in diesem Fall der optoelektronische Wandler, bestimmt. Im Interesse einer hohen Empfindlichkeit ist deshalb die Auslegung als rauscharme Empfängerstufe für das gesamte Meßsystem von besonderer Bedeutung. Unter Einbeziehung aller möglichen Rauschquellen erhält man das in Abb. 1.7.4 dargestellte Ersatzschaltbild für den Eingang des optoelektronischen Empfängers. Es enthält den Wandler und die erste Verstärkerstufe.

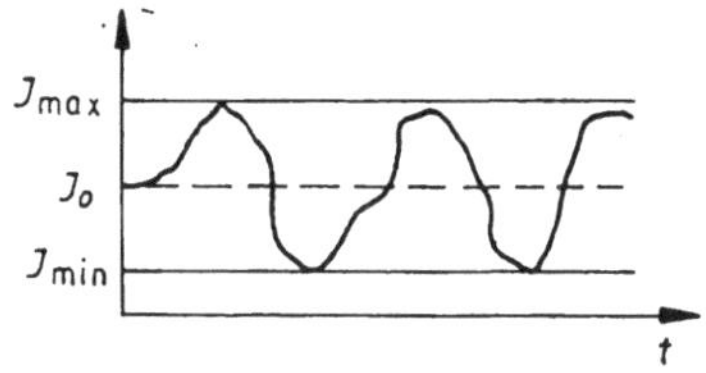

Abb. 1.7.3. Modulationstiefe beim Doppler-Signal

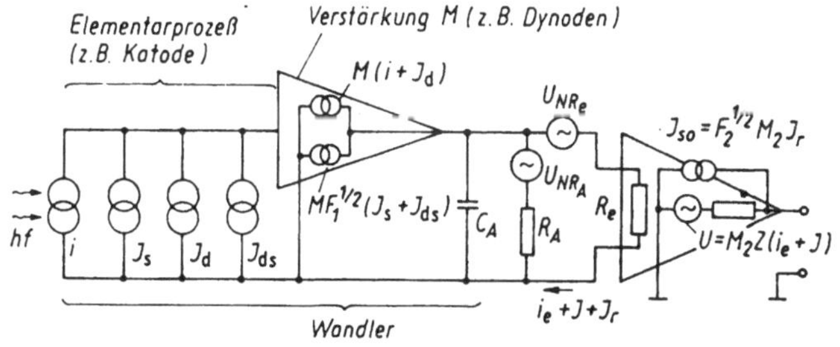

Abb. 1.7.4. Ersatzschaltbild der Eingangsstufe des optoelektronischen Empfängers

Im einzelnen haben die Größen folgende Bedeutung:

— Der Strom $i(t)$ ist der Signalstrom nach Gl. (1.7.7)

$$i(t) = I_0(t)\,(1 + m\cos\omega_D t). \tag{1.7.11}$$

— Mit der Emission des Signalstromes ist zwangsläufig ein Schrotrauschen verbunden, ein weißes Rauschen, dessen effektiver Rauschstrom sich nach der Beziehung

$$I_S = (2q\,\Delta f I)^{1/2} \tag{1.7.12}$$

ergibt [26]. Mitunter werden in Firmenunterlagen der frequenzbezogene Rauschstrom

$$\frac{I_S}{(\Delta f)^{1/2}} = (2qI)^{1/2} \tag{1.7.13}$$

oder die frequenzbezogene äquivalente Rauschleistung

$$\frac{P_S}{(\Delta f)^{1/2}} = \frac{h \cdot f_0}{\eta_q} \left(\frac{2I}{q}\right)^{1/2} \tag{1.7.14}$$

verwendet. In diesen Beziehungen stellen I den Mittelwert des Stromes und Δf die Rauschbandbreite dar.

Die Empfindlichkeit des Wandlers wird durch den Dunkelstrom I_d begrenzt, der durch die Isolation zwischen Katode und Anode und durch die thermische Anregung der Elektronen entsteht. Bei Katoden bestimmt im wesentlichen die thermische Anregung den Dunkelstrom.

Dieser Dunkelstrom kann durch zusätzliche Kühlung herabgesetzt werden; Kühlung mit festem Kohlendioxid (—78 °C) setzt die Empfindlichkeitsgrenze um den Faktor 10, Kühlung mit flüssigem Stickstoff (—196 °C) die Grenze sogar um den Faktor 10^3 herab [V 1].

Auch bei den Fotodioden ist hauptsächlich die thermische Anregung die Quelle des Dunkelstromes. Auch hier kann durch Kühlung die Empfindlichkeit erhöht werden.

Da die Ursache des Dunkelstromes im wesentlichen ein Emissionsprozeß ist, trägt er entsprechend Gl. (1.7.12) mit einem Anteil I_{ds} zum Schrotrauschen bei.

— Mit Verstärkerstufen, auch mit internen Verstärkerstufen wie sie im SEV und in den Avelanche-Dioden auftreten, ist ein zusätzliches Rauschen verbunden, das durch einen Rauschfaktor F erfaßt wird. Nach Definition ([27] S. 1023) stellt der Rauschfaktor den Quotienten aus der Ausgangsrauschleistung zur Rauschleistung bei rauschfreier Stufe ($n = 0$) dar. Bei einem SEV z. B. ergibt sich mit der Verstärkung M bei einem internen Vervielfältigungsfaktor pro Stufe δ und n Stufen ([28] S. 239)

$$F' = M^2 F = \frac{\delta^n(\delta^{n+1} - 1)}{\delta - 1} \approx \frac{\delta^{2n}\delta}{\delta - 1}. \tag{1.7.15}$$

$(\delta^{n+1} - 1)$ beinhaltet die Vervielfachung eines Elektrons, δ^n berücksichtigt, daß ab 1. Dynode δ Elektronen in n gleichartigen Stufen vervielfacht werden. Das Produkt aus beiden Ausdrücken stellt die Gesamtvervielfachung im Dynodenraum dar. Der Grenzübergang $n \to 0$ liefert die Vervielfachung im Anoden-Katoden-Raum also ohne Dynoden. Der Faktor F nimmt für $n = 0$ den Wert eins an. Damit ergibt sich nach Division durch $M^2 = \delta^{2n}$ die durch die interne Verstärkung verursachte zusätzliche Rauschzahl

$$F = \frac{\delta^{n+1} - 1}{\delta^n(\delta - 1)} \approx \frac{\delta}{\delta - 1}. \tag{1.7.16}$$

Für rauschfreie Verstärkerstufen $\delta = 1$ ergibt sich $F = 1$. Die Analyse von Fotodioden erfolgt analog. Für Dioden wird die Rauschzahl z. T. von den Firmen angegeben.

In Tab. 1.7.1 und 1.7.2 sind Daten ausgewählter Dioden und SEV zusammengestellt. Da die Angaben in den Firmenunterlagen sehr lückenhaft sind, wurden die fehlenden Daten aus den angegebenen Werten berechnet.

— Ausgangsseitig muß das thermische Rauschen des Anodenwiderstandes U_{NR_A} und des Eingangswiderstandes des folgenden Verstärkers U_{NR_e} (Nyquist-Rauschen) berücksichtigt werden. Dabei handelt es sich ebenfalls um ein weißes Rauschen, das durch Gl. (1.7.17) als Rauschspannung erfaßt werden kann [26]:

$$u_r = (4kTR\,\Delta f)^{1/2}, \tag{1.7.17}$$

T absolute Temperatur, R rauschender Widerstand, Δf Rauschbandbreite, k Boltzmann-Faktor.

Damit sind alle Rauschquellen bis zum Eingang des Verstärkers in Abb. 1.7.4. enthalten. Werden die Rauschspannungsquellen in äquivalente Stromquellen umgewandelt, dann ergibt sich das in Abb. 1.7.5. dargestellte reduzierte Ersatzschaltbild.

Die Rauschbandbreite Δf kann durch Bandfilter auf den für den auszumessenden Geschwindigkeitsbereich notwendigen Frequenzbereich begrenzt werden. Dabei ist es zweckmäßig, innerhalb dieses Bereiches eine Unterteilung des Bandes vorzunehmen

Tab. 1.7.1. Daten ausgewählter SEV

	Typ	Hersteller	Durchmesser mm	n	integrale Katodenempfindlichkeit μA lm^{-1}	integrale Anodenempfindlichkeit A lm^{-1}	Anodenspannung V	Anodendunkelstrom 10^{-9} A	Quelle
1.	M 11 FVC 520	WF (DDR)	42	11	$\geqq$ 120	200	1200	$\leqq$ 20	F
2.	M 12 FC 51	WF (DDR)	42	12	$\geqq$ 100	$\geqq$ 25	1400	5	F
3.	FEU 79	(SU)	6	11	200	100	1900	2	F
4.	PM 2013 B	VALVO (BRD)	25	10	200	90	1700	0,2	F

	M (*) 10^6	δ (*)	F (*)	spektrale Katodenempfindlichkeit (*) mA W^{-1}	spektraler Quantenwirkungsgrad (*) %	maximaler Anodenstrom A	maximale Streuleistung (*) W
1.	1,67	3,68	1,36	25,4	5	10^{-5}	$1{,}17 \cdot 10^{-11}$
2.	0,25	2,82	1,55	21,2	4,2	—	—
3.	0,44	3,26	1,44	22	4,3	10^{-4}	$1{,}3 \cdot 10^{-8}$
4.	0,45	3,68	1,36	33,6	6,6	$2 \cdot 10^{-4}$	$1{,}3 \cdot 10^{-8}$

(*) berechnete Größen, spektrale Größen für Wellenlänge $\lambda = 632{,}8$ nm
F Firmenkatalog

Tab. 1.7.2. Daten ausgewählter Fotodioden

	Typ	Hersteller	Fläche	spektrale Empfindlichkeit	Spannung	Dunkelstrom	spektraler Quantenwirkungsgrad	I_{max}	P_{stmax}	M
			mm^2	$mA\,W^{-1}$	V	nA	%	10^{-6}	W	
1.	SP 101	WF (DDR)	3,6	450	20	100	0,88	20	$4{,}5 \cdot 10^{-5}$	1
2.	SP 102	WF (DDR)	0,25	450	20	4	0,88	1,6	$3{,}6 \cdot 10^{-6}$	1
3.	SP 104	WF (DDR)		105	230	$\leqq 5$	0,2	435 (*)	$4{,}3 \cdot 10^{-3}$	100
4.	TIXL 55/56	Texas Instr. (USA)	5	102	170	10	0,2	588 (*)	$5{,}8 \cdot 10^{-3}$	100

(*) berechnete Werte, spektrale Größen für $\lambda = 632{,}8$ nm,
alle anderen Werte nach Katalog

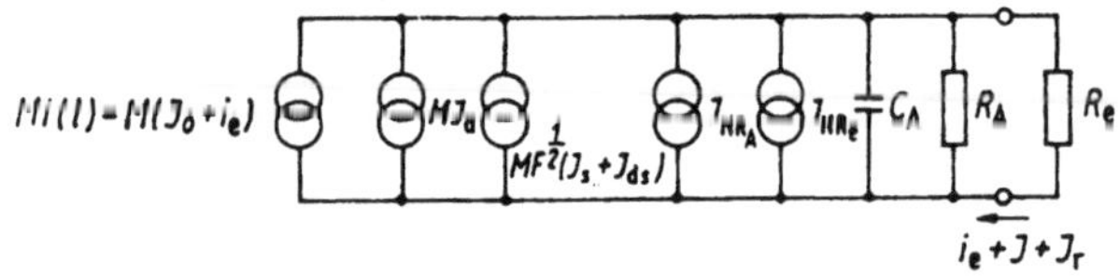

Abb. 1.7.5. Reduziertes Ersatzschaltbild des optoelektronischen Wandlers

mit Filtern, deren Bänder sich überlappen. Die Umschaltung der Filter kann sogar automatisch durch den Rechner der Auswerteeinheit gesteuert werden.

Falls keine zusätzlichen Siebmittel eingesetzt werden, dann setzt die Grenzfrequenz des Tiefpasses $C_A \parallel R_A \parallel R_e$ eine obere Frequenzgrenze. Unter der Voraussetzung, daß zur Vermeidung von Wichtungsfehlern die Amplitude des Nutzsignales an dieser Grenze maximal um 1% abgefallen ist, ergibt sich die obere Frequenzgrenze zu [D 5]

$$f_g = \frac{0{,}14}{2\pi C_A}\left(\frac{1}{R_e} + \frac{1}{R_A}\right). \tag{1.7.18}$$

In der Regel gilt für die Widerstände $R_A \gg R_e$. In Näherung folgt für die oben definierte Grenzfrequenz

$$f_g = \frac{0{,}14}{2\pi C_A R_e}. \tag{1.7.19}$$

Die Zeitkonstante $C_A R_e$ liegt in der Größenordnung 10^{-9} s ($R_e \approx 100\ \Omega$, $C_A \approx 10$ pF); für die Grenzfrequenz ergibt sich 22 MHz. Bei Messungen oberhalb dieser Frequenzgrenze muß der Amplitudenfrequenzgang des Tiefpasses berücksichtigt werden. Unterhalb der Frequenzgrenze ergibt sich für das maximale SRV, das ist das SRV in dem Bereich des Signalzuges mit maximalem $I_0(t) = I_0$, unter Einbeziehung aller wesentlichen Rauschquellen des Wandlers

$$\mathrm{SRV} = \frac{MmI_0}{\left(4M^2Fq\,\Delta f(I_0 + I_\mathrm{d}) + 8kT\,\Delta f\,\frac{1}{R_\mathrm{e}}\right)^{1/2}}. \tag{1.7.20}$$

Mit Bezug auf die aufgenommene Streuleistung P_st, den Anodendunkelstrom I_ad, der in der Regel in den Datenblättern der Wandler als Kenngröße zu finden ist, und die spektrale Empfindlichkeit S geht Gl. (1.7.20) in

$$\mathrm{SRV} = \frac{MmSP_\mathrm{st}}{\left(4M^2FqSP_\mathrm{st} + 4qMFI_\mathrm{ad} + 8kT\,\frac{1}{R_\mathrm{e}}\right)^{1/2} \cdot (\Delta f)^{1/2}} \tag{1.7.21}$$

über.

Es wurden verschiedene SEV und Dioden bezüglich ihres SRV analysiert. Die Ergebnisse sind in Diagramm 1.7.6. dargestellt. Dabei wurde eine von der Bandbreite unabhängige Darstellung gewählt. Für den konkreten Anwendungsfall müssen die Werte entsprechend

$$(\mathrm{SRV})_\mathrm{d} = 20\,\lg\,[\mathrm{SRV} \cdot (\Delta f)^{1/2}] - 10\,\lg\,(\Delta f) \tag{1.7.22}$$

verschoben werden. Für $\Delta f = 1$ MHz wurden die aktuellen Werte eingetragen. Im Streuleistungsbereich von 1 nW bis 1 µW kann man mit $(\mathrm{SRV})_\mathrm{d}$ zwischen 20 dB und 60 dB rechnen.

Für die Berechnungen wurden die in den Tab. 1.7.1 und 1.7.2 angegebenen Werte verwendet. Da von den Herstellerfirmen vielfach nur integrale Werte angegeben wurden, mußten die spektralen Werte durch Umrechnung über die relativen spektralen Empfindlichkeiten berechnet werden ([T 3] S. 67ff.). In Abb. 1.7.6. ist das maximale $(\mathrm{SRV})_\mathrm{d}$ für $m = 1$ und $R_\mathrm{e} \to \infty$ dargestellt. In Abhängigkeit von der Streuleistung sind deutlich zwei Betriebsbereiche zu unterscheiden. Bei höheren Streuleistungen dominiert das Schrotrauschen des Katodenstromes; die Funktion steigt mit $P_\mathrm{st}^{1/2}$ an. Bei niedrigen Streuleistungen wird das Rauschen durch den Dunkelstrom bestimmt; das SRV ist proportional zu P_st. Durch ungünstiges Dimensionieren von R_e wird der Übergang zwischen beiden Bereichen zu höheren Streuleistungen verschoben.

Für einen Modulationsgrad $m = 0{,}1$ liegen die Funktionsverläufe um 20 dB niedriger; damit ist in etwa der Arbeitsbereich eingegrenzt.

Sekundärelektronenvervielfacher mit S 20-Katode weisen bei einer Wellenlänge von $\lambda = 632{,}8$ nm spektrale Quantenwirkungsgrade von 4% bis 6% auf. Die Typenstreuung bewirkt keine wesentlichen Unterschiede im SRV. Ihr Arbeitsbereich liegt bei kleinen Streuleistungen. Bei Betrieb mit niedrigeren als den vom Hersteller angegebenen Spannungen kann die interne Verstärkung M verringert und der Arbeitsbereich zu höheren Streuleistungen verschoben werden. Damit ist aber gleichzeitig eine Verschiebung des Überganges zwischen den beiden Betriebsbereichen zu höheren Streuleistungen verbunden.

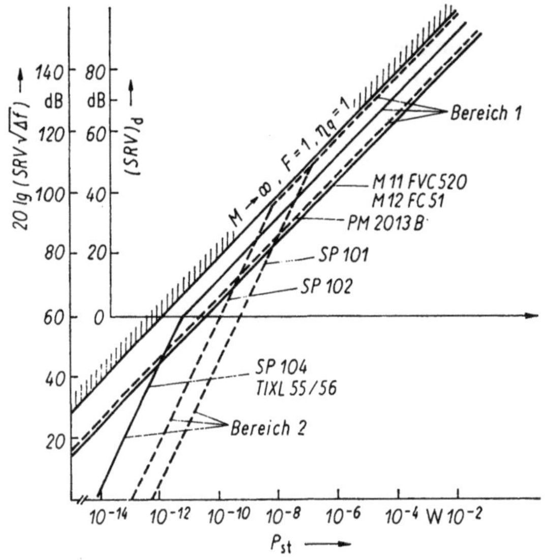

Abb. 1.7.6. Maximales Signal-Rausch-Verhältnis ausgewählter SEV und Fotodioden in Abhängigkeit von der Streuleistung ($m = 1$, $R_e \to \infty$)

Fotodioden weisen im Bereich hoher Streuleistungen ein SRV auf, das nur wenig unterhalb der technischen Grenze verläuft. Ihr Nachteil besteht in den relativ hohen Dunkelströmen. Der Übergang zwischen den beiden Arbeitsbereichen liegt deshalb bei relativ hohen Streuleistungen. Für Betrieb im Bereich niedriger Streuleistungen sind sie nicht geeignet.

Die Avelanche-Dioden vereinigen die Vorteile der Dioden und der SEV. Sie weisen ein höheres SRV als die SEV auf; der Übergang zwischen den Betriebsbereichen liegt bei relativ geringen Streuleistungen, so daß sie über einen großen Streuleistungsbereich einsetzbar sind.

Eine Gesamtanalyse des SRV muß natürlich berücksichtigen, daß auch alle nachfolgenden Stufen einen Beitrag zum Rauschen leisten. Für eine Kette aus m Stufen erhält man eine Rauschleistung von

$$P_r = 4kT\,\Delta f F_{ers} \prod_{n=1}^{m} M_n = 4kT\,\Delta f F_{ers} M. \tag{1.7.23}$$

Darin bedeuten M die Verstärkung und F_{ers} den Rauschfaktor der Kette, der sich nach

$$F_{ers} = F_1 + \frac{F_2 - 1}{M_1} + \frac{F_3 - 1}{M_1 M_2} + \cdots + \frac{F_m - 1}{\prod_{n=1}^{m-1} M_n} \tag{1.7.24}$$

bestimmen läßt [26]. Wie man sieht, beeinflußt die erste Stufe entscheidend das Rauschen. Deshalb muß der Auswahl des Wandlers große Aufmerksamkeit gewidmet werden.

2. Signalbildung und Signalqualität

Ausgehend von den im 1. Kapitel dargelegten physikalischen Grundlagen sollen in diesem Kapitel die Signalbildung, die Signalform im Zeit- und im Frequenzbereich, die daraus abgeleiteten Anordnungen der praktischen Meßtechnik (soweit sie den eigentlichen Sensor betreffen) und die Signalqualität in Form der Signalrate und des Signal-Rausch-Verhältnisses untersucht werden.

Wie eingangs bereits erwähnt, handelt es sich beim Laser-Doppler-Anemometer um ein indirektes Meßverfahren. Voraussetzung für die Bildung eines geschwindigkeitsproportionalen Signales sind geeignete Streuteilchen entsprechender Dichte. Geeignet bezieht sich auf schlupfloses Folgen in der Strömung; entsprechender Dichte bedeutet dem Meßproblem angepaßter Dichte. Diese Probleme sind kurz unter dem Begriff „Streuteilchenanpassung" zusammenfaßbar. Im folgenden wird schlupfloses Folgen vorausgesetzt.

Streuteilchen (Index T), die sich mit der Geschwindigkeit v mit der Strömung durch einen Laserstrahl (Index S) hindurchbewegen, erzeugen während ihres Durchlaufes durch den Laserstrahl eine Streuwelle, deren Intensität räumlich verteilt (siehe Abschnitt 1.6.1) von den Koordinaten φ, ϑ sowie von der Entfernung r des Beobachtungspunktes $P(x_P, y_P, z_P)$ vom Streuzentrum $P(x_0, y_0, z_0)$ abhängig ist und durch Gl. (1.6.1) beschrieben wird (Abb. 1.6.1.). Die Signalbildung erfolgt durch Überlagerung der Streuwellen verschiedenster Herkunft im optoelektronischen Empfänger (optische Mischung). Um einen Überblick über diese Problematik zu erhalten, ist es sinnvoll, zunächst das Problem der optischen Mischung näher zu untersuchen.

2.1. Optische Mischung zweier Streuwellen im Empfänger

Der Einfachheit und Überschaubarkeit halber soll zunächst das Signal analysiert werden, das von einem ruhenden Teilchen an zwei Laserstrahlen hervorgerufen wird. Allgemein ergibt sich in diesem Fall eine Empfangsfeldstärke von

$$\underline{\boldsymbol{E}} = (\boldsymbol{e}_{\varphi 1}\underline{E}_{\varphi 1} + \boldsymbol{e}_{\vartheta 1}\underline{E}_{\vartheta 1}) \cdot \mathrm{e}^{\mathrm{j}(\omega_1 t - \boldsymbol{k}_1 \cdot \boldsymbol{r} - \varphi_1)} + (\boldsymbol{e}_{\varphi 2}\underline{E}_{\varphi 2} + \boldsymbol{e}_{\vartheta 2}\underline{E}_{\vartheta 2}) \cdot \mathrm{e}^{\mathrm{j}(\omega_2 t - \boldsymbol{k}_2 \cdot \boldsymbol{r} - \varphi_2)}. \tag{2.1.1}$$

Die Indizes geben den Bezug auf die den Strahlen 1,2 zugeordneten Koordinatensysteme an; $\omega_{1,2}$ sind die Frequenzen der ausgestrahlten Wellen der Wellenlänge $\lambda_{1,2}$; $\varphi_{1,2}$ ist die Phasenlage der Laserstrahlen am Streuort, r der Abstand zwischen Streuteilchen und Beobachtungspunkt. Um die Addition gleicher Komponenten vornehmen zu können, ist eine Koordinatentransformation auf ein einheitliches Koordinatensystem x, y, z erforderlich. Ausgehend von den transformierten Größen läßt sich nun die Intensität berechnen

$$
\begin{aligned}
I &= \frac{1}{2}\,\varepsilon c[i(\underline{\hat{E}}_{x1} + \underline{\hat{E}}_{x2}) + j(\underline{\hat{E}}_{y1} + \underline{\hat{E}}_{y2})] \cdot [i(\underline{\hat{E}}^*_{x1} + \underline{\hat{E}}^*_{x2}) + j(\underline{\hat{E}}^*_{y1} + \underline{\hat{E}}^*_{y2})] \\
&= \frac{1}{2}\,\varepsilon c \Big[(\hat{E}^2_{x1} + \hat{E}^2_{y1}) + (\hat{E}^2_{x2} + \hat{E}^2_{y2}) \\
&\quad + 2\hat{E}_{x1}\hat{E}_{x2} \cos\big((\omega_1 - \omega_2)\,t - (\boldsymbol{k}_1 - \boldsymbol{k}_2)\cdot\boldsymbol{r} - (\varphi_1 - \varphi_2) + \psi_{x1} - \psi_{x2}\big) \\
&\quad + 2\hat{E}_{y1}\hat{E}_{y2} \cos\big((\omega_1 - \omega_2)\,t - (\boldsymbol{k}_1 - \boldsymbol{k}_2)\cdot\boldsymbol{r} - (\varphi_1 - \varphi_2) + \psi_{y1} - \psi_{y2}\big)\Big].
\end{aligned}
\tag{2.1.2}
$$

Die ersten vier Summanden sind der Effektivwert der Streuwellen. Sie bewirken auf Grund der Trägheit des Empfängers einen Gleichstrom (Gl. (1.7.9)). Die beiden letzten Summanden stellen einen Wechselanteil dar, der von der Kohärenz der Streuwellen abhängig ist. Die Winkel ψ sind durch die Streuung verursachte Phasenverschiebungen; $\psi_{x1,2}$ ist die transformierte Phasenverschiebung der x-Komponente und $\psi_{y1,2}$ die transformierte Phasenverschiebung der y-Komponente. Die beiden Wechselanteile lassen sich weiter zusammenfassen zu

$$
\begin{aligned}
I &= \frac{1}{2}\,\varepsilon c \Big[(\hat{E}^2_{x1} + \hat{E}^2_{y1}) + (\hat{E}^2_{x2} + \hat{E}^2_{y2}) \\
&\quad + 2[(\hat{E}_{x1}\hat{E}_{x1})^2 + (\hat{E}_{y2}\hat{E}_{y2})^2 + 2\hat{E}_{x1}\hat{E}_{x2}\hat{E}_{y1}\hat{E}_{y2}\cos(\psi_{x1} - \psi_{x2} - \psi_{y1} + \psi_{y2})]^{1/2} \\
&\quad \times \cos\big((\omega_1 - \omega_2)\,t - (\boldsymbol{k}_1 - \boldsymbol{k}_2)\cdot\boldsymbol{r} - (\varphi_1 - \varphi_2) + \xi\big)\Big]
\end{aligned}
\tag{2.1.3}
$$

mit

$$
\xi = \operatorname{arc\,cot} \frac{\hat{E}_{x1}\hat{E}_{x2}\cos(\psi_{x1} - \psi_{x2}) + \hat{E}_{y1}\hat{E}_{y2}\cos(\psi_{y1} - \psi_{y2})}{\hat{E}_{x1}\hat{E}_{x2}\sin(\psi_{x1} - \psi_{x2}) + \hat{E}_{y1}\hat{E}_{y2}\sin(\psi_{y1} + \psi_{y2})}.
\tag{2.1.4}
$$

Die Amplitude des Wechselanteiles, dessen Frequenz sich aus der Differenz der Frequenzen der beiden Streuwellen ergibt, ist abhängig von den Phasenverschiebungen zwischen den Streuwellen und damit von der räumlichen Kohärenz der beiden Wellen. Nach Einführen der Streufunktionen und Umformen der Gl. (2.1.3) läßt sich ein Kohärenzfaktor definieren. Es ergibt sich mit den Streufunktionen (Index ST, S Strahl, T

Teilchen)

$$I = \frac{1}{2}\,\varepsilon c\left[\left(\frac{\hat{E}_{01}}{k_1 r}\right)^2 F_{11}{}^2(\vartheta_1, \varphi_1) + \left(\frac{\hat{E}_{02}}{k_2 r}\right)^2 F_{21}^2(\vartheta_2, \varphi_2)\right.$$

$$+ 2\left(\frac{\hat{E}_{01}\hat{E}_{02}}{k_1 k_2 r^2}\right)\Big((F_x)_{11}^2\,(F_x)_{21}^2 + (F_y)_{11}^2\,(F_y)_{21}^2$$

$$+ 2(F_x)_{11}\,(F_x)_{21}\,(F_y)_{11}\,(F_y)_{21}\cdot\cos\left(\psi_{x1} - \psi_{x2} - \psi_{y1} - \psi_{y2}\right)\Big)^{1/2}$$

$$\left.\times\cos\big((\omega_1 - \omega_2)\,t - (\boldsymbol{k}_1 - \boldsymbol{k}_2)\cdot\boldsymbol{r} - (\varphi_1 - \varphi_2) + \xi\big)\right]. \tag{2.1.5}$$

$F_{1,21}(\vartheta_{1,2}, \varphi_{1,2})$ ist die auf das xy-Koordinatensystem umgerechnete Streufunktion (Gl. (1.6.37)), $(F_{x,y})_{1,21}$ sind ihre umgerechneten Komponenten.

In Anlehnung an die internationale Literatur [A 4] wird der die Kohärenzbedingung enthaltende Faktor abkürzend mit D bezeichnet; die Dopplerschwingung im Laser-Doppler-Anemometer ist direkt proportional diesem Faktor. Er hat den Wert

$$D = [(F_x)_{11}^2\,(F_x)_{21}^2 + (F_y)_{11}^2\,(F_y)_{21}^2$$

$$+ 2(F_x)_{11}\,(F_x)_{21}\,(F_y)_{11}\,(F_y)_{21}\cos\left(\psi_{x1} - \psi_{x2} - \psi_{y1} + \psi_{y2}\right)]^{1/2}. \tag{2.1.6}$$

Damit nimmt bei Überlagerung der beiden Wellen die Intensität die allgemeine Form

$$I = \frac{1}{2}\,\varepsilon c\left[\left(\frac{\hat{E}_{01}}{k_1 r}\right)^2 F_{11}^2(\vartheta_1, \varphi_1) + \left(\frac{\hat{E}_{02}}{k_2 r}\right)^2 F_{21}(\vartheta_2, \varphi_2)\right.$$

$$\left.+ 2\left(\frac{\hat{E}_{01}\hat{E}_{02}}{k_1 k_2 r^2}\right) D\cos\big((\omega_1 - \omega_2)\,t - (\boldsymbol{k}_1 - \boldsymbol{k}_2)\cdot\boldsymbol{r} - (\varphi_1 - \varphi_2) + \xi\big)\right] \tag{2.1.7}$$

an. Für Strahlen gleicher Intensität und $\lambda_1 \approx \lambda_2 = \lambda$ ergibt sich

$$I = \frac{1}{2}\,\varepsilon c\left(\frac{\hat{E}_0}{kr}\right)^2 \left[F_{11}^2(\vartheta_1, \varphi_1) + F_{21}^2(\vartheta_2, \varphi_2)\right.$$

$$\left.+ 2D\cos\big((\omega_1 - \omega_2)\,t - (\boldsymbol{k}_1 - \boldsymbol{k}_2)\cdot\boldsymbol{r} - (\varphi_1 - \varphi_2) + \xi\big)\right]$$

$$= \frac{1}{2}\,\varepsilon c\left(\frac{\hat{E}_0}{kr}\right)^2 \big(F_{11}^2(\vartheta_1, \varphi_1) + F_{21}^2(\vartheta_2, \varphi_2)\big)\left[1 + \frac{2D}{F_{11}^2(\vartheta_1, \varphi_1) + F_{21}^2(\vartheta_2, \varphi_2)}\right.$$

$$\left.\times\cos\big((\omega_1 - \omega_2)\,t - (\boldsymbol{k}_1 - \boldsymbol{k}_2)\cdot\boldsymbol{r} - (\varphi_1 - \varphi_2) + \xi\big)\right]. \tag{2.1.8}$$

Gl. (2.1.8) beschreibt die Intensität des Empfangssignales an einem Punkt des Empfängers. Die vom Empfänger aufgenommene Leistung, die schließlich den vom Wandler abgegebenen Strom bestimmt, ergibt sich durch Integration über die Empfängeroberfläche, dabei muß die örtliche Phasenlage des Signales berücksichtigt werden.

Der örtliche Modulationsgrad (Sichtbarkeit) beträgt

$$m = \frac{2D}{F_{11}^2(\vartheta_1, \varphi_1) + F_{21}^2(\vartheta_2, \varphi_2)}. \tag{2.1.9}$$

Er ist ausschließlich eine Funktion der Streueigenschaften der Teilchen. Für gleiche Streueigenschaften wird $D = 2F(\vartheta, \varphi)^2$ und $m = 1$.

2.2. Signalbildung durch bewegte Streuteilchen am Laserstrahl

Im weiteren werden die verschiedenen von bewegten Streuteilchen an Laserstrahlen verursachten Signalanteile näher untersucht. Dabei wird von Laserstrahlen verschiedener Intensität und Wellenlänge ausgegangen. Der Empfänger ist unter einem Winkel $\varphi_{1,2} = 0$ angeordnet; die gestreute Feldstärke besteht damit nur aus einer Komponente, ϑ-Komponente bzw. y-Komponente. Der Empfängerabstand der Streuteilchen, die als nichtleitend vorausgesetzt werden, wird als annähernd gleich betrachtet. Die Ortsabhängigkeit der Intensität der Laserstrahlen wird zunächst vernachlässigt. Unter diesen Bedingungen erzeugen N in einem Laserstrahl ruhende Teilchen ($S = 1$) an einem Punkt der Empfängeroberfläche eine Feldstärke [D 4, D 6]

$$\underline{E}_\mathrm{E} = \sum_{T=1}^{N} \underline{E}_{ST}\, \mathrm{e}^{\mathrm{j}\omega_{ST}t} = \sum_{T=1}^{N} \hat{\boldsymbol{E}}_{ST}\, \mathrm{e}^{\mathrm{j}(\omega_S t - \boldsymbol{k}\cdot\boldsymbol{r}_{ST} - \varphi_{ST})}. \tag{2.2.1}$$

ω_S, λ_S sind die Frequenz bzw. die Wellenlänge der Laserstrahlung, $\hat{\boldsymbol{E}}_{ST}$ die Amplitude der Feldstärke am Empfänger, r_{ST} der Abstand der Streuteilchen zum Empfänger und φ_{ST} die Phasenlage des Signales im betrachteten Empfängerpunkt. Für die Intensität der Streuwelle ergibt sich mit dem Effektivwert E_{ST}

$$I = \varepsilon c \left(\sum_{T=1}^{N} E_{ST}^2 + 2 \sum_{T=1}^{N-1} \sum_{K=T+1}^{N} E_{ST}E_{SK} \cos\left(\boldsymbol{k}_S \cdot (\boldsymbol{r}_{ST} - \boldsymbol{r}_{SK}) + (\varphi_{ST} - \varphi_{SK})\right)\right),$$

$$S = 1. \tag{2.2.2}$$

Speziell für zwei Teilchen beträgt die Intensität

$$I = \varepsilon c \left[E_{11}^2 + E_{12}^2 + 2E_{11}E_{12} \cos\left(\boldsymbol{k}_1 \cdot (\boldsymbol{r}_{11} - \boldsymbol{r}_{12}) + (\varphi_{11} - \varphi_{12})\right)\right]. \tag{2.2.3}$$

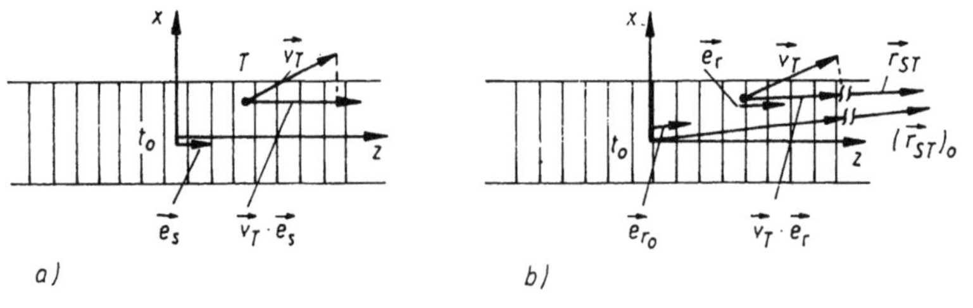

Abb. 2.2.1. Änderung der relativen Lage der Streuteilchen durch die Bewegung

a) zeitabhängige Phase

b) zeitabhängiger Radius

Für bewegte Teilchen, bei denen durch die Bewegung sich die relative Lage der Teilchen zueinander ändert, nimmt Gl. (2.2.3) mit der zeitabhängigen Phase nach Abb. 2.2.1a

$$\varphi_{ST}(t) = (\varphi_{ST})_0 + \frac{2\pi}{\lambda_S} \boldsymbol{v}_T \cdot \boldsymbol{e}_S \cdot t \tag{2.2.4}$$

und dem zeitabhängigen Radius nach Abb. 2.2.1 b

$$\boldsymbol{r}_{ST}(t) = (\boldsymbol{r}_{ST})_0 - \boldsymbol{v}_T \cdot t = (\boldsymbol{r}_{ST})_0 - (\boldsymbol{v}_T \cdot \boldsymbol{e}_\mathrm{r} \cdot t) \cdot \boldsymbol{e}_\mathrm{r} \tag{2.2.5}$$

die Form

$$I = \varepsilon c \left[E_{11}^2 + E_{12}^2 + 2E_{11}E_{12} \cdot \cos \left(\boldsymbol{k}_1 \cdot (\boldsymbol{r}_{11} - \boldsymbol{r}_{12})_0 + (\varphi_{11} - \varphi_{12})_0 - \frac{2\pi}{\lambda_1} t[(\boldsymbol{v}_1 \cdot \boldsymbol{e}_{\mathrm{r}1} - \boldsymbol{v}_2 \cdot \boldsymbol{e}_{\mathrm{r}2}) - (\boldsymbol{v}_1 - \boldsymbol{v}_2)\, \boldsymbol{e}_\mathrm{s}] \right) \right] \tag{2.2.6}$$

an. $(r_{11,2})_0$ ist der Abstand des Punktes mit der Zuordnung $t = 0$ zum Empfänger, $(\varphi_{11,2})_0$ ist die Phasenlage der Teilchen in diesem Punkt, wobei die von der Streuung verursachten Phasenverschiebungen miteinbezogen sein sollen. Die ersten beiden Summanden bilden wiederum den Gleichanteil des Signales, der letzte Summand beinhaltet einen durch die Bewegung der Teilchen verursachten Wechselanteil. Dabei sind die beiden ersten Summanden der cos-Funktion durch die statistische Verteilung der Streuteilchen in der Strömung gegeben, der dritte Summand enthält die Signalfrequenz

$$f_\mathrm{D} = \frac{1}{\lambda} [(\boldsymbol{v}_1 - \boldsymbol{v}_2) \cdot \boldsymbol{e}_\mathrm{s} - \boldsymbol{v}_1 \cdot \boldsymbol{e}_{\mathrm{r}1} + \boldsymbol{v}_2 \cdot \boldsymbol{e}_{\mathrm{r}2}]. \tag{2.2.7}$$

Sie wird durch die Veränderung der relativen Lage der Teilchen zueinander verursacht.

Auf der Grundlage der Gleichung Gl. (2.2.7) ist die Entwicklung eines Einstrahl-Laser-Doppler-Anemometers zur Bestimmung der Relativgeschwindigkeit von Teilchen möglich. Im Meßvolumen befinden sich durchschnittlich zwei Teilchen unterschiedlicher Geschwindigkeit, der Abstand des Empfängers ist gegenüber dem Abstand zwischen den Teilchen sehr groß ($\boldsymbol{e}_{\mathrm{r}1} \approx \boldsymbol{e}_{\mathrm{r}2} \approx \boldsymbol{e}_\mathrm{r}$); eine Forderung, die bei praktischen Meßanordnungen immer erfüllt ist. Für die Signalfrequenz ergibt sich aus Gl. (2.2.7)

$$f_\mathrm{D} = \frac{1}{\lambda} (\boldsymbol{e}_\mathrm{s} - \boldsymbol{e}_\mathrm{r}) \cdot (\boldsymbol{v}_1 - \boldsymbol{v}_2). \tag{2.2.8}$$

Eine Anordnung zum Nachweis dieses Effektes ist von Durst [D 4] angegeben worden. Das Prinzip ist in Abb. 2.2.2. dargestellt, mit der dargestellten Anordnung kann die Relativgeschwindigkeit der beiden entgegengesetzt rotierenden Scheiben bestimmt werden. Auf dieser Grundlage lassen sich Anordnungen zur Ausmessung der Relativgeschwindigkeit von Teilchen in einer Zweiphasenströmung und zur Bestimmung von Geschwindigkeitsgradienten entwickeln.

Für den Fall gleicher Geschwindigkeit der Teilchen folgt aus Gl. (2.2.7) eine Anordnung, die im Abschnitt 1.1 als Einbeleuchtungsstrahl-Zweistreustrahl-Verfahren (Abb.

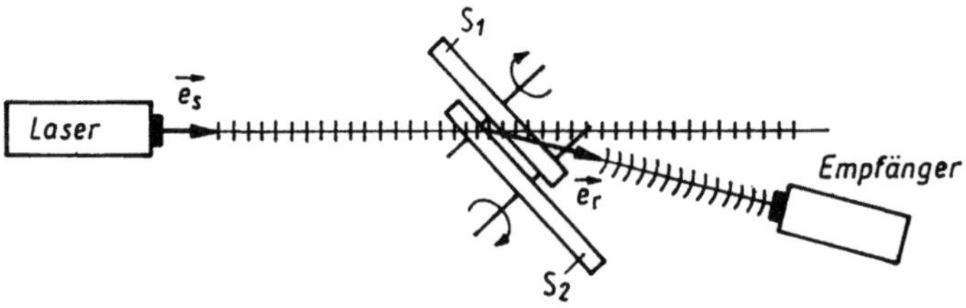

Abb. 2.2.2. Messung der Relativgeschwindigkeit zwischen zwei Scheiben [D 4]

1.1.5.) behandelt wurde. Für die Doppler-Frequenz folgt aus Gl. (2.2.7)

$$f_D = \frac{\boldsymbol{v}}{\lambda} (\boldsymbol{e}_{r2} - \boldsymbol{e}_{r1}). \tag{2.2.9}$$

Praktisch bedeutet dies, es muß Streulicht aus verschiedenen Richtungen auf den Empfänger konzentriert werden. Allgemein ergibt sich für N Teilchen und M Laserstrahlen im Empfänger eine örtliche Feldstärke von [D 4, G 1]

$$\underline{\boldsymbol{E}}_{ST} = \sum_{S=1}^{M} \sum_{T=1}^{N} \underline{\boldsymbol{E}}_{ST} \, e^{j\omega_{rS}t} + \sum_{r=1}^{R} K_r \underline{\boldsymbol{E}}_{r0} \, e^{j\omega_r t}. \tag{2.2.10}$$

Mit dem zweiten Summanden in Gl. (2.2.10) wurde berücksichtigt, daß neben dem Streulicht, das die Teilchen an den Laserstrahlen erzeugen, auch noch gewollt (z. B. als Referenzstrahl) oder ungewollt (z. B. durch unkontrollierte Reflexionen) Teile der Laserstrahlen den Empfänger erreichen. Der Faktor K_r stellt dabei einen Dämpfungsfaktor $(0 \leqq K_r \leqq 1)$ dar. Durch optische Mischung entsprechend Gl. (2.1.2) entstehen auf der Wandleroberfläche folgende Intensitätsanteile:

$$\begin{aligned} I = \varepsilon c \Bigg\{ & \sum_{S=1}^{M} \sum_{T=1}^{N} E_{ST}^2 + \sum_{r=1}^{R} K_r^2 E_{r0}^2 \\ & + \sum_{S=1}^{M} \sum_{k=1}^{N} \sum_{l=1}^{N} E_{Sk} E_{Sl} \cos \{\boldsymbol{k}_S \cdot (\boldsymbol{r}_{Sk} - \boldsymbol{r}_{Sl}) + (\varphi_{Sk} - \varphi_{Sl})\} \\ & + \sum_{T=1}^{N} \sum_{m=1}^{M} \sum_{n=1}^{M} E_{mT} E_{nT} \cos \{2\pi(f_m - f_n) t + (\boldsymbol{k}_n \cdot \boldsymbol{r}_{nT} - \boldsymbol{k}_m \cdot \boldsymbol{r}_{mT}) + (\varphi_{nT} - \varphi_{mT})\} \\ & + \sum_{m=1}^{M} \sum_{n=1}^{M} \sum_{k=1}^{N} \sum_{l=1}^{N} E_{mk} E_{nl} \cos \{2\pi(f_m - f_n) t + (\boldsymbol{k}_n \cdot \boldsymbol{r}_{nl} - \boldsymbol{k}_m \cdot \boldsymbol{r}_{mk}) \\ & + (\varphi_{nl} - \varphi_{mk})\} \\ & + \sum_{r=1}^{R} \sum_{T=1}^{N} \sum_{S=1}^{M} E_{r0} E_{ST} \cos \{2\pi(f_r - f_S) t + (\boldsymbol{k}_S \cdot \boldsymbol{r}_{ST} - \boldsymbol{k}_r \cdot \boldsymbol{r}_r) + (\varphi_{ST} - \varphi_r)\} \Bigg\}, \\ & k \neq l, \quad m \neq n. \end{aligned} \tag{2.2.11}$$

Die Bedeutung der fünf Elemente der Gl. (2.2.11) wird im weiteren für zwei Teilchen, zwei Laserstrahlen und einen Referenzstrahl näher untersucht. In diesem Fall treten folgende Mischprodukte auf:

$$
\begin{aligned}
I = \varepsilon c \Big\{ & E_{11}^2 + E_{12}^2 + E_{21}^2 + E_{22}^2 + K_1{}^2 E_{10}^2 && \text{(a)} \\
& + 2E_{11}E_{12} \cos \{\boldsymbol{k}_1 \cdot (\boldsymbol{r}_{11} - \boldsymbol{r}_{12}) + (\varphi_{11} - \varphi_{12})\} \\
& + 2E_{21}E_{22} \cos \{\boldsymbol{k}_1 \cdot (\boldsymbol{r}_{21} - \boldsymbol{r}_{22}) + (\varphi_{21} - \varphi_{22})\} && \text{(b)} \\
& + 2E_{11}E_{12} \cos \{2\pi(f_1 - f_2)\, t + (\boldsymbol{k}_2 \cdot \boldsymbol{r}_{21} - \boldsymbol{k}_1 \cdot \boldsymbol{r}_{11}) + (\varphi_{21} - \varphi_{11})\} \\
& + 2E_{12}E_{22} \cos \{2\pi(f_1 - f_2)\, t + (\boldsymbol{k}_2 \cdot \boldsymbol{r}_{22} - \boldsymbol{k}_1 \cdot \boldsymbol{r}_{12}) + (\varphi_{22} - \varphi_{12})\} && \text{(c)} \\
& + 2E_{11}E_{22} \cos \{2\pi(f_1 - f_2)\, t + (\boldsymbol{k}_2 \cdot \boldsymbol{r}_{22} - \boldsymbol{k}_1 \cdot \boldsymbol{r}_{11}) + (\varphi_{22} - \varphi_{11})\} \\
& + 2E_{21}E_{12} \cos \{2\pi(f_1 - f_2)\, t + (\boldsymbol{k}_2 \cdot \boldsymbol{r}_{21} - \boldsymbol{k}_1 \cdot \boldsymbol{r}_{12}) + (\varphi_{21} - \varphi_{12})\} && \text{(d)} \\
& + K_1 E_{10} E_{11} \cos \{\boldsymbol{k}_1 \cdot (\boldsymbol{r}_{11} - \boldsymbol{r}_1) + (\varphi_{11} - \varphi_1)\} \\
& + K_1 E_{10} E_{12} \cos \{\boldsymbol{k}_1 \cdot (\boldsymbol{r}_{12} - \boldsymbol{r}_1) + (\varphi_{12} - \varphi_1)\} \\
& + K_1 E_{10} E_{21} \cos \{2\pi(f_1 - f_2) + (\boldsymbol{k}_2 \cdot \boldsymbol{r}_{21} - \boldsymbol{k}_1 \cdot \boldsymbol{r}_1) + (\varphi_{21} - \varphi_1)\} \\
& + K_1 E_{10} E_{22} \cos \{2\pi(f_1 - f_2) + (\boldsymbol{k}_2 \cdot \boldsymbol{r}_{22} - \boldsymbol{k}_1 \cdot \boldsymbol{r}_1) + (\varphi_{22} - \varphi_1)\}\Big\}. && \text{(e)}
\end{aligned}
\tag{2.2.12}
$$

Am Ausgang des Empfängers erscheint ein entsprechendes Signal. Diese fünf Signalanteile können folgendermaßen interpretiert werden:

(a) beinhaltet den Gleichanteil, der durch die Trägheit des Empfängers verursacht wird. Dieser Anteil nimmt mit der Anzahl der Teilchen im Meßvolumen zu und hängt von der Intensität der Laserstrahlen ab,

(b) entsteht durch die Überlagerung des Streulichtes, das von verschiedenen Teilchen am gleichen Laserstrahl erzeugt wird. Haben die Teilchen gleiche Geschwindigkeit, dann ist dieser Anteil ein zusätzlicher Gleichanteil. Dieser Anteil verschwindet, wenn nur ein Teilchen im Meßvolumen ist,

(c) wird erzeugt durch die Überlagerung von Streuwellen, die ein Teilchen an verschiedenen Laserstrahlen erzeugt,

(d) enthält die Überlagerung des Streulichtes verschiedener Teilchen an verschiedenen Laserstrahlen. Dieser Anteil verschwindet ebenfalls, wenn nur ein Teilchen im Meßvolumen sich befindet,

(e) ergibt sich aus der Überlagerung des Referenzstrahles mit den einzelnen Streukomponenten.

Mit Gl. (2.2.4) und Gl. (2.2.5) ergeben sich Zeitfunktionen einer sehr komplexen Signalstruktur. Um ein eindeutiges Signal zu erhalten, sind Vereinfachungen notwendig. Für weitere Betrachtungen wird deshalb vorausgesetzt, daß nur ein Teilchen im Mittel sich im Meßvolumen befinden soll und daß im Bereich des Meßvolumens keine Geschwindigkeitsgradienten auftreten. Daraus resultieren bei Verwendung künstlicher Streuteilchen Vorschriften für die Teilchenzugabe und bei Verwendung natürlicher Streuteilchen Anforderungen an die Dimensionierung der Sendeoptik.

Ist nur ein Teilchen im Meßvolumen, dann vereinfacht sich Gl. (2.2.12) zu ($\lambda_1 \approx \lambda_2 \approx \lambda_0$)

$$\begin{aligned} I = \varepsilon c \Bigg\{ & E_{11}^2 + E_{21}^2 + K_1{}^2 E_{10}^2 \\ & + 2E_{11}E_{12} \cos\left\{2\pi(f_1 - f_2)\,t + \frac{2\pi}{\lambda_0}(r_{21} - r_{11}) + (\varphi_{21} - \varphi_{11})\right\} \\ & + 2K_1E_{10}E_{11} \cos\left\{\frac{2\pi}{\lambda_0}(r_{11} - r_1) + (\varphi_{11} - \varphi_1)\right\} \\ & + 2K_1E_{10}E_{21} \cos\left\{2\pi(f_1 - f_2)\,t + \frac{2\pi}{\lambda_0}(r_{21} - r_1) + (\varphi_{21} - \varphi_1)\right\}\Bigg\}. \end{aligned} \quad (2.2.13)$$

Für die Zeitfunktion ergibt sich eine Beziehung, die Grundlage zur Entwicklung von Laser-Doppler-Anemometern ist,

$$\begin{aligned} I = \varepsilon c \Bigg[& E_{11}^2 + E_{21}^2 + K_1{}^2 E_{10}^2 \\ & + 2E_{11}E_{12} \cos\left\{\frac{2\pi}{\lambda_0}(r_{21} - r_{11})_0 + (\varphi_{21} - \varphi_{11})_0 + \frac{2\pi}{\lambda_0}\boldsymbol{v}t \cdot (\boldsymbol{e}_{s2} - \boldsymbol{e}_{s1})\right\} \\ & + 2K_1E_{10}E_{11} \cos\left\{\frac{2\pi}{\lambda_0}(r_{11} - r_1)_0 + (\varphi_{11} - \varphi_1)_0 + \frac{2\pi}{\lambda_0}\boldsymbol{v}t \cdot (\boldsymbol{e}_{s1} - \boldsymbol{e}_r)\right\} \\ & + 2K_1E_{10}E_{21} \cos\left\{\frac{2\pi}{\lambda_0}(r_{21} - r_1)_0 + (\varphi_{21} - \varphi_1)_0 + \frac{2\pi}{\lambda_0}\boldsymbol{v}t \cdot (\boldsymbol{e}_{s2} - \boldsymbol{e}_r)\right\}\Bigg]. \end{aligned} \quad (2.2.14)$$

$(-)_0$ sind Werte bezüglich des aktuellen Nullpunktes, d. h. des Punktes, der $t = 0$ zugeordnet ist. Der erste Summand in Gl. (2.2.14) ist wiederum mit dem unvermeidbaren Gleichanteil des Signales verbunden, der zweite Summand ist Grundlage für die Entwicklung des Zweibeleuchtungsstrahl-Zweistreustrahl-Verfahrens (Abb. 1.1.6.), der dritte Summand erlaubt die Entwicklung eines Einstrahl-Referenzstrahlverfahrens (Abb. 1.1.7.) und der vierte Summand die Entwicklung eines Zweistrahl-Referenzstrahlverfahrens (Abb. 1.1.8.).

Im weiteren werden die in der Meßtechnik bewährten Verfahren, das Zweibeleuchtungsstrahl-Zweistreustrahl-Verfahren und das Referenzstrahlverfahren näher, beschrieben.

2.3. Das Zweibeleuchtungsstrahl-Zweistreustrahl-Verfahren (ZBZS)

Das ZBZS-Verfahren ist heute in Laser-Doppler-Anemometern das meist verwendete Verfahren. Es geht aus Gl. (2.2.14) hervor, indem dafür gesorgt wird, daß den Empfänger Anteile der Primärstrahlung nicht erreichen (Abb. 2.3.1.).

Für die folgenden Betrachtungen wird vorausgesetzt, daß die Sendeoptik die Lasertaille in den Schnittpunkt der Strahlen abbildet und daß dieser Schnittpunkt im Brenn-

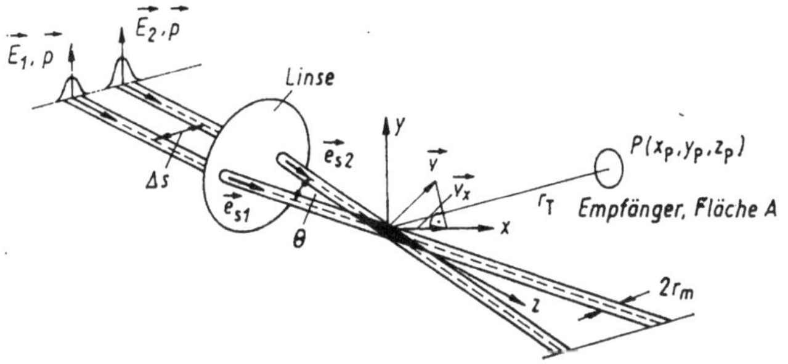

Abb. 2.3.1. Strahlengang beim Zweibeleuchtungsstrahl-Zweistreustrahl-System

punkt der Sendeoptik liegen soll. Im Schnittpunkt liegen damit ebene Wellenfronten in den Strahlen vor; für die Ausdehnung der Strahlen in diesem Bereich gilt Gl. (1.3.15) mit $d = 2r_0$.

Es läßt sich zeigen, daß in diesem Fall im Schnittbereich der Strahlen ein Interferenzfeld in Form von Energiedichteschwankungen auftritt. Ausgehend von Gl. (1.3.8) kann die Feldstärkeverteilung in den Strahlen durch

$$\begin{aligned} \underline{E}_1 &= E_{10}\, e^{-\left(\frac{r_1}{r_0}\right)^2} \cdot e^{j\left(\omega_1 t - \frac{2\pi}{\lambda_1} z_1\right)}, \\ \underline{E}_2 &= E_{20}\, e^{-\left(\frac{r_2}{r_0}\right)^2} \cdot e^{j\left(\omega_2 t - \frac{2\pi}{\lambda_2} z_2\right)} \end{aligned} \qquad (2.3.1)$$

beschrieben werden.

Die örtliche Verteilung der Intensität ergibt sich mit $K_1 = 0$ aus Gl. (2.2.13) mit Gl. (2.3.1) zu

$$\begin{aligned} I = \varepsilon c \Bigg[& E_{10}^2\, e^{-2\left(\frac{r_1}{r_0}\right)^2} + E_{20}^2\, e^{-2\left(\frac{r_2}{r_0}\right)^2} \\ & + E_{10}E_{20}\, e^{-\left(\frac{r_1^2 + r_2^2}{r_0^2}\right)} \left[e^{j\left[(\omega_1 - \omega_2)t - 2\pi\left(\frac{z_1}{\lambda_1} - \frac{z_2}{\lambda_2}\right)\right]} + e^{-j\left[(\omega_1 - \omega_2)t - 2\pi\left(\frac{z_1}{\lambda_1} - \frac{z_2}{\lambda_2}\right)\right]} \right] \Bigg], \end{aligned} \qquad (2.3.2)$$

und nach Transformation auf ein gemeinsames Koordinatensystem x, y, z (Abb. 2.3.3.) folgt aus Gl. (2.3.2) mit

$$\begin{aligned} z_1 &= x \sin \Theta/2 + z \cos \Theta/2, \\ r_1{}^2 &= (x \cos \Theta/2 - z \sin \Theta/2)^2 + y^2, \\ z_2 &= -x \sin \Theta/2 + z \cos \Theta/2, \\ r_2{}^2 &= (x \cos \Theta/2 + z \sin \Theta/2)^2 + y^2 \end{aligned} \tag{2.3.3}$$

für die örtliche Intensitätsverteilung im Schnittbereich der Strahlen ($\lambda_1 \approx \lambda_2 \approx \lambda_0$)

$$\begin{aligned} I = \varepsilon c \Big[& E_{10}^2 \, \mathrm{e}^{-8((x\cos\Theta/2 - z\sin\Theta/2)^2 + y^2)/d^2} + E_{20}^2 \, \mathrm{e}^{-8((x\cos\Theta/2 + z\sin\Theta/2)^2 + y^2)/d^2} \\ & + 2E_{10}E_{20} \, \mathrm{e}^{-8(x^2\cos^2\Theta/2 + z^2\sin\Theta/2 + y^2)/d^2} \cos\left((\omega_1 - \omega_2)\, t - \frac{4\pi}{\lambda_0} x \sin \Theta/2\right)\Big]. \end{aligned} \tag{2.3.4}$$

Im Schnittbereich der Strahlen liegen demzufolge Intensitätsschwankungen vor, die sich in Abhängigkeit von der Shiftfrequenz $f_s = f_1 - f_2$ mit der Referenzgeschwindigkeit

$$v_r = \frac{x}{t} = \frac{(f_1 - f_2)\,\lambda_0}{2 \sin \Theta/2} = \frac{f_s\lambda_0}{2 \sin \Theta/2} \tag{2.3.5}$$

in x-Richtung bewegen. Wir haben es mit einem bewegten Interferenzfeld zu tun. Der Abstand der Interferenzlinien beträgt

$$\Delta x = \frac{\lambda_0}{2 \sin \Theta/2}\,. \tag{2.3.6}$$

Das Interferenzfeld ist objektiv real vorhanden; für $f_1 = f_2$ existiert ein ruhender Interferenzfeld, das optisch abgebildet werden kann (Abb. 2.3.2.). Im Interesse eines guten Sichtbarkeit des Signales ist es zweckmäßig, die Intensitäten in den beiden Strahlen gleich groß zu machen.

Das Empfängersignal läßt sich in diesem Fall auch als vom Teilchen während des Durchlaufes durch das Feld abgegebene, von der Relativbewegung zwischen dem Teilchen und dem Feld abhängige Streuwelle interpretieren. Als Zeitsignal tritt im Empfänger ein der Intensität

$$\begin{aligned} I = \varepsilon c \Big[& E_{11}^2 + E_{21}^2 \\ & + 2E_{11}E_{21} \cos \left\{ 2\pi(f_1 - f_2)\, t + \frac{2\pi}{\lambda_0} \boldsymbol{v}t \cdot (\boldsymbol{e}_{s2} - \boldsymbol{e}_{s1}) + (\varphi_{21} - \varphi_{11})_0 \right\} \Big] \end{aligned} \tag{2.3.7}$$

proportionales Signal auf.

Die Signalfrequenz ergibt sich aus dem Argument der cos-Funktion. Mit den in Abb. 2.3.3. angegebenen Winkeln beträgt sie

$$f_E = f_1 - f_2 - \frac{v_x \sin \Theta/2}{\lambda_0} = f_s - \frac{v_x \sin \Theta/2}{\lambda_0}\,. \tag{2.3.8}$$

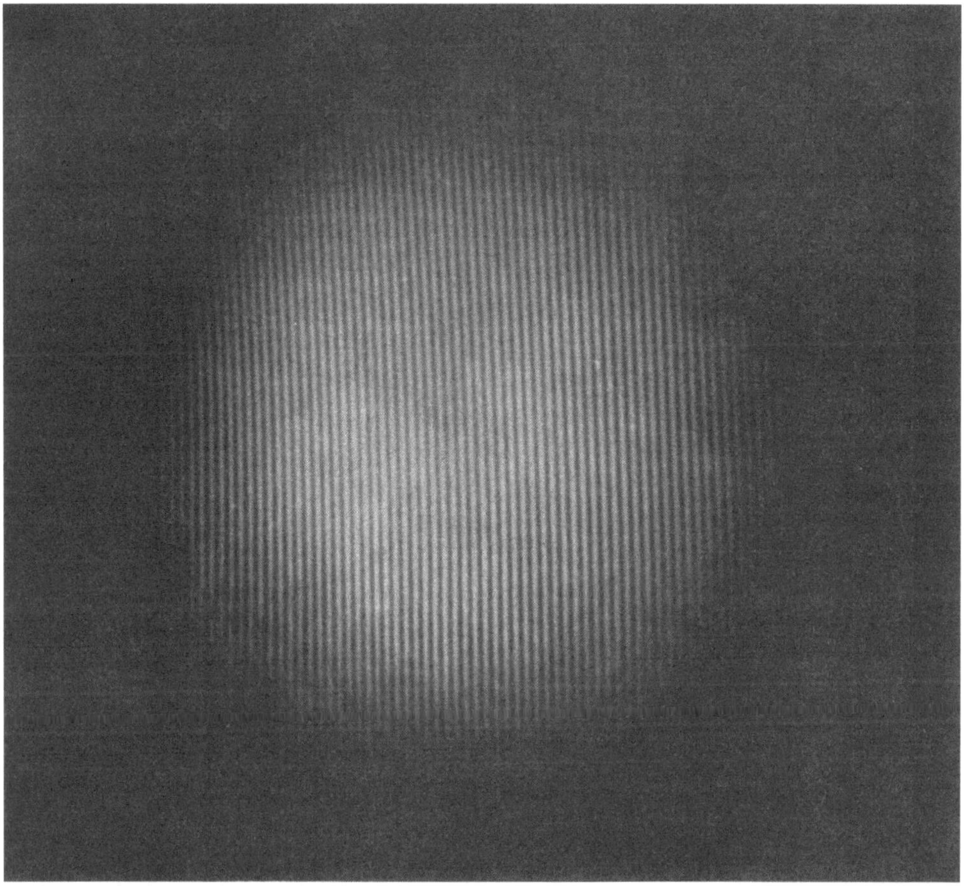

Abb. 2.3.2. Interferenzfeld im Schnittvolumen

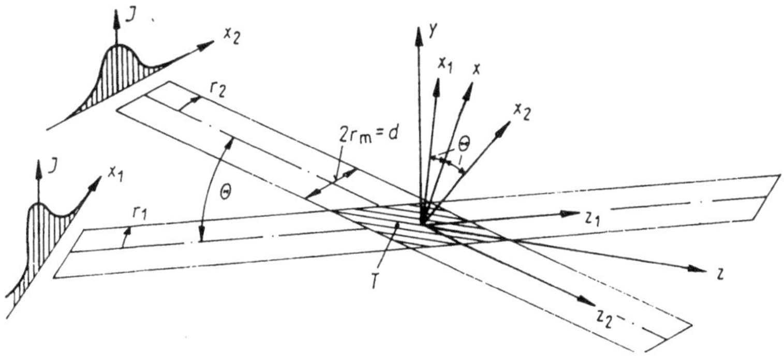

Abb. 2.3.3. Orientierung der Koordinatensysteme

Ein ruhendes Teilchen wird mit der Shiftfrequenz f_s detektiert; haben Teilchen und Interferenzfeld gleiche Bewegungsrichtung, liegt die Empfangsfrequenz unterhalb der Shiftfrequenz, bei entgegengesetzter Richtung oberhalb der Shiftfrequenz. Damit kann die Strömungsrichtung erkannt werden. Für $f_s = 0$ (ruhendes Interferenzfeld) ist es nicht möglich, das Vorzeichen nachzuweisen.

Die Empfängerfeldstärken hängen mit der örtlichen Feldstärke im Meßvolumen über die Streufunktionen zusammen. Für den Fall, daß der Empfänger in der optischen Achse des Systems (z-Achse) angeordnet ist, lauten die Beziehungen für die Empfängerfeldstärken im Zentrum des Empfängers mit $r_{11} \approx r_{21} = r$

$$\begin{aligned} |\underline{E}_{11}| &= E_0 F_{st}(\vartheta_1, \varphi_1) \frac{\lambda_0}{2\pi r_{11}} e^{-\left(\frac{r_1}{r_0}\right)^2} = E_0 F_{st}(\Theta/2, \pi/2) \frac{\lambda_0}{2\pi r} e^{-\left(\frac{r_1}{r_0}\right)^2}, \\ |\underline{E}_{21}| &= E_0 F_{st}(\vartheta_2, \varphi_2) \frac{\lambda_0}{2\pi r_{21}} e^{-\left(\frac{r_2}{r_0}\right)^2} = E_0 F_{st}(-\Theta/2, \pi/2) \frac{\lambda_0}{2\pi r} e^{-\left(\frac{r_2}{r_0}\right)^2}. \end{aligned} \tag{2.3.9}$$

Mit $F_{st}(\Theta/2, \pi/2) = F_{st}(-\Theta/2, \pi/2)$, der vorgegebenen Koordinatentransformation und $r_T(x, y, z) = (x_0 + v_x t, y_0 + v_y t, z_0 = v_z t)$ folgt für die Intensität im Zentrum des Empfängers

$$\begin{aligned} I = \varepsilon c \left(E_0 F_{st}(\Theta/2, \pi/2) \frac{\lambda_0}{2\pi r}\right)^2 \Big\{ & e^{-8[((x_0+v_x t)\cos\Theta/2 - (z_0+v_z t)\sin\Theta/2)^2 + (y_0+v_y t)^2]/d^2} \\ & + e^{-8[((x_0+v_x t)\cos\Theta/2 + (z_0+v_z t)\sin\Theta/2)^2 + (y_0+v_y t)^2]/d^2} \\ & + 2e^{-8[(x_0+v_x t)^2\cos^2\Theta/2 + (y_0+v_y t)^2 + (z_0+v_z t)^2\sin^2\Theta/2]/d^2} \\ & \times \cos\left[(\omega_1 - \omega_2)\,t - \frac{4\pi}{\lambda_0} v_x t \sin\Theta/2 + (\varphi_{21} - \varphi_{11})_0\right]\Big\}. \end{aligned} \tag{2.3.10}$$

Der Punkt $P(x_0, y_0, z_0)$ mit dem Ortsvektor $\boldsymbol{r}_{ST} - (\boldsymbol{r}_{ST})_0 = (\boldsymbol{r}_T)_0 = \boldsymbol{r}(x_0, y_0, z_0)$ liegt in einer Ebene, die durch den Koordinatenursprung geht und von der Teilchenbahn senkrecht durchstoßen wird. Diesem Punkt ist $t = 0$ zugeordnet; $(\varphi_{21}, \varphi_{11})_0$ ist der Phasenwinkel der beiden Streuwellen in diesem Punkt. Der vom Wandler abgegebene Strom ist mit der einfallenden Intensität der Streuwellen über Gl. (1.7.9) verknüpft. Dabei muß unter Berücksichtigung der Phasenlage der einfallenden Wellen zur Bestimmung des momentanen flächenintegralen Modulationsgrades über die Empfängeroberfläche integriert werden. Die Abhängigkeit der Feldstärke vom Wellenradius r kann bei der Integration vernachlässigt werden; dagegen ist die Winkelabhängigkeit der Streufunktion im Bereich der Empfängeroberfläche nicht zu vernachlässigen. Im Prinzip läuft die von der Empfängerstellung und Empfängerapertur abhängige Integration auf eine Integration über die Streufunktion in den angegebenen Bereichen hinaus und ist mit der integralen Streufunktion G verknüpft (siehe Abschnitt 1.6, Gl. (1.6.39)). Der resultierende Gleichstrom ist direkt proportional der integralen Streufunktion. Ausgehend von Gl. (2.1.5) bis Gl. (2.1.9) läßt sich ein momentaner über die Empfängeroberfläche gemittelter Modulationsgrad berechnen, der den Wechselanteil des Signales bestimmt. Im Zusammenhang mit dem Signal-Rausch-Verhältnis wird auf den Modulationsgrad noch näher eingegangen (Abschnitt 2.8).

2.4. Das Referenzstrahlverfahren (RS)

Beim Referenzstrahlverfahren ist der Empfänger auf eine der beiden Strahlachsen orientiert. Um eine genaue Positionsbestimmung des Meßvolumens zu erreichen, wird die Meßanordnung nach Abb. 1.1.8b bevorzugt benutzt. In diesem Fall treten am Empfänger alle in Gl. (2.2.14) angegebenen Intensitätsanteile auf, wobei bei Orientierung des Empfängers z. B. auf Strahl 1 $\boldsymbol{e}_r = \boldsymbol{e}_{r1}$ zu setzen ist. Die Streufeldstärken am Empfänger ergeben sich mit den in Abb. 2.2.1. und Abb. 2.2.3. festgelegten Orientierungen und den in Abschnitt 2.3 getroffenen Festlegungen mit $F_{st}(\vartheta_1, \varphi_1) = F_{st}(0, \pi/2)$ und $F_{st}(\vartheta_2, \varphi_2) = F_{st}(\Theta, \pi/2)$ zu

$$|\underline{E}_{11}| = K_1 E_0 F_{st}(0, \pi/2) \frac{\lambda_0}{2\pi r_{11}} e^{-\left(\frac{r_1}{r_0}\right)^2},$$
$$|\underline{E}_{21}| = E_0 \cdot F_{st}(\Theta, \pi/2) \frac{\lambda_0}{2\pi r_{21}} e^{-\left(\frac{r_2}{r_0}\right)^2}. \tag{2.4.1}$$

Da der Referenzstrahl durch die Sendeoptik mit der Lasertaille ebenfalls in den Schnittbereich der Strahlen abgebildet wird, beträgt die Feldstärke des Referenzstrahles im Punkt $P(x_P, y_P, z_P)$ am Empfänger bei einer Strahlausdehnung d im Schnittvolumen (Gl. (1.3.15)) für $z_P \gg d$ mit Gl. (1.2.7)

$$|\underline{E}_1| = K_1 E_0 \frac{d^2\pi}{4\lambda_0 z_P} e^{-\left(\frac{r_P}{\alpha z_P}\right)^2}. \tag{2.4.2}$$

α ist der Divergenzwinkel nach Gl. (1.3.12). Damit geht für den Fall des Referenzstrahlverfahrens Gl. (2.2.14) mit $f_1 = f_2 = f_0$, also ohne Frequenzvorverschiebung, in $(r_{11} \approx r_{21} \approx r)$

$$\begin{aligned} I = \varepsilon c \Bigg[& \left(K_1 E_0 F_{st}\left(0, \frac{\pi}{2}\right) \frac{\lambda_0}{2\pi r}\right)^2 e^{-2\left(\frac{r_1}{r_0}\right)^2} + \left(E_0 F_{st}\left(\Theta, \frac{\pi}{2}\right) \frac{\lambda_0}{2\pi r}\right)^2 e^{-2\left(\frac{r_2}{r_0}\right)^2} \\ & + \left(K_1 E_0 \frac{r_0^2\pi}{\lambda_0 z_P}\right) e^{-2\left(\frac{r_P}{\alpha z_P}\right)^2} \\ & + 2K_1 \left(E_0 \frac{\lambda_0}{2\pi r}\right)^2 F_{st}\left(0, \frac{\pi}{2}\right) F_{st}\left(\Theta, \frac{\pi}{2}\right) e^{-\left(\frac{r_1^2 + r_2^2}{r_0^2}\right)} \\ & \times \cos\left\{(\varphi_{21} - \varphi_{11})_0 - \frac{4\pi}{\lambda_0} v_x t \sin \Theta/2\right\} \\ & + 2(K_1 E_0)^2 F_{st}\left(0, \frac{\pi}{2}\right) \frac{r_0^2}{2 z_P r} e^{-\left(\frac{r_1^2}{r_0^2} + \left(\frac{r_P}{\alpha z_P}\right)^2\right)} \cos\left\{\frac{2\pi}{\lambda_0}(r_{11} - r_1)_0 + (\varphi_{11} - \varphi_1)_0\right\} \\ & + 2K_1 E_0^2 F_{st}\left(\Theta, \frac{\pi}{2}\right) \frac{r_0^2}{2 z_P r} e^{-\left(\frac{r_2^2}{r_0^2} + \left(\frac{r_P}{\alpha z_P}\right)^2\right)} \\ & \times \cos\left\{\frac{2\pi}{\lambda_0}(r_{21} - r_1)_0 + (\varphi_{21} - \varphi_1)_0 - \frac{4\pi}{\lambda_0} v_x t \sin \Theta/2\right\}\Bigg] \end{aligned} \tag{2.4.3}$$

über.

Die ersten drei und der fünfte Summand bilden den Gleichanteil des Signals; der fünfte Summand entsteht aus der Überlagerung der vom Referenzstrahl erzeugten Streuwelle mit dem Referenzstrahl selbst. Der vierte Summand enthält die Überlagerung der beiden Streuwellen und damit die Wirkung des real vorhandenen Interferenzfeldes. Zur Auswertung wird der sechste Summand verwendet, der durch die Überlagerung der vom Beleuchtungsstrahl (Strahl 2) verursachten Streuwelle mit dem Referenzstrahl entsteht. Die Intensitäten des vierten und des sechsten Summanden stehen in einem Verhältnis von

$$\frac{I_4}{I_6} \leqq \frac{F_{\mathrm{st}}(0, \pi/2)}{2} \cdot \left(\frac{\lambda_0}{\pi r_0}\right)^2. \tag{2.4.4}$$

Bei einer Ausdehnung des Meßvolumens von $2r_0 = 0{,}1$ mm und einem Wert für die Streufunktion von 5 bis 25 (Abb. 1.6.2., Abb. 1.6.3.) ergibt sich ein Intensitätsverhältnis von 10^{-4}; der Beitrag des vierten Summanden zum Signal ist damit zu vernachlässigen. Im Interesse eines günstigen Signal-Rausch-Verhältnisses muß dafür gesorgt werden, daß der Gleichanteil, der wesentlich vom Referenzstrahl bestimmt wird, niedrig gehalten wird. Bei einer Intensität des Referenzstrahles von nur 1 bis 2% des Beleuchtungsstrahles wird annähernd ein Wechselanteil in gleicher Höhe wie beim ZBZS-Verfahren erzielt.

Um den Ausgangsstrom zu bestimmen, muß wiederum über die Katodenfläche des Empfängers integriert werden. Für die Integration ist von Bedeutung, daß durch die Abhängigkeit des Argumentes der cos-Funktion von der Position des Streuteilchens im Meßvolumen sich eine örtlich periodische Intensitätsverteilung auf der Katode ergibt, d. h., es gibt Bereiche auf der Katode, in denen Streuwelle und Laserstrahl kohärent sind, und Bereiche, in denen sie inkohärent sind. Durch die Verknüpfung mit einer Gaußverteilung, die ebenfalls vom Aufenthaltsort des Teilchens im Meßvolumen abhängig ist, wird der Bereich der cos-Funktion bis zum 1. Nulldurchgang besonders hervorgehoben. Im Prinzip leistet nur dieser Bereich einen wesentlichen Beitrag zum Ausgangsstrom. ADRIAN und GOLDSTEIN [A 3] bezeichnen diesen Bereich als „Kohärenzkegel". Bei Durchgang des Streuteilchens durch das Meßvolumen wandert der Kohärenzkegel über die Katodenoberfläche, wobei die Intensität im Bereich des Kegels im Takte der Doppler-Frequenz schwankt. Für die Integration kann näherungsweise angenommen werden, daß die Streufunktion im Bereich des Kohärenzkegels konstant ist. Für $|\boldsymbol{r}_{11}| - |\boldsymbol{r}_1| = |\boldsymbol{r}_{21}| - |\boldsymbol{r}_1|$ ergibt sich näherungsweise aus Abb. 2.4.1.

$$|\boldsymbol{r}_{11}| - |\boldsymbol{r}_1| = \frac{x_1^2 + y_1^2 + z_1^2}{2z_{\mathrm{P}}} - \frac{x_1 x_{\mathrm{P}} + y_1 y_{\mathrm{P}}}{z_{\mathrm{P}}} - z_1. \tag{2.4.5}$$

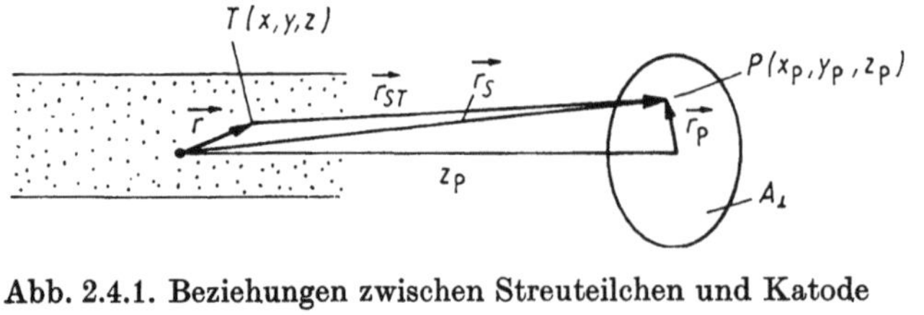

Abb. 2.4.1. Beziehungen zwischen Streuteilchen und Katode

Für den Ausgangsstrom des Wandlers ergibt sich mit $r(x, y, z) = (x_0 + v_x t, y_0 + v_y t, z_0 + v_z t)$ mit Gl. (1.7.9) (siehe Anhang II)

$$\begin{aligned}
i(t) = {} & \frac{q \cdot \eta_q}{h \cdot f_0} \varepsilon c \left[\frac{Pr}{\varepsilon c} + A_\perp \left(K_1 E_0 F_{\mathrm{st}} \left(0, \frac{\pi}{2}\right) \frac{\lambda_0}{2\pi r} \right)^2 \mathrm{e}^{-8[((x_0+v_x t)\cos\Theta/2+(z_0+v_z t)\sin\Theta/2)^2+(y_0+v_y t)^2]/d^2} \right. \\
& + A_\perp \left(E_0 F_{\mathrm{st}} \left(\Theta, \frac{\pi}{2}\right) \frac{\lambda_0}{2\pi r} \right)^2 \mathrm{e}^{-8[((x_0+v_x t)\cos\Theta/2+(z_0+v_z t)\sin\Theta/2)^2+(y_0+v_y t)^2]/d^2} \\
& + \frac{A_\perp}{\pi} (\lambda_0 K_1 E_0)^2 F_{\mathrm{st}} \left(0, \frac{\pi}{2}\right) \mathrm{e}^{-8[(x_0+v_x t)^2\cos^2\Theta/2+(z_0+v_z t)^2\sin^2\Theta/2+(y_0+v_y t)^2]/d^2} \\
& \times \cos \left\{ \frac{2\pi}{\lambda_0} \left(\frac{(v_x^2 + v_y^2 + v_z^2)\, t^2}{2 z_{\mathrm{P}}} + \frac{x_0^2 + y_0^2 + z_0^2}{2 z_{\mathrm{P}}} + \frac{(x_0 v_x + y_0 v_y + z_0 v_z)\, t}{z_{\mathrm{P}}} - z_0 \right) \right. \\
& \left. + (\varphi_{11} - \varphi_1)_0 \right\} \\
& + 2 K_1 A_\perp \left(E_0 \frac{\lambda_0}{2\pi r} \right)^2 F_{\mathrm{st}} \left(0, \frac{\pi}{2}\right) F_{\mathrm{st}} \left(\Theta, \frac{\pi}{2}\right) \mathrm{e}^{-8[(x_0+v_x t)^2\cos^2\Theta/2+(z_0+v_z t)^2\sin^2\Theta/2+(y_0+v_y t)^2]/d^2} \\
& \times \cos \left\{ (\varphi_{21} - \varphi_{11})_0 - \frac{4\pi}{\lambda_0} v_x t \sin \Theta/2 \right\} \\
& + \frac{K_1}{\pi} (E_0 \lambda_0)^2 F_{\mathrm{st}} \left(\Theta, \frac{\pi}{2}\right) \mathrm{e}^{-8[(x_0+v_x t)^2\cos^2\Theta/2+(z_0+v_z t)^2\sin^2\Theta/2+(y_0+v_y t)^2]/d^2} \\
& \times \cos \left\{ \frac{2\pi}{\lambda_0} \left(\frac{(v_x^2 + v_y^2 + v_z^2)\, t^2}{2 z_{\mathrm{P}}} + \frac{x_0^2 + y_0^2 + z_0^2}{2 z_{\mathrm{P}}} + \frac{(x_0 v_x + y_0 v_y + z_0 v_z)\, t}{z_{\mathrm{P}}} - z_0 \right) \right. \\
& \left. \left. + (\varphi_{21} - \varphi_1)_0 - \frac{4\pi}{\lambda_0} v_x t \sin \Theta/2 \right\} \right]. \qquad (2.4.6)
\end{aligned}$$

In dieser Gleichung bezeichnet $P(x_0, y_0, z_0)$ wiederum den Punkt, in dem die Ebene, die durch den Koordinatenursprung geht, von der Teilchenbahn senkrecht durchstoßen wird ($t = 0$); $(\varphi_{21} - \varphi_{11})_0$ ist wiederum die Phasendifferenz der beiden Streuwellen, $(\varphi_{21} - \varphi_1)_0$ ist die Phasendifferenz zwischen Streuwelle und Referenzstrahl am Aufenthaltsort des Teilchens. Bei einem Vergleich der Beziehungen für die Empfängerströme des ZBZS- und des RS-Verfahrens (Gl. (2.3.10) und Gl. (2.4.6)), fällt auf, daß sowohl die Gleichanteile als auch die Wechselanteile gleichartige Exponentialfunktionen enthalten, deren Analyse die Definition eines Meßvolumens erlauben. Darüber hinaus weisen die cos-Funktionen ähnliche Struktur auf. Beim Referenzstrahlverfahren ist aber im Gegensatz zum ZBZS-Verfahren kein real existentes Interferenzfeld nachweisbar. Es wird deshalb als „virtuelles Interferenzfeld“ bezeichnet. Damit ist ein Interferenzfeld gemeint, das aus der Sicht des Empfängers existiert, real objektiv aber nicht vorhanden ist.

2.5. Das Meßvolumen des Laser-Doppler-Anemometers

Das Meßvolumen läßt sich aus der Amplitude des vom Empfänger abgegebenen Wechselstromes definieren. Dabei ist es gleichgültig, ob im Raum ein durch den Schnittpunkt der Strahlen fixiertes Volumen existiert oder nicht und ob ein Interferenzfeld objektiv real oder nur virtuell existiert. Das Meßvolumen wird aus dem Abfall der Amplitude des Wechselsignales auf e^{-2} des möglichen Maximalwertes definiert. Dazu können die Gl. (2.3.4) und Gl. (2.4.6) herangezogen werden. Nach Normierung geht aus Gl. (2.3.4) für den Bereich des e^{-2}-Abfalles

$$\left(\frac{x \cos \Theta/2}{r_0}\right)^2 + \left(\frac{y}{r_0}\right)^2 + \left(\frac{z \sin \Theta/2}{r_0}\right)^2 = K_0 \qquad 0 \leqq K_0 \leqq 1 \tag{2.5.1}$$

die Gleichung eines Ellipsoides hervor.

Durch Vergleich mit der Normalform ergibt sich für die Ausdehnung des Meßvolumens für Begrenzung durch den e^{-2}-Abfall der Wechselamplitude ($K_0 = 1$)

$$a = \frac{d}{2 \cos \Theta/2}, \qquad b = \frac{d}{2}, \qquad c = \frac{d}{2 \sin \Theta/2} \tag{2.5.2}$$

und damit das Volumen nach Abb. 2.5.1.

$$V = \frac{4}{3}\, \pi abc = \frac{\pi}{3}\, \frac{d^3}{\sin \Theta}. \tag{2.5.3}$$

d ist die Ausdehnung der Lasertaille im Meßbereich (Gl. (1.3.15)). Die Anzahl der Interferenzstreifen im Meßvolumen ergibt sich aus der Ausdehnung $2a$ und dem Interferenzlinienabstand nach Gl. (2.3.6) zu

$$N = \frac{2a}{\Delta x} = \frac{2d}{\lambda_0} \tan \Theta/2 = \frac{4}{\pi}\, \frac{\Delta s}{D}. \tag{2.5.4}$$

Dabei sind Δs der Strahlabstand und D der Taillendurchmesser der Strahlen vor der Sendelinse. Die Anzahl der Interferenzflächen im Meßvolumen ist damit unabhängig von der Brennweite der Sendelinse.

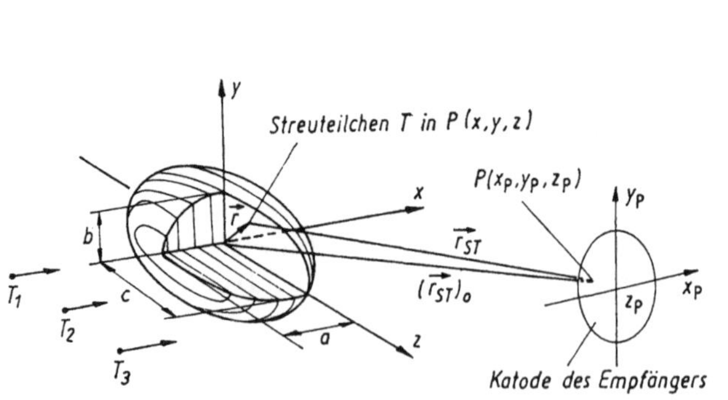

Abb. 2.5.1. Meßvolumen beim Laser-Doppler-Anemometer

Das Meßvolumen kann durch Verändern des Strahlabstandes vor der Sendelinse (Variation des Schnittwinkels) oder/und durch Strahlaufweitung vor der Sendelinse beeinflußt werden. Kommerzielle Geräte arbeiten mit Schnittwinkeln von $1° \leqq \Theta \leqq 20°$ und mit Aufweitungsfaktoren bis zu 1 : 4. Besonders bei großen Brennweiten (kleiner Schnittwinkel Θ) können durch Strahlaufweitung noch relativ kleine Meßvolumina erreicht werden. Die Ausdehnung des Meßvolumens in z-Richtung läßt sich experimentell bestimmen, indem eine planparallele, mit konstanter Drehzahl rotierende Glasscheibe mit einer Mikrometerschraube definiert durch das Meßvolumen geführt und mit einem Spektralanalysator schmalbandig der Signal-Rausch-Abstand als Funktion des Ortes bestimmt wird. Die Ausdehnung des Meßvolumens ergibt sich dann aus dem Abstand der Punkte mit einem Abfall des Signal-Rausch-Abstandes um 17,4 dB.

2.6. Die Signalstruktur im Zeitbereich

Aus der Sicht des Empfängers existiert bei jedem Verfahren (RS- oder ZBZS-Verfahren), gleichgültig ob ein Interferenzfeld real oder nur virtuell existiert, ein Meßvolumen der beschriebenen Art. Wegen der dominierenden Bedeutung des ZBZS-Verfahrens für die praktische Meßtechnik wird in den weiteren Ausführungen ausschließlich auf dieses Verfahren Bezug genommen; alle anderen Verfahren führen im Prinzip zu gleichen Ergebnissen.

Das Zeitsignal ist nach Gl. (1.7.9) proportional dem Flächenintegral über die ortsabhängige Intensität der einfallenden Strahlung. Das Signal eines einzelnen Streuteilchens, im weiteren mit Burst (engl. Stoß) oder, als hochpaßgefiltertes Signal, mit Doppler-Burst bezeichnet, setzt sich unter Vernachlässigung des Rauschens entsprechend Gl. (2.3.10) aus zwei Anteilen, einem Gleich- und einem Wechselstromimpuls, zusammen.

Mit Gl. (2.1.8) kann das Zeitsignal genau eines Teilchens am Ausgang des Fotoempfängers durch

$$i(t - t_{\mathrm{P}}) = I_0(t - t_{\mathrm{P}}) \{1 - m_{\mathrm{A}}(t - t_{\mathrm{P}}) \cos [\omega_{\mathrm{D}}(t - t_{\mathrm{P}}) + \varphi_{\mathrm{A}}(t - t_{\mathrm{P}})]\} \qquad (2.6.1)$$

beschrieben werden. $I_0(t - t_{\mathrm{P}})$ ist dabei der Maximalwert des Gleichstromes; $m_{\mathrm{A}}(t - t_{\mathrm{P}})$ der im Maximum des Signales auftretende flächenintegrale Modulationsgrad und $\varphi_{\mathrm{A}}(t - t_{\mathrm{P}})$ die zum Zeitpunkt t_{P} vorhandene flächenintegrale Phasenlage. Die noch näher zu beschreibenden flächenintegralen Größen m_{A} und φ_{A} gehen aus Gl. (2.1.4), Gl. (2.1.8) und Gl. (2.1.9) hervor. Informationsträger für die Geschwindigkeit ist die Kreisfrequenz ω_{D}, die über den Interferenzflächenabstand (Gerätekonstante) mit der Geschwindigkeit v_x nach Gl. (2.3.8) verknüpft ist.

Sowohl der Gleichanteil des Signales als auch die maximale Amplitude des Wechselanteiles und die Anzahl der Perioden sind von der konkreten Bahn des Streuteilchens durch das Meßvolumen abhängig. Die ellipsoide Form des Meßvolumens bewirkt eine richtungsabhängige Bewertung der Strömung, die sich bei Gleichverteilung der Teilchen mit einer Teilchendichte n im Fluid und gleicher Geschwindigkeit $|\boldsymbol{v}|$ in einer richtungsabhängigen Anzahl der Bursts pro Zeiteinheit äußert. Abb. 2.6.1. zeigt schematisch die für $\boldsymbol{v} = \boldsymbol{v}_x$ in Abhängigkeit von der Bahn durch das Meßvolumen zu erwartenden Signale.

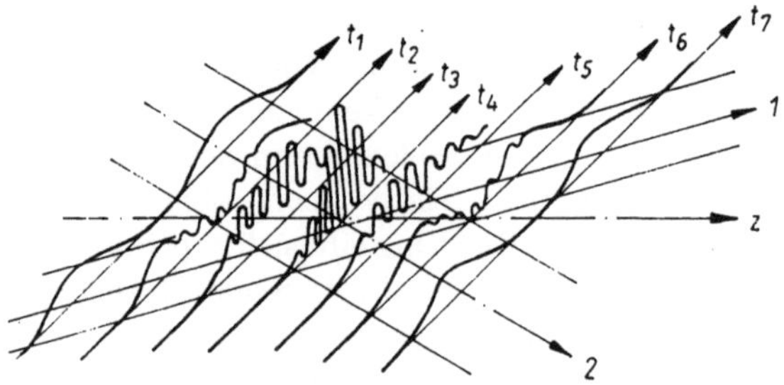

Abb. 2.6.1. Signalbildung in Abhängigkeit von der Teilchenbahn

Mit einer Glasfaser als Streuteilchen wurden die in Abb. 2.6.2. dargestellten typischen Signalverläufe erzeugt; Abb. 2.6.2a zeigt die Spur der Faser durch das Interferenzfeld, die Verteilung der Interferenzflächen ist deutlich zu erkennen. In Abb. 2.6.2 b, c, d sind Signale dargestellt, die den in Abb. 2.6.1. dargestellten Teilchenbahnen t_4, t_3 und t_1 entsprechen: ein Signal für eine Bahn durch das Zentrum des Meßvolumens, ein typisches Signal für eine Bahn durch das Meßvolumen außerhalb des Zentrums und eine Bahn außerhalb des Meßvolumens. Der Gleichanteil des Signales besteht in diesem Fall aus zwei Glockenimpulsen, die um

$$\Delta t = 2 \frac{z_0}{v_x} \tan \frac{\Theta}{2} \tag{2.6.2}$$

zeitlich gegeneinander verschoben sind. Die Amplitude des Wechselsignales wird ausschließlich von den Durchtrittspunkten (y_0, z_0) des Teilchens durch die yz-Ebene (Gl. (2.3.10), $t = 0$, $x_0 = 0$) bestimmt. Die Aufenthaltszeit des Teilchens im Bereich des definierten Meßvolumens beträgt

$$\tau = \frac{a}{v_x} \left(1 - \left(\frac{y_0}{b}\right)^2 - \left(\frac{z_0}{c}\right)^2\right)^{1/2}. \tag{2.6.3}$$

Das Signal enthält in Abhängigkeit von der Bahn

$$N = \tau \cdot f_D = N_{\max} \left(1 - \left(\frac{y_0}{b}\right)^2 - \left(\frac{z_0}{c}\right)^2\right)^{1/2} \tag{2.6.4}$$

Doppler-Perioden mit $N_{\max}$ nach Gl. (2.5.4).

Zur Signalauswertung wird das hochpaßgefilterte Ausgangssignal des Wandlers, das für den Einzelburst (wiederum ohne Rauschanteil) die Form

$$i(t - t_P) = I_{mP} \, e^{-\frac{2(t-t_P)^2}{\sigma_t^2}} \cos\left[\omega_{DP}(t - t_P) + \varphi_{AP}\right] \tag{2.6.5}$$

hat, verwendet. Dabei entspricht σ_t der halben Burstdauer im Bereich des e^{-2}-Abfalles der Amplitude, d. h. der halben Aufenthaltsdauer nach Gl. (2.6.2); t_P ist wiederum dem Maximum des Doppler-Burst zugeordnet.

Für die weiteren Untersuchungen wird die Anzahl der Parameter zunächst eingeschränkt. Es wird vorausgesetzt, daß die Streuteilchen kugelförmig sind, gleiche Abmessungen haben und gleiche Streueigenschaften aufweisen. Darüber hinaus wird vorausgesetzt, daß sie im Fluid gleichverteilt sind, eine Eigenschaft, die immer dann zutrifft,

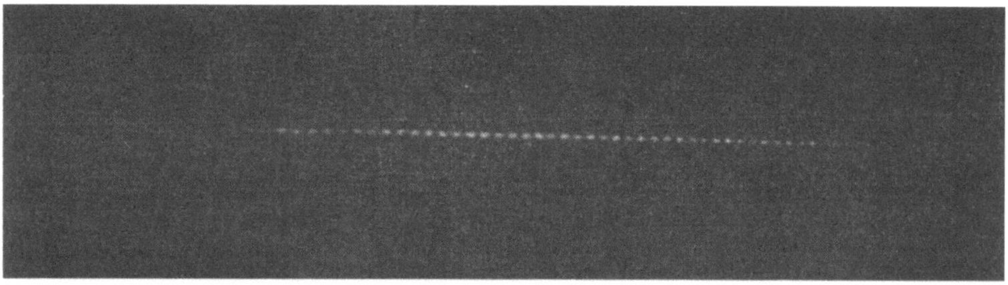

Abb. 2.6.2. Einzelsignale aufgenommen mit einer Glasfaser als Streuteilchen
a) Reflexe der Glasfaser im Interferenzfeld

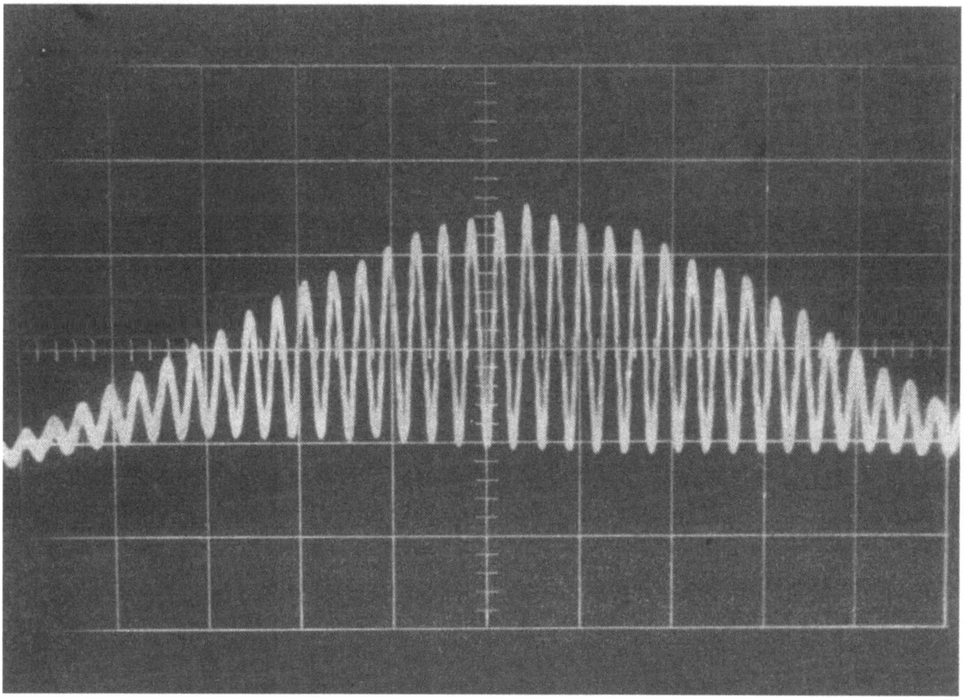

Abb. 2.6.2
b) Signal eines Zentralteilchens

wenn mit natürlichen Streuteilchen gearbeitet wird bzw. dem Fluid nicht in unmittelbarer Nähe des Meßvolumens Streuteilchen zugesetzt werden.

Für die Geschwindigkeit wird weiterhin $v \approx \boldsymbol{v}_x$ vorausgesetzt; es werden Schwankungen im Betrag und in der Richtung zugelassen, die sich zwar in ω_{D} äußern aber keinen Einfluß auf σ_t haben. Die Anlage soll so dimensioniert sein, daß der Empfänger dann und nur dann ein Teilchen detektiert, wenn es das in Abschnitt 2.5 definierte Meß-

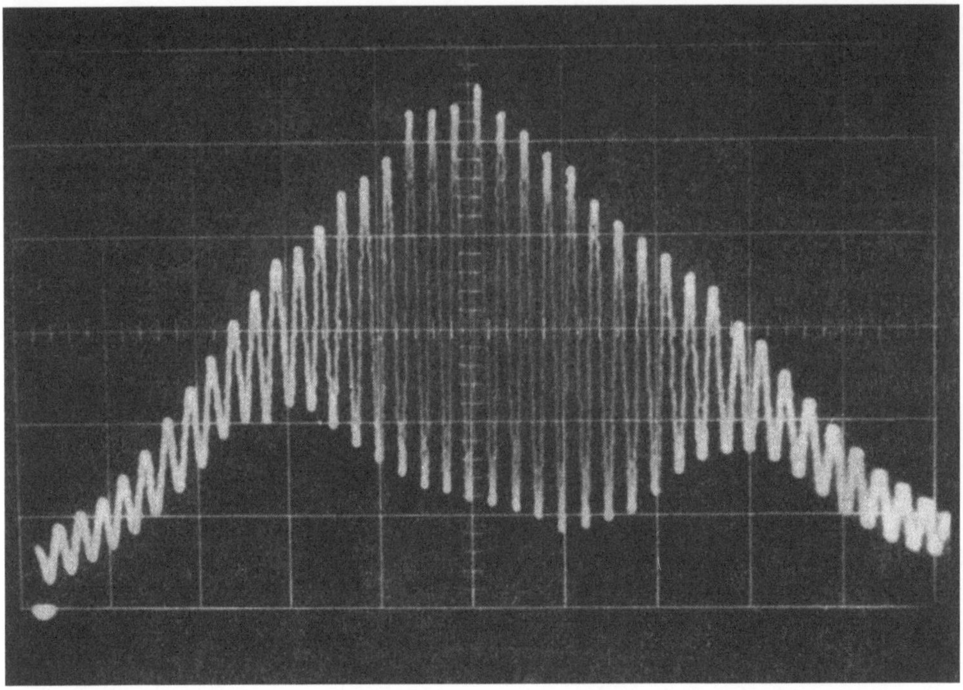

Abb. 2.6.2
c) Signal eines Teilchens mit einer Bahn durch des Meßvolumen außerhalb des Zentrums

volumen passiert. Unter diesen Bedingungen ist σ_t die halbe Laufzeit des Teilchens durch das Meßvolumen. Das nach der Hochpaßfilterung zur Signalauswertung zur Verfügung stehende Signal aller das Meßvolumen passierenden Streuteilchen ergibt sich aus

$$i(t) = \sum_{P=-\infty}^{+\infty} I_{mP} \cdot e^{-\frac{2(t-t_P)^2}{\sigma_t^2}} \cos\left[\omega_{DP}(t - t_P) + \varphi_{AP}\right]. \qquad (2.6.6)$$

In Gl. (2.6.6) sind die Zeitpunkte t_P (beeinflußt durch die Dichte der Teilchen im und die Wechselwirkung der Teilchen mit dem Fluid), die Amplituden I_{mP} (beeinflußt durch die ellipsoide Form des Meßvolumens), die Frequenz ω_{DP} (hervorgerufen durch die Schwankungen in der Geschwindigkeit) und φ_{AP} statistisch verteilt.

Die weiteren Untersuchungen beziehen sich darauf, die einzuhaltenden Bedingungen herauszuarbeiten, bei deren Einhaltung aus dem gegebenen Signalzug die zur Beschreibung der Strömung erforderlichen Informationen gewonnen werden können.

Aus der mittleren Dichte $\bar{n}$ der im Fluid gleichverteilten Streuteilchen kann die im Mittel an der Signalbildung beteiligte Anzahl der Streuteilchen $\bar{N}$ bestimmt werden,

$$\bar{N} = \frac{4}{3} \pi \bar{n} abc. \qquad (2.6.7)$$

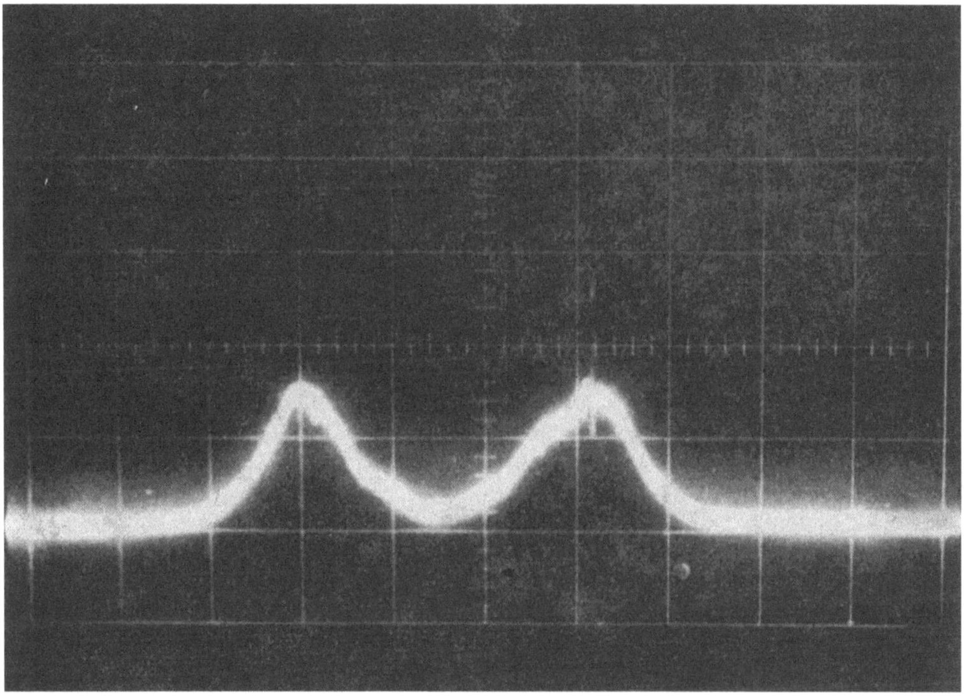

Abb. 2.6.2
d) Signal eines Teilchens mit einer Bahn außerhalb des Meßvolumens

Mit der mittleren Geschwindigkeit $\bar{v}_x$ und der senkrecht durchströmten Fläche des Meßvolumens erhält man die Signalrate als die Anzahl der Burst pro Zeiteinheit [T 1],

$$\bar{S} = \pi \bar{n} \bar{v}_x bc . \tag{2.6.8}$$

Der reziproke Wert der mittleren Signalrate entspricht dem mittleren Zeitabstand zwischen zwei Burst.

Bedingt durch die Wechselwirkung der Teilchen mit dem Fluid sind die Anzahl der an der Signalbildung momentan beteiligten Teilchen N und damit die Signalrate Poissonverteilt. Die Wahrscheinlichkeit $p(N)$, mit der bei einem Erwartungswert $\bar{N}$ im Meßvolumen N Teilchen gleichzeitig auftreten, ergibt sich nach

$$p(N) = \frac{\bar{N}^N}{N!} e^{-\bar{N}} . \tag{2.6.9}$$

Diese Verteilungsfunktion weist u. a. die Eigenschaft auf, daß für $\bar{N} < 1$ das Maximum von $p(N)$ bei $N = 0$ liegt.

In Abschnitt 2.2. wurde bereits darauf hingewiesen, daß Signalüberlappungen Einbußen in der Signalqualität zur Folge haben können. Daraus ergibt sich für die praktische Meßtechnik die Frage nach der Teilchendichte, die im Fluid unter diesen

Bedingungen vorliegen darf. Unter der Voraussetzung, daß Signalüberlappungen mit einer Wahrscheinlichkeit von nur $p(N > 1) < 0{,}5\%$ auftreten dürfen, eine in der LDA-Meßtechnik durchaus gebräuchliche Forderung, ergibt sich $\overline{N} = 0{,}1$ ($\overline{N} = 0{,}1$; $N = 1$, $p(1) = 0{,}09$, $p(N > 1) = 0{,}0047$). Die zulässige Teilchendichte $\bar{n}$ läßt sich bei gegebener Optik dann aus Gl. (2.6.7) berechnen. Für $\overline{N} > 0{,}1$ sind Signalüberlappungen nicht zu vernachlässigen.

Im Prinzip lassen sich in Abhängigkeit von $\overline{N}$ drei Arbeitsbereiche unterscheiden:

1. $\overline{N} < 0{,}1$: Mit einer Wahrscheinlichkeit von 99,5% stammt das Signal von einem Einzelteilchen.

2. $\overline{N} \geqq 0{,}1$: Die Überlappung von mehreren Einzelsignalen ist nicht mehr vernachlässigbar. Bedingt durch die Gaußförmige Hüllkurve für die Amplitude der cos-Schwingung gewinnt die Phasenlage der Streuteilchen im Interferenzfeld an Bedeutung. Ungünstige Phasenlage der Signale kann dazu führen, daß trotz Anwesenheit mehrerer Teilchen im Meßvolumen kein auswertbares Signal entsteht.

3. $\overline{N} > 10$: Die an der Signalbildung beteiligte Teilchenzahl ist so groß, daß ein quasikontinuierliches Signal ausreichender Amplitude entsteht. Die Signalbeschreibung ist mit statistischen Methoden möglich. Sie läßt sich auf die Addition zweier Schwingungen mit identisch Gaußverteilten Amplituden $F(t)$ und $G(t)$ zurückführen [G 1, D 6],

$$i(t) = F(t) \cos \omega_D t + G(t) \sin \omega_D t = [F^2(t) + G^2(t)]^{1/2} \cos (\omega_D t + \varphi),$$

$$\varphi = \arc \tan \frac{G(t)}{F(t)}. \qquad (2.6.10)$$

Die momentane Frequenz ist damit ein volumengemittelter Wert, der zusätzlich vom Phasenrauschen abhängig ist,

$$f_D = \frac{1}{2\pi} (\omega_D - \dot{\varphi}). \qquad (2.6.11)$$

Wegen der mit hohen Teilchenzahlen verbundenen zusätzlichen Probleme in der Informationsverarbeitung wird bei der Projektierung von LDA-Meßplätzen auf Einzelteilchenbetrieb orientiert.

In diesem Fall gewinnt die von der Zeit und der Strömungsrichtung abhängige Signalrate an Bedeutung. Sie ist die Grundlage für die Rekonstruktion des Momentanwertezeitverlaufes der Geschwindigkeit und die Bestimmung der statistischen Momente Mittelwert und Varianz der Geschwindigkeit.

Im weiteren werden beliebige Strömungsrichtungen zugelassen. Zur Beschreibung der Datenrate muß die Richtungsabhängigkeit der von der Strömung senkrecht durchströmten Fläche des Meßvolumens näher untersucht werden. Dabei ist es zweckmäßig, sowohl zur Darstellung der Teilchenbahn als auch der zu ihr senkrechten Projektionsfläche des Meßellipsoides Kugelkoordinaten zu verwenden. Nach [20] ergeben sich

(Abb. 2.6.3.)

$$\varphi = \text{arc tan} \frac{v_y}{v_x}, \qquad \vartheta = \text{arc tan} \frac{(v_x^2 + v_y^2)^{1/2}}{v_z}. \tag{2.6.12}$$

Die geometrische Analyse des Meßvolumens ist in Anhang III enthalten [B 3, F 3]. Durch Berechnung der das Meßvolumen tangierenden Teilchenbahnen lassen sich die Halbachsen der ebenfalls elliptischen Fläche $A_\perp(\varphi, \vartheta)$ und damit $A_\perp(\varphi, \vartheta)$ selbst berechnen,

$$A_\perp(\varphi, \vartheta) = \pi abc(A)^{1/2},$$

$$A = \frac{1}{a^2} \cos^2 \varphi \sin^2 \vartheta + \frac{1}{b^2} \sin^2 \varphi \sin^2 \vartheta + \frac{1}{c^2} \cos^2 \vartheta, \tag{2.6.13}$$

$$A = \frac{1}{|\boldsymbol{v}|^2} \left(\frac{v_x^2}{a^2} + \frac{v_y^2}{b^2} + \frac{v_z^2}{c^2} \right).$$

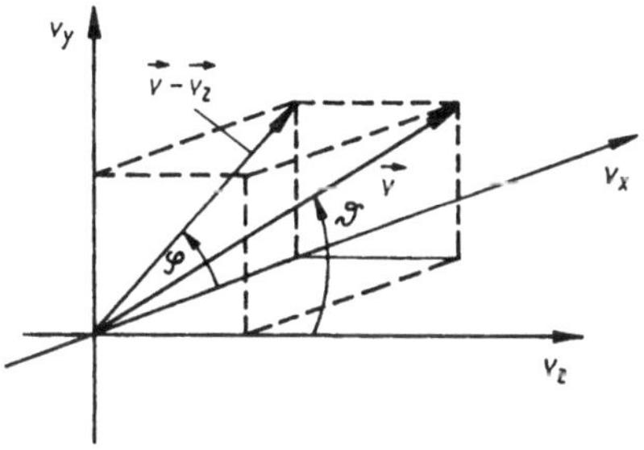

Abb. 2.6.3. Richtungskoordinaten des Geschwindigkeitsvektors

Die auf die Fläche $A_{\perp x} = \pi bc$ normierte Projektionsfläche beträgt

$$\frac{A_\perp(\varphi, \vartheta)}{A_{\perp x}} = a\sqrt{A} = K_1. \tag{2.6.14}$$

Damit hat die richtungsabhängige Signalrate den Wert

$$S(t) = \bar{n}\ |\boldsymbol{v}(t)|\ \pi abc \sqrt{A} = S_x(t) \cdot a\sqrt{A} = S_x(t) \cdot K_1. \tag{2.6.15}$$

Die Abhängigkeit des Bewertungsfaktors K_1 von φ und ϑ ist in Abb. 2.6.4. und Abb. 2.6.5. dargestellt. Bei schwacher φ-Abhängigkeit ist der Einfluß von ϑ auf K_1 nicht zu vernachlässigen. Durch die spezifische Form des Meßvolumens werden die Strömungsvektoren mit z-Komponente in der Signalrate deutlich unterbewertet. Daraus ergibt sich die Notwendigkeit, für praktische Messungen, insbesondere bei kleinen Schnittwinkeln Θ, das Meßvolumen stets so zu orientieren, daß die Hauptströmungsrichtung senkrecht zu den Interferenzflächen des Meßvolumens orientiert ist.

Im weiteren wird anstelle der durch Gl. (2.6.15) gegebenen Rate der detektierten Signale die Rate der ausgewerteten Signale untersucht. Dabei muß berücksichtigt werden, daß Signalauswerteeinheiten das Signal a) als solches erkennen und b) unter Einhaltung einer Mindestgenauigkeit für den Momentanwert auswerten müssen.

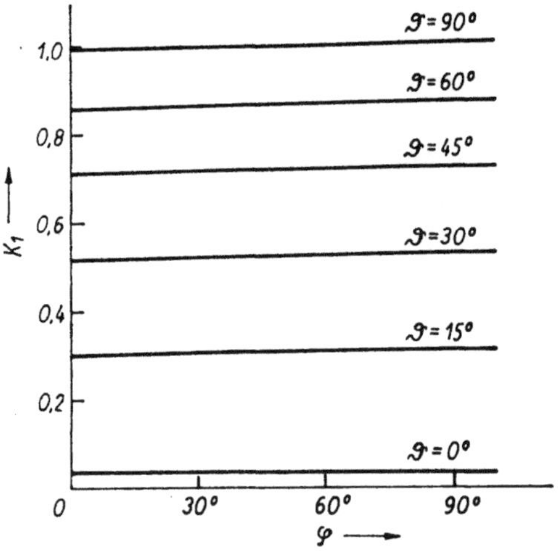

Abb. 2.6.4. Abhängigkeit des Bewertungsfaktors K_1 vom Winkel φ (Parameter ϑ, $\Theta/2 = 10°$)

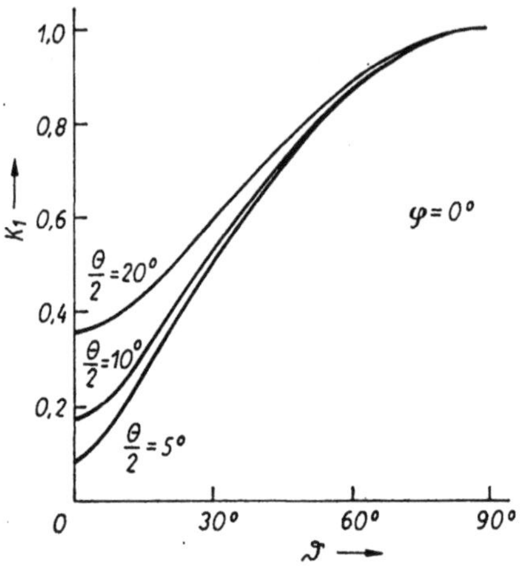

Abb. 2.6.5. Abhängigkeit des Bewertungsfaktors K_1 vom Winkel ϑ (Parameter Θ, $\varphi = 0°$)

Die Signalerkennung erfordert eine Mindestsignalqualität, die sich sowohl in der Signalamplitude, z. B. in einem Mindest-Signal-Rausch-Abstand, als auch im Nachweis der Periodizität ausdrückt. Beide Bedingungen müssen gleichzeitig erfüllt sein. Zur Erkennung der Mindestamplitude werden Amplitudenschwellen gesetzt, bei deren Überschreiten das Signal als auswertbar erkannt wird [F 3].

Genauigkeitsanforderungen an den gemessenen Momentanwert der Geschwindigkeit führen dazu, daß die geforderte Mindestsignaldauer weit über der für den Periodizitätstest notwendigen Zeit liegen kann. Sowohl die geforderte Mindestamplitude als auch die notwendige Mindestdauer des Signales schränken das Volumen ein, aus dem die ausgewerteten Signale stammen. Dieses Volumen wird im weiteren zur Abgrenzung gegenüber dem definierten Meßvolumen als Abtastvolumen bezeichnet. Das Problem besteht im weiteren nun darin, das Abtastvolumen und seine Signalrate zu bestimmen.

Im weiteren soll die Verteilung der Amplituden I_{mP} in Gl. (2.6.5) näher untersucht werden. Dabei werden zunächst wiederum gleiche Teilchendurchmesser, gleiche Streueigenschaften und Anströmung in x-Richtung vorausgesetzt.

Zur Signalrate s von Signalen gleicher Amplitude $I_m(s)$ leisten alle Bereiche der Durchtrittsfläche einen Beitrag, für die (Gl. (2.3.10))

$$\frac{y_0^2}{b^2} + \frac{z_0^2}{c^2} = r^2 \tag{2.6.16}$$

gilt. Für die Amplitudenverteilungsfunktion ergibt sich damit

$$F(r) = \frac{\mathrm{d}(s/S_{\max})}{\mathrm{d}r} = \left(-\ln \frac{I_m(s)}{I_{m\max}}\right)^{1/2}. \tag{2.6.17}$$

Die Amplitudenverteilungsfunktion ist in Abb. 2.6.6. dargestellt. Bereiche in der Umgebung des Zentrums, d. h. Bereiche mit guter Signalqualität, leisten einen geringen Beitrag zur Signalrate. Die äußeren Bereiche der elliptischen Durchtrittsfläche dagegen, die zu geringen Maximalamplituden führen, haben relativ hohen Anteil am Signalaufkommen.

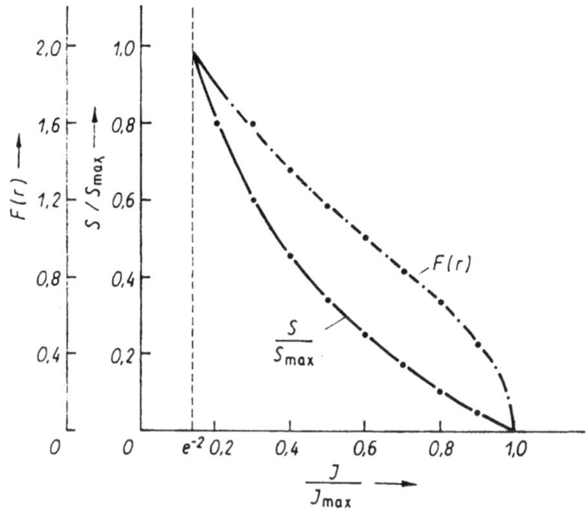

Abb. 2.6.6. Amplitudenverteilungsfunktion $F(r)$ und normierte Signalrate $S/S_{\max}$ als Funktion der normierten Schwelle $I/I_{\max}$

Bei Eingrenzung der wirksamen Fläche durch eine Amplitudenschwelle I_s beträgt die absolute Signalrate S (Abb. 2.6.6.)

$$S = S_{\max} \int_0^r F(r)\,\mathrm{d}r = \frac{1}{2}\,\pi bc\,|\boldsymbol{v}|\,\ln\frac{I_{m\max}}{I_S}. \tag{2.6.18}$$

Die wirksame Fläche des definierten Meßvolumens und die des, durch die Amplitudenschwelle begrenzten, Abtastvolumens stehen demnach in einem Verhältnis

$$\frac{A_\perp(r)}{A_{\perp x}} = \frac{1}{2}\ln\frac{I_{m\max}}{I_S} = K_0. \tag{2.6.19}$$

Das Abtastvolumen kann damit je nach Lage der Schwelle kleiner oder größer als das definierte Meßvolumen sein. Durch Multiplikation von Gl. (2.6.18) mit dem Bewertungsfaktor K_1 ergibt sich die Signalrate für beliebige Strömungsrichtungen.

Bei Nutzung natürlicher Streuteilchen liegt in der Regel ein Teilchenkollektiv mit statistisch verteilten Durchmessern vor. Nach Gl. (1.6.5), Gl. (1.7.9) und Gl. (1.7.10) ist der Maximalwert mit der integralen Streufunktion $G(q)$ und dem flächenintegralen Modulationsgrad $m_A(q)$ verknüpft und damit eine Funktion des Mie-Parameters q [F 4]

$$I_{m\max}(q) = C m_A(q) \cdot G(q). \tag{2.6.20}$$

In C sind dabei alle Konstanten des Streu- und Wandlungsprozesses zusammengefaßt. In diesem Fall geht Gl. (2.6.18) in

$$S = \int_{q_{\min}}^{\infty} \int_{0}^{r} S_{\max}(q)\, F(r)\, \mathrm{d}r\, \mathrm{d}q = \frac{1}{2}\, \pi bc\, |\boldsymbol{v}| \int_{q_{\min}}^{\infty} \frac{\mathrm{d}n(q)}{\mathrm{d}(q)} \ln \frac{Cm_{\mathrm{A}}(q)\, G(q)}{I_{\mathrm{S}}}\, \mathrm{d}q \quad (2.6.21)$$

über; $q_{\min}$ ist durch die Schwelle I_{S} festgelegt

$$I_{\mathrm{S}} = Cm_{\mathrm{A}}(q_{\min}) \cdot G(q_{\min})\,. \quad (2.6.22)$$

Gl. (2.6.21) kann in Verbindung mit Gl. (2.6.22) als Grundlage zur Ausmessung von Teilchenverteilungen verwendet werden. Für LDA-Meßplätze ist von Bedeutung, daß bei Meßplätzen, die natürliche Streuteilchen verwenden, durch die Lage der Schwelle die an der Messung beteiligte Teilchendichte reguliert werden kann.

Während durch Festlegung der Schwelle I_{S} das Abtastvolumen größer als das definierte Meßvolumen gewählt werden kann, wird durch die Forderung einer Mindestmeßzeit das Meßvolumen in jedem Fall reduziert. Für Anströmung in x-Richtung reduziert sich bei N geforderten Mindestperioden die Fläche auf eine Durchtrittsfläche, die durch die Gleichung (Gl. (2.6.4))

$$\frac{y_0^2}{b^2} + \frac{z_0^2}{c^2} = 1 - \left(\frac{N}{N_{\max}}\right)^2 = 1 - Q^2 \quad (2.6.23)$$

beschrieben wird. $N_{\max}$ ist dabei die maximale Periodenzahl im ruhenden Interferenzfeld nach Gl. (2.5.4).

Die wirksame Durchtrittsfläche geht damit auf

$$A_{\perp x}(N) = \pi bc(1 - Q^2) = A_{\perp x}(1 - Q^2) \quad (2.6.24)$$

zurück. Für beliebige Anströmungsrichtung beträgt die maximale Bahnlänge innerhalb des Meßellipsoides (Anhang III)

$$d(\vartheta, \varphi) = a'(\vartheta, \varphi) = \frac{2}{\sqrt{A}} \quad (2.6.25)$$

und damit die maximale Periodenzahl

$$N_{\max}(\vartheta, \varphi) = \frac{2f_{\mathrm{D}}}{|\boldsymbol{v}|\sqrt{A}}\,, \quad (2.6.26)$$

so daß

$$K_2(\vartheta, \varphi) = 1 - \frac{|\boldsymbol{v}|\, A}{4f_{\mathrm{D}}^2} N^2 = 1 - Q^2 \frac{a^2 A}{\cos\varphi \sin\vartheta} \quad (2.6.27)$$

gilt; Q hat dabei die gleiche Bedeutung wie in Gl. (2.6.24). In Abb. 2.6.7. ist die Abhängigkeit von $K_2(\vartheta, \varphi)$ vom Anströmwinkel φ dargestellt; in Abb. 2.6.8. ist der Einfluß von ϑ mit einbezogen. Insgesamt ist zu erkennen, daß die Forderung nach einer Mindestperiodenzahl N dazu führt, daß Anströmungen unterhalb eines Grenzwinkels φ_0 nicht

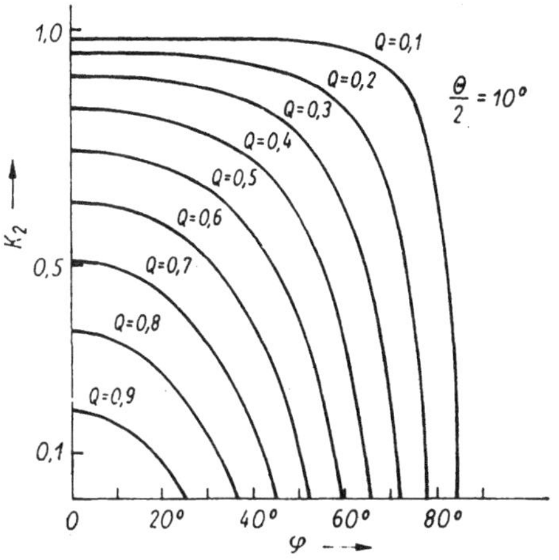

Abb. 2.6.7. Abhängigkeit des Bewertungsfaktors K_2 vom Winkel (Parameter: normierte Periodenzahl Q, $\Theta/2 = 10°$, $\vartheta = 0°$)

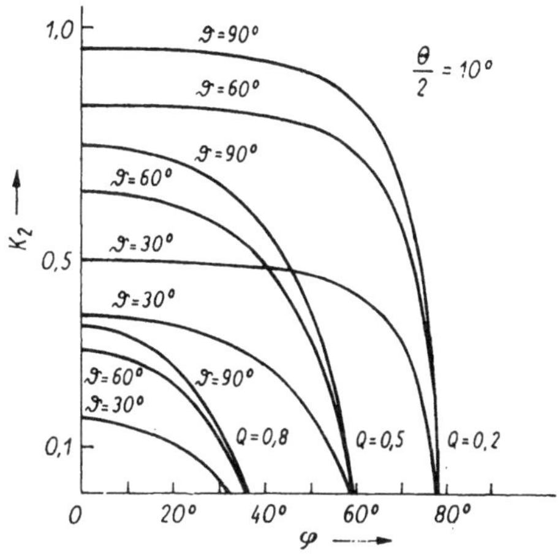

Abb. 2.6.8. Abhängigkeit des Bewertungsfaktors K_2 von den Winkeln φ (Parameter: normierte Periodenzahl Q und ϑ)

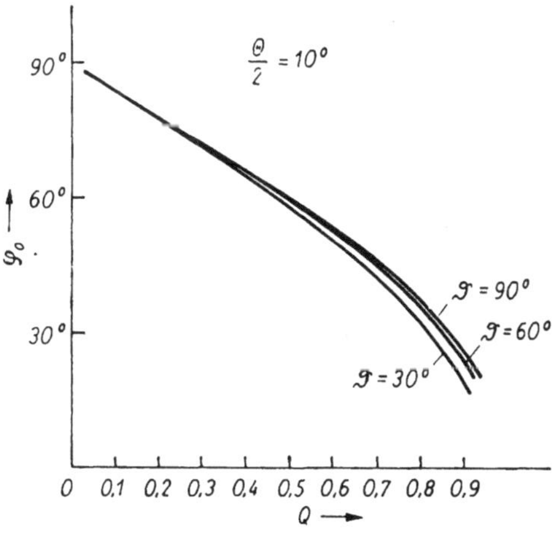

Abb. 2.6.9. Grenzwinkel φ_0 als Funktion der normierten Periodenzahl Q

mehr aufgelöst werden können (Abb. 2.6.9.). Das bedeutet: höhere Genauigkeit des Momentanwertes verschiebt die Auflösungsgrenze für φ_0 zu höheren Werten. Für Auswerteelektroniken mit hinreichender Grenzfrequenz, die zur Einhaltung der Mindestgenauigkeit nicht eine Mindestsignaldauer, sondern eine Mindestperiodenzahl verlangen, kann durch Verwendung einer Shiftfrequenz die maximale Periodenzahl heraufgesetzt werden

$$N_{\max}(\vartheta, \varphi, f_s) = \frac{N_{\max}}{a\sqrt{A}\,\cos\varphi\,\sin\vartheta}\left|\left(\frac{f_s}{f_D} \pm 1\right)\right|. \qquad (2.6.28)$$

Damit folgt für $K_2(\vartheta, \varphi, f_s)$

$$K_2(\vartheta, \varphi, f_s) = 1 - \frac{N^2 a^2 A \cos^2 \varphi \sin^2 \vartheta}{N_{\max}^2 \left(1 \pm \frac{f_s}{f_D}\right)^2}$$

$$= 1 - Q^2 \frac{a^2 A \left(\frac{2|\boldsymbol{v}| \sin \Theta/2}{\lambda_0 f_s}\right)^2}{\left(1 \pm \frac{2|\boldsymbol{v}| \sin \Theta/2 \cos \varphi \sin \vartheta}{\lambda_0 f_s}\right)^2}. \tag{2.6.29}$$

In Abb. 2.6.10. ist der Einfluß von K_2 auf die Signalrate für Anströmung in x-Richtung aufgetragen. Die normierte maximale Periodenzahl (Gl. (2.6.28)) für diesen Fall enthält Abb. 2.6.11. Die Verläufe resultieren aus der relativen Bewegung der Streuteilchen

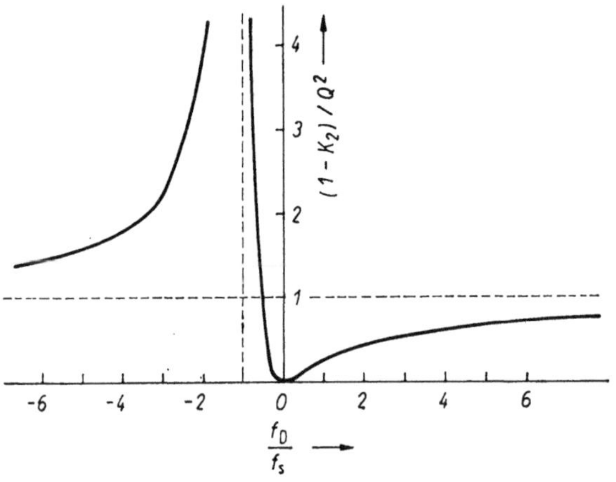

Abb. 2.6.10. Normierter K_2-Fehler als Funktion der normierten Doppler-Frequenz

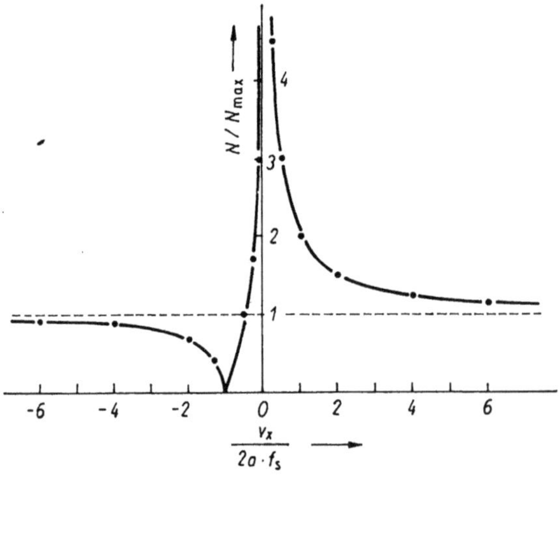

Abb. 2.6.11. Normierte Periodenzahl als Funktion von v_x/f_s

zum bewegten Interferenzfeld. Bewegen sich die Streuteilchen entgegen dem bewegten Interferenzfeld ($f_D' = f_D + f_s$), dann wird bei niedrigen Geschwindigkeiten die Anzahl der in einem Burst enthaltenen Perioden durch die Shiftfrequenz festgelegt. Ein ruhendes Teilchen ruft ein Dauersignal mit f_s hervor. Diese Tatsache kann zur Testung und Überprüfung von LDA-Meßplätzen verwendet werden [H 2]. Darüber hinaus bietet sich die Möglichkeit, aus dem Signal eines ruhenden Teilchens mit bekanntem Durchmesser die integrale Streufunktion G und den Modulationsgrad m_A zu bestimmen.

Mit zunehmender Geschwindigkeit sinkt die maximale Periodenzahl. Bei hohen Geschwindigkeiten wird die Shiftfrequenz unwirksam; die Periodenzahl wird durch die statische Periodenzahl N_{max} begrenzt. Damit hat der Faktor K_2 wieder vollen Einfluß auf die Signalrate.

Bewegen sich die Streuteilchen in Richtung des laufenden Interferenzfeldes, dann nimmt die Periodenzahl ebenfalls ab; bei gleicher Geschwindigkeit von Teilchen und Interferenzfeld ergibt sich kein Doppler-Signal. Mit weiterhin zunehmender Geschwindigkeit überholen die Teilchen das Interferenzfeld; bei sehr hohen Geschwindigkeiten wird die Periodenzahl wiederum durch die statische Periodenzahl N_{max} begrenzt.

In Abb. 2.6.10. ist der Fehler in der Signalrate $(1 - K_2)$ bei dynamischem Betrieb, normiert auf den Fehler bei statischem Betrieb (Gl. (2.6.24)), aufgetragen. Der maximale Fehler kann demnach Q^2 betragen, d. h., z. B. bei $Q = 0{,}4$ beträgt der maximale Fehler in der Signalrate 16%. Um eine Bewertung der Signalrate durch K_2 weitgehend zu unterdrücken, ist es zweckmäßig, die Shiftfrequenz möglichst hoch zu wählen, soweit die Grenzfrequenz der Auswerteelektronik dies erlaubt.

Mit allen Einflußfaktoren auf die Signalrate der ausgewerteten Signale ergibt sich für Teilchen mit gleichem Durchmesser und gleichen Streueigenschaften

$$S(\vartheta, \varphi, N) = \bar{n}\pi bc\,|\mathrm{v}| \cdot K_0 \cdot K_1 K_2 \tag{2.6.29}$$

mit K_0 nach Gl. (2.6.19), K_1 nach Gl. (2.6.14) und K_2 nach Gl. (2.6.27). Damit sind die Abmessungen des Abtastvolumens, aus dem die ausgewerteten Signale stammen, angebbar:

$$b'(\vartheta, \varphi, N) = b \cdot (K_0 K_1 K_2)^{1/2}. \tag{2.6.30}$$

$a'(\vartheta, \varphi, N)$ und $c'(\vartheta, \varphi, N)$ folgen aus Gl. (2.5.2), das Volumen ergibt sich analog Gl. (2.5.3).

Nachdem die Amplitudenverteilung und die Signalrate untersucht wurden, soll abschließend der Modulationsgrad näher analysiert werden. Der momentane Modulationsgrad m_A ist sowohl eine Funktion der Bahn der Teilchen als auch des Ortes auf der Bahn. Aus Gl. (2.1.8) ergibt sich durch Integration über die Empfängerfläche die momentan vom Empfänger aufgenommene Leistung. Diese Integration läßt sich auf eine Integration über den Raumwinkel Ω zurückführen. Entsprechend Gl. (2.1.6) ergibt sich für den flächenintegralen Wechselanteil für einen Empfänger, dessen optische Achse durch ϑ_0, φ_0 festgelegt ist,

$$D(\vartheta_0, \varphi_0)_A = \left[\left(\int_\Omega D(\vartheta_{1,2}; \varphi_{1,2}) \cos \xi(\vartheta_{1,2}; \varphi_{1,2})\, d\Omega\right)^2 + \left(\int_\Omega D(\vartheta_{1,2}; \varphi_{1,2}) \sin \xi(\vartheta_{1,2}; \varphi_{1,2})\, d\Omega\right)^2\right]^{1/2} \tag{2.6.31}$$

mit $D(\vartheta_{1,2}; \varphi_{1,2})$ nach Gl. (2.1.6) und $\xi(\vartheta_{1,2}; \varphi_{1,2})$ nach Gl. (2.1.4). Die flächenintegrale Phase φ_A beträgt damit

$$\varphi(\vartheta_0, \varphi_0)_A = \arctan \frac{\int\limits_\Omega D(\vartheta_{1,2}; \varphi_{1,2}) \sin \xi(\vartheta_{1,2}; \varphi_{1,2})\, d\Omega}{\int\limits_\Omega D(\vartheta_{1,2}; \varphi_{1,2}) \cos \xi(\vartheta_{1,2}; \varphi_{1,2})\, d\Omega}. \tag{2.6.32}$$

Der flächenintegrale Gleichanteil ist proportional der Summe aus

$$\big(F_{11}(\vartheta_0, \varphi_0)\big)_A{}^2 = \int\limits_\Omega F_{11}^2(\vartheta_1, \varphi_1)\, d\Omega$$

und

$$\big(F_{21}(\vartheta_0, \varphi_0)\big)_A{}^2 = \int\limits_\Omega F_{21}^2(\vartheta_2, \varphi_2)\, d\Omega. \tag{2.6.33}$$

Ausgehend von Gl. (2.1.5) läßt sich nun der momentane flächenintegrale Modulationsgrad entsprechend Gl. (2.1.9) nach [A 4]

$$m_A = \frac{2(I_1 I_2)^{1/2} D(\vartheta_0, \varphi_0)_A}{I_1\big(F_{11}(\vartheta_0, \varphi_0)\big)_A{}^2 + I_2\big(F_{21}(\vartheta_0, \varphi_0)\big)_A{}^2} = \frac{2(I_1 I_2)^{1/2} D_A}{I_1(F_{11})_A{}^2 + I_2(F_{21})_A{}^2} \tag{2.6.34}$$

berechnen; I_1 und I_2 sind die örtlichen Intensitäten der beiden Laserstrahlen. Durch Umformung kann m_A in zwei Faktoren zerlegt werden; m_{A0} ist unabhängig von der Bahn des Teilchens durch das Meßvolumen. Es ist der nur von den Streueigenschaften des Teilchens abhängige maximale integrale Modulationsgrad. In m_V ist der Einfluß der charakteristischen Form des Meßvolumens zusammengefaßt,

$$m_A = \frac{(I_2/I_1)^{1/2}\left(1 + \dfrac{(F_{21})_A{}^2}{(F_{11})_A{}^2}\right)}{\left(1 + \dfrac{I_2}{I_1} \cdot \dfrac{(F_{21})_A{}^2}{(F_{11})_A{}^2}\right)} \cdot \frac{2D_A}{\big((F_{11})_A{}^2 + (F_{21})_A{}^2\big)} = m_V \cdot m_{A0}. \tag{2.6.35}$$

Für symmetrische Empfängerstellung (ZBZS-Verfahren) geht Gl. (2.6.35) in

$$m_A = \frac{2(I_2/I_1)^{1/2}}{\left(1 + \dfrac{I_2}{I_1}\right)} \cdot \frac{D_A}{G} \tag{2.6.36}$$

über. Für Bahnen, die einen Punkt mit gleicher Intensität $I_1 = I_2$ aufweisen, ergibt sich aus Gl. (2.6.36) der maximale Modulationsgrad

$$m_A = m_{A0} = \frac{D_A}{G}. \tag{2.6.37}$$

Längs einer Bahn nimmt der Modulationsgrad entsprechend (Abb. 2.6.14., Abb. 2.6.15.)

$$m_V = \frac{2(I_2/I_1)}{1 + I_2/I_1} \tag{2.6.38}$$

ab. Bei gleicher Mittenintensität der beiden Strahlen beträgt nach Gl. (2.3.4) das Verhältnis von I_2/I_1

$$\frac{I_2}{I_1} = e^{-8\frac{x}{a}\cdot\frac{z}{c}}. \tag{2.6.39}$$

Abschätzungen zur Signalqualität machen Berechnungen des maximalen Modulationsgrades m_{A0} erforderlich. In Abb. 2.6.12. sind Berechnungen des maximalen Modula-

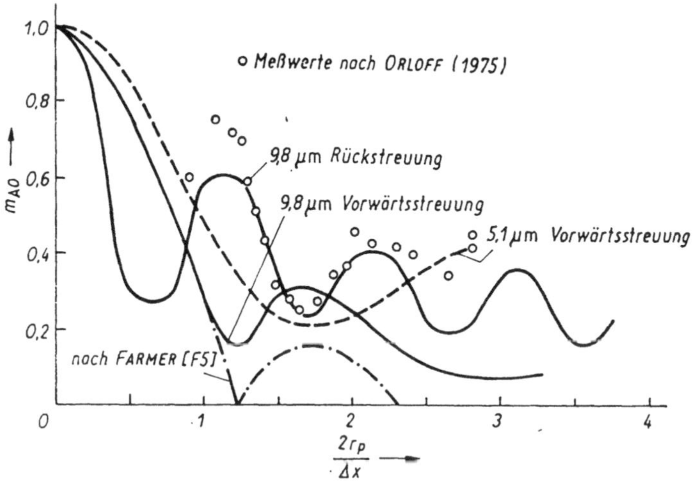

Abb. 2.6.12. Modulationsgrad m_{A0} nach ADRIAN und ORLOFF [A 4], Rechnungen nach FARMER [F 5] ($\lambda_0 = 488$ nm, Latex in Wasser, $\varphi = 90°$, $\vartheta = 0°$ bzw. $\vartheta = 180°$, Apertur groß)

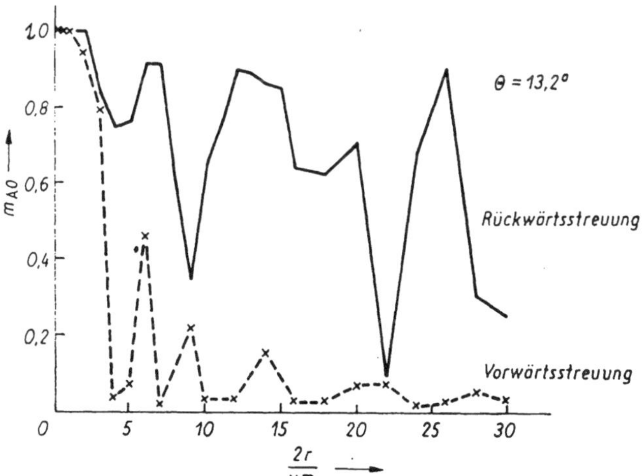

Abb. 2.6.13. Modulationsgrad m_{A0} für Luftblasen in Wasser als Funktion des Blasendurchmessers [B 3] ($\Theta/2 = 13{,}2°$, $\gamma = 9{,}95°$, $\varphi = 0°$)

tionsgrades m_{A0} von Adrian und Orloff [A 4] und Messungen von Orloff gegenübergestellt. Es zeigt sich, daß für Teilchen mit Durchmessern kleiner oder gleich dem Abstand der Interferenzflächen relativ gute Modulationsgrade erreichbar sind. Berechnungen, die für Luftblasen in Wasser durchgeführt wurden, bestätigen diese Tendenz (Abb. 2.6.14.). Größere Teilchen liefern zwar mehr Streuleistung, bringen aber keinen Gewinn für die Sichtbarkeit des Signales.

Gl. (2.6.34) bis Gl. (2.6.38) bilden die Grundlage für die Abschätzungen des maximal möglichen und für Berechnungen des minimal notwendigen Signal-Rausch-Verhältnisses. Sie sind mit Grundlage für die Erarbeitung von Dimensionierungsrichtlinien für die optische Strecke bei gegebenen Parametern der Elektronik.

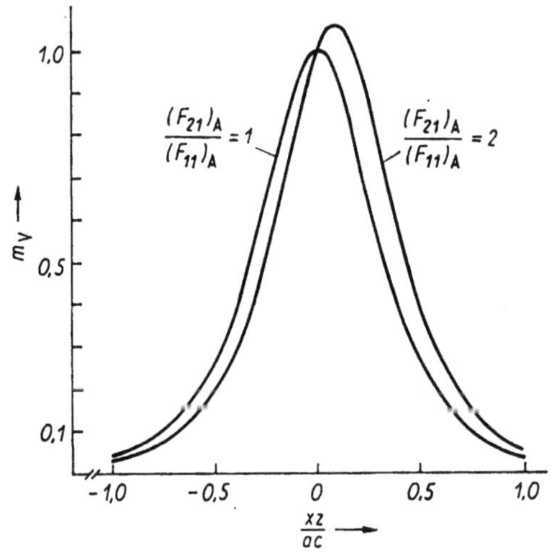

Abb. 2.6.14. Volumenmodulationsgrad m_V als Funktion des Ortes nach Gl. (2.6.38, 2.6.39)

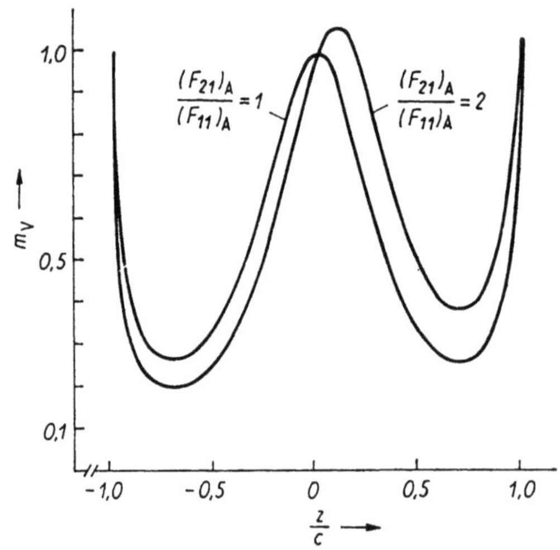

Abb. 2.6.15. Volumenmodulationsgrad m_V am Rand des Meßvolumens für Bahnen in der xz-Ebene

2.7. Die Signalstruktur im Frequenzbereich

Eine Reihe von elektronischen Auswerteverfahren beruhen auf der Analyse des Signales im Frequenzbereich. Darüber hinaus ist auch für digitale Auswerteverfahren das Frequenzspektrum von Interesse, da die Hochpaßfilterung eine optimale Einstellung der Grenzfrequenz des Filters verlangt. Das Amplitudenspektrum läßt sich aus dem Fourier-Integral über den Burst berechnen,

$$F(\omega) = \frac{1}{\sqrt{2\pi}} \int_{-\infty}^{+\infty} i(t)\, \mathrm{e}^{\mathrm{j}\omega t}\, \mathrm{d}t. \tag{2.7.1}$$

Da das ZBZS-Verfahren das meist verwendete Verfahren ist, soll auch an dieser Stelle nur das Spektrum dieses Verfahrens behandelt werden. Eine allgemeine theoretische Analyse des Spektrums haben Edwards und Angus [E 3], eine eingehende Analyse des Spektrums beim RS-Verfahren haben Adrian und Goldstein [A 3] veröffentlicht.

Wird in Gl. (2.7.1) der Strom nach Gl. (1.7.9) mit der Intensität nach Gl. (2.3.10) eingesetzt, so ergibt sich das Spektrum in seinen beiden Anteilen, dem vom Gleichanteil des Signales verursachten „Pedestal“ und dem vom Wechselanteil verursachten „Doppler-Peak“. Auch hier soll der Übersichtlichkeit halber zunächst das Spektrum einer Strömung in x-Richtung untersucht werden, d. h., die senkrecht durchströmte Fläche liegt in der yz-Ebene, v_y und v_z sind null, x_0 existiert nicht.

Nach Integration ergibt sich für das vom Gleichstromimpuls verursachte Pedestal

$$F_1(\omega) = \frac{d \cdot q \cdot \eta_q}{4hf_0 v_x \cos \Theta/2} \left(E_0 F\left(\frac{\Theta}{2}, \frac{\pi}{2}\right) \frac{\lambda_0}{2\pi r}\right)^2 \mathrm{e}^{-8\left(\frac{y_0}{d}\right)^2} \mathrm{e}^{-\frac{\omega^2 d^2}{32 v_x^2 \cos^2 \Theta/2}}$$

$$\times \cos\left(\omega \frac{z_0}{v_x} \tan \frac{\Theta}{2}\right). \tag{2.7.2}$$

Die Gaußfunktion bestimmt das Spektrum des NF-Anteiles. In Anlehnung an die internationale Literatur wird die Grenzfrequenz für den e^{-1}-Abfall der Amplitude festgelegt. Die höchste Grenzfrequenz tritt für ein zentral eingeschossenes Teilchen auf (geringste Laufzeit im Gleichlichtbereich). Für $y_0 = 0$ ergibt sich aus Gl. (2.7.2)

$$f_g = \frac{2\sqrt{2}}{\pi} \frac{v_x \cos \Theta/2}{d} \tag{2.7.3}$$

bzw. bezogen auf die Doppler-Frequenz

$$\frac{f_g}{f_D} = \frac{\sqrt{2}}{2} \frac{D}{\Delta s} = \frac{2\sqrt{2}}{\pi} \frac{1}{N}. \tag{2.7.4}$$

Darin sind D der Durchmesser der Laserstrahlen in der Taille vor der Sendelinse, Δs der Strahlabstand vor der Sendelinse und N die maximale Zahl der Interferenzflächen im Meßvolumen. Es zeigt sich, daß die Grenzfrequenz des Gleichstrompedestals von der Doppler-Frequenz und damit von der Geschwindigkeit abhängig ist.

Daraus folgt, daß bei hoher Dynamik in der Geschwindigkeit bei digitalen Auswerteeinheiten die Grenzfrequenz des Hochpaßfilters entsprechend der Doppler-Frequenz nachgeführt werden muß, um zu verhindern, daß Teile des Gleichstrompedestals die Auswerteelektronik erreichen.

Um den Doppler-Peak vom Gleichstrompedestal trennen zu können, muß $f_D/f_g > 2$ sein, diese Bedingung wird praktisch von jedem Interferenzfeld mit $N \geqq 2$ erfüllt.

Das Amplitudenspektrum des Wechselanteiles entspricht der Funktion

$$F_2(\omega) = \frac{d \cdot q \cdot \eta_q}{2hf_0 \cdot v_x \cos \Theta/2} \left(E_0 F \left(\frac{\Theta}{2}, \frac{\pi}{2} \right) \frac{\lambda_0}{2\pi r} \right)^2 e^{-\frac{8(y_0^2 + z_0^2 \sin^2 \Theta/2)}{d^2}}$$
$$\times \left[e^{-\frac{(\omega + \omega_D)^2 d^2}{32 v_x^2 \cos^2 \Theta/2}} + e^{-\frac{(\omega - \omega_D)^2 d^2}{32 v_x^2 \cos^2 \Theta/2}} \right]. \tag{2.7.5}$$

Der Wechselanteil ergibt Doppler-Peaks bei den Frequenzen ω_D und $-\omega_D$ in Form von Gaußschen Glockenimpulsen. Für die durch den e^{-1}-Abfall der Amplitude definierte Bandbreite folgt aus Gl. (2.7.5)

$$\Delta f_{Dx} = \frac{4\sqrt{2}}{\pi} \frac{v_x \cos \Theta/2}{d}. \tag{2.7.6}$$

Diese „natürliche Breite" des Doppler-Peaks ist durch die endliche Länge des Zeitsignales bedingt; die Grenzfrequenz f_g des Gleichstrompedestals entspricht dem halben Wert dieser Bandbreite (Gl. (2.7.3)). Die relative Bandbreite ist ausschließlich von der maximalen Anzahl der Interferenzflächen im Meßvolumen und damit von konstruktiven Daten abhängig.

Die natürliche Bandbreite des Doppler-Peaks hängt direkt mit der Laufzeit eines Teilchens durch das Meßvolumen in der angegebenen Strömungsrichtung zusammen

$$\Delta f_D = \frac{4\sqrt{2}}{\pi} \frac{1}{\tau}. \tag{2.7.7}$$

Aus der Sicht der Spektralanalyse hat dieses Meßvolumen die Form eines Zylinders. Das Spektrum ist unabhängig von den Durchtrittskoordinaten y_0, z_0 durch die yz-Ebene, d. h., die Laufzeit ist, unabhängig von der Bahn, gleich. Bei der Definition des Meßvolumens (Abschnitt 2.5) wurden die von den einzelnen Teilchen erreichten Amplituden stets auf die maximal mögliche Amplitude bezogen. Bei der Spektralanalyse dagegen wird der Nachweisbereich durch Bezug auf die jeweilige maximale Amplitude abgesteckt und das bedeutet für den betrachteten Fall gleiche Laufzeit für alle Teilchen.

Im weiteren wird nun eine quasistationäre Strömung mit beliebigen Teilchenbahnen zugelassen. Die Fourier-Analyse des Wechselanteiles führt zu einer Bandbreite

$$\Delta f_D = \frac{4\sqrt{2}}{\pi} \left[\left(\frac{v_x}{a} \right)^2 + \left(\frac{v_y}{b} \right)^2 + \left(\frac{v_z}{c} \right)^2 \right]^{1/2}. \tag{2.7.8}$$

Der durch v_y und v_z verursachte Bandverbreiterungsfaktor beträgt

$$\frac{\Delta f_D}{\Delta f_{Dx}} = \left[1 + \left(\frac{v_y}{v_x} \frac{a}{b} \right)^2 + \left(\frac{v_z}{v_x} \frac{a}{c} \right)^2 \right]^{1/2}. \tag{2.7.9}$$

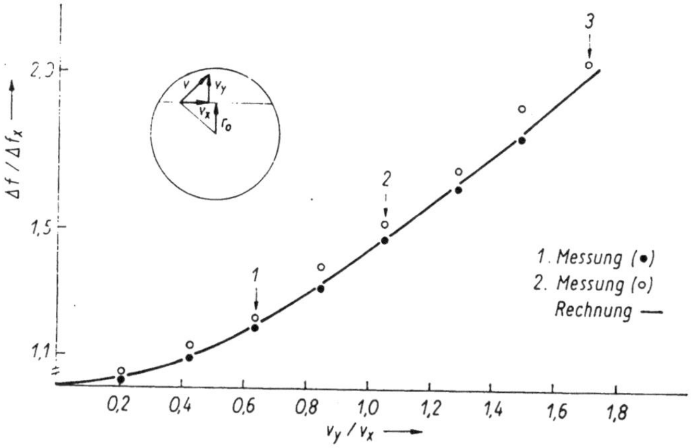

Abb. 2.7.1. Bandverbreiterung als Funktion des Geschwindigkeitsverhältnisses v_y/v_x (n = 8,33 U/s, r_0 = 4,7 cm, $\Theta/2$ = 7,39°, v_0 = 2,46 m/s, Δs = 69 mm, f = 266 mm)

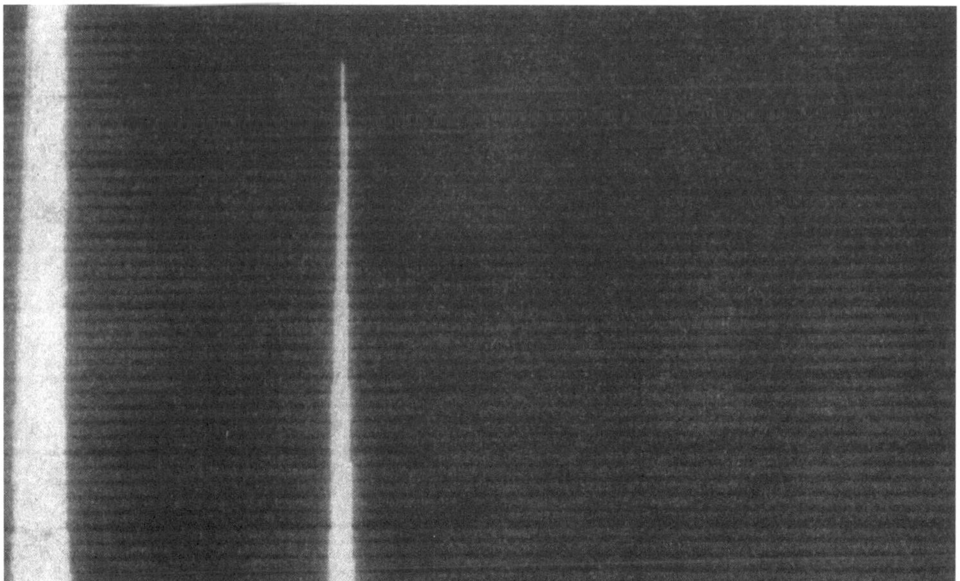

Abb. 2.7.2. Spektren von LDA-Signalen einer rotierenden Scheibe

a) $v_x = v_0$ = 2,46 m/s

Dabei wurde angenommen, daß v_x sich nicht ändert. Für den Fall, die Geschwindigkeitskomponenten schwanken und die Schwankungen sind mit der mittleren Geschwindigkeit nicht korreliert, erweitert sich Gl. (2.7.8) zu

$$\Delta f_D{}^2 = \frac{32}{\pi^2}\left[\left(\frac{v_x}{a}\right)^2 + \left(\frac{v_y}{b}\right)^2 + \left(\frac{v_z}{c}\right)^2 + \left(\frac{\Delta v_x}{a}\right)^2 + \left(\frac{\Delta v_y}{b}\right)^2 + \left(\frac{\Delta v_z}{c}\right)^2\right]. \quad (2.7.10)$$

Die Bandbreite setzt sich dann aus einer von der Geschwindigkeit verursachten Bandbreite und einer von den Schwankungen verursachten Bandverbreiterung zusammen. Wird die Optik so eingestellt, daß die Hauptströmungsrichtung senkrecht zu den Interferenzflächen steht, dann bestimmen die Schwankungen der Strömung die Bandverbreiterung. Auf Grund der Bewertung der Strömungsrichtung mit den Abmessungen des Meßvolumens (Gl. (2.7.10)) sind die Schwankungen selbst aus dem Spektrum nicht bestimmbar.

Mit Hilfe einer drehzahlstabilisierten Scheibe wurde durch definierte Horizontalverschiebung (siehe Abb. 2.7.1) eine zweidimensionale Strömung simuliert. Das Verhältnis der Bandverbreiterung $\Delta f_D/\Delta f_{Dx}$ wurde als Funktion des Geschwindigkeitsverhältnisses bestimmt und in Abb. 2.7.1. aufgetragen.

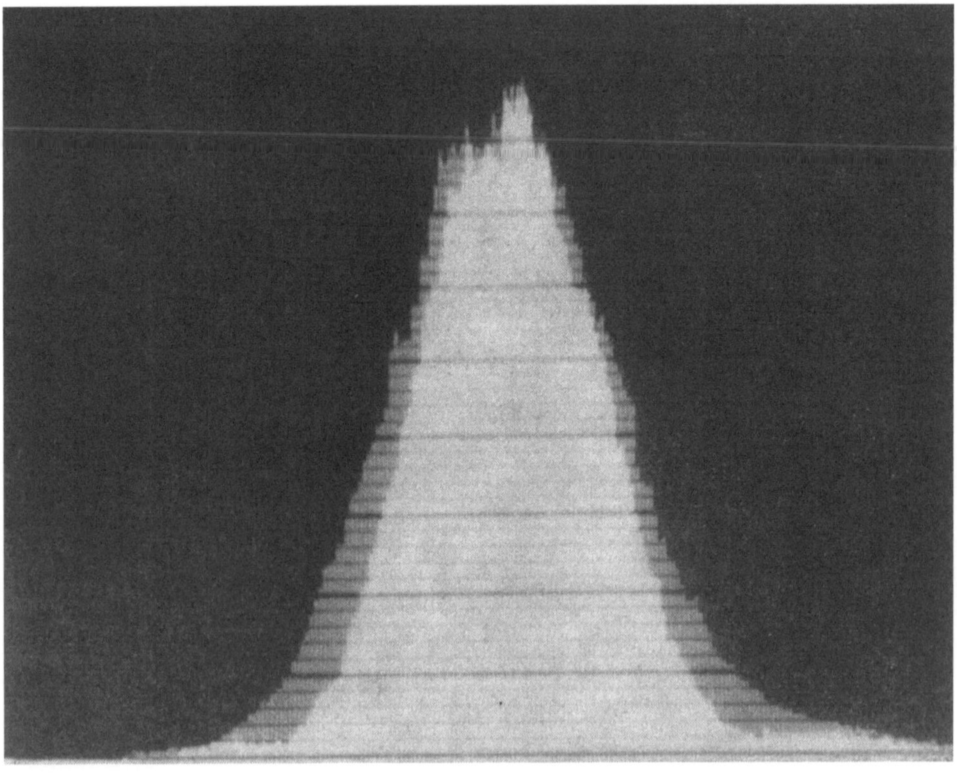

Abb. 2.7.2

b) $v_y = 0{,}64 v_x$, $v_x = 0{,}84 v_0$

An drei markierten Punkten wurden die Spektren in einer Auflösung, die die Bandverbreiterung zu erkennen erlaubt, fotografisch festgehalten. Sie sind in Abb. 2.7.2. dargestellt. Daneben ist ein Spektrum in einer Auflösung abgebildet, wie sie zum Ausmessen der Doppler-Frequenz üblich ist. Durch Regulierung der Verstärkung wurden die Amplituden des unverbreiterten und des verbreiterten Spektrums auf den gleichen Wert gebracht. Erst dadurch und durch Abspeicherung eines der beiden Spektren war eine einwandfreie Messung möglich. Bei entsprechender Auflösung der Spektren sind auf diese Weise Bandverbreiterungen ab 2% bestimmbar. Das entspricht einem Geschwindigkeitsverhältnis $v_x/v_y = 0{,}2$. Zusätzliche Bandverbreiterungen treten bei unzweckmäßiger Dimensionierung des Meßvolumens durch Geschwindigkeitsgradienten in x-, y- oder z-Richtung auf. Den Einfluß von Geschwindigkeitsgradienten in x-Richtung haben Adrian und Goldstein [A 3] und [G 3] untersucht. Geschwindigkeitsgradienten in Anströmungsrichtung beeinflussen die Laufzeit der Teilchen durch das Meßvolumen und bewirken damit eine Bandverbreiterung. Um Geschwindigkeitsänderungen in y- und z-Richtung zu erfassen, müssen in Gl. (2.7.5) eine ortsabhängige Doppler-

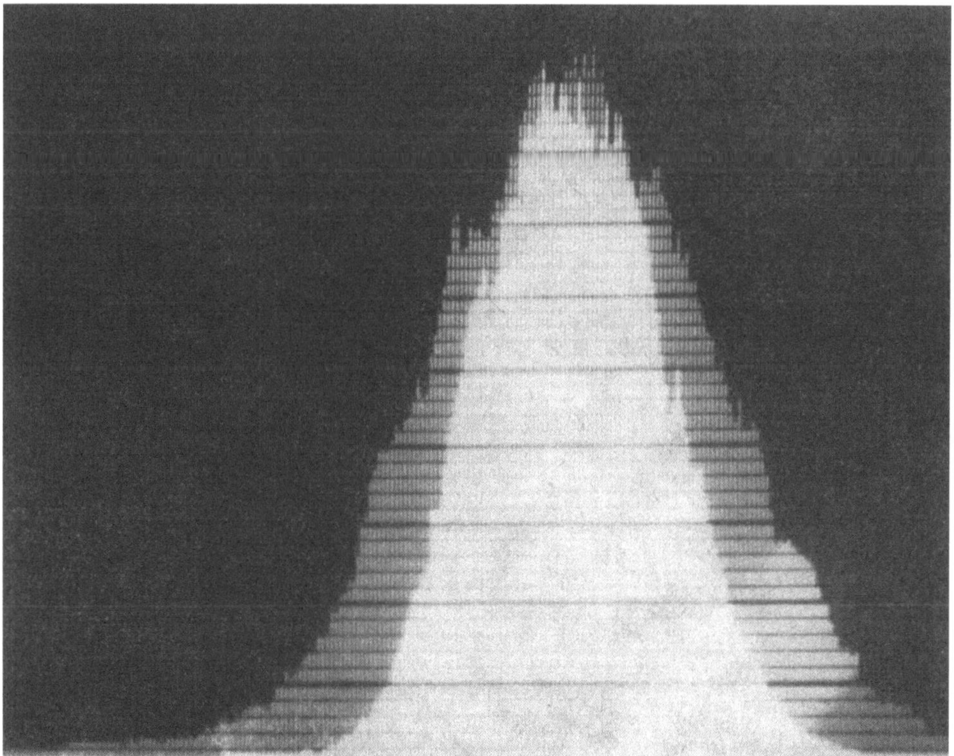

Abb. 2.7.2

c) $v_y = 1{,}06 v_x$, $v_x = 0{,}64 v_0$

Frequenz eingeführt und die Spektren über die Anströmfläche integriert werden. Dabei zeigt sich, daß lineare Geschwindigkeitsänderungen in z- und y-Richtung das Spektrum verbreitern, wobei das Spektrum symmetrisch bleibt [G 2].

Edwards [E 3] hat diese Untersuchungen auf parabolische Geschwindigkeitsprofile ausgedehnt und gefunden, daß bei nichtlinearer Abhängigkeit der Geschwindigkeit von den Koordinaten y und z das Spektrum unsymmetrisch wird. Das Maximum des Spektrums steht in keiner Beziehung zu markanten Geschwindigkeiten. In Abb. 2.7.3. ist ein Spektrum für ein parabolisches Profil abgebildet.

Extreme Bedingungen ergeben sich bei Messungen in Wandnähe. Wenn das Meßvolumen in die Wand eintaucht, reicht der Geschwindigkeitsbereich von Null bis zu einer endlichen maximalen Geschwindigkeit. In diesem Fall gehen die Spektren des Gleichanteiles und des Doppler-Peaks stetig ineinander über. Das Spektrum läßt keine quantitativen Aussagen zu. Hinzu kommt, daß im Empfänger sich die Frequenzen mischen und eine Reihe von Differenzfrequenzen bilden und die Wandreflexionen den Rauschpegel anheben.

Zusammenfassend kann festgestellt werden, daß die Bandbreite von folgenden Kompo-

Abb. 2.7.2
d) $v_y = 1{,}7 v_x$, $v_x = 0{,}51 v_0$

nenten beeinflußt wird:

— Bandbreite nach Gl. (2.7.6), verursacht durch die endliche Laufzeit der Teilchen in x-Richtung $\Delta\omega_{\mathrm{D}x}$,
— Verbreiterung der Bandbreite durch Geschwindigkeitskomponenten in y- und z-Richtung $\Delta\omega_{\mathrm{D}yz}$,
— Veränderung der Bandbreite durch Schwankungen in der Geschwindigkeit $\Delta\omega_{\mathrm{S}}$,
— Verbreiterung der Bandbreite durch Abhängigkeit der Geschwindigkeit vom Durchtrittsort der Teilchen durch die Anströmfläche $\Delta\omega_{\mathrm{P}}$,
— Verbreiterung der Bandbreite durch Geschwindigkeitsgradienten in x-Richtung $Z\omega_{\mathrm{G}}$.
— Δusätzlich wird das Spektrum durch die Bandbreite des Auswertegerätes beeinflußt $\Delta\omega_{\mathrm{B}}$.
— Eine untere Grenze für den Einsatz der Spektralanalyse ergibt sich aus der durch Diffusion verursachten Bewegung der Teilchen. Nach [E 3] beträgt die durch Diffusion verursachte Spektrenverbreiterung

$$\frac{\Delta f_{\mathrm{Dif}}}{f_{\mathrm{D}}} = \frac{dDk^2}{8v}\,. \tag{2.7.11}$$

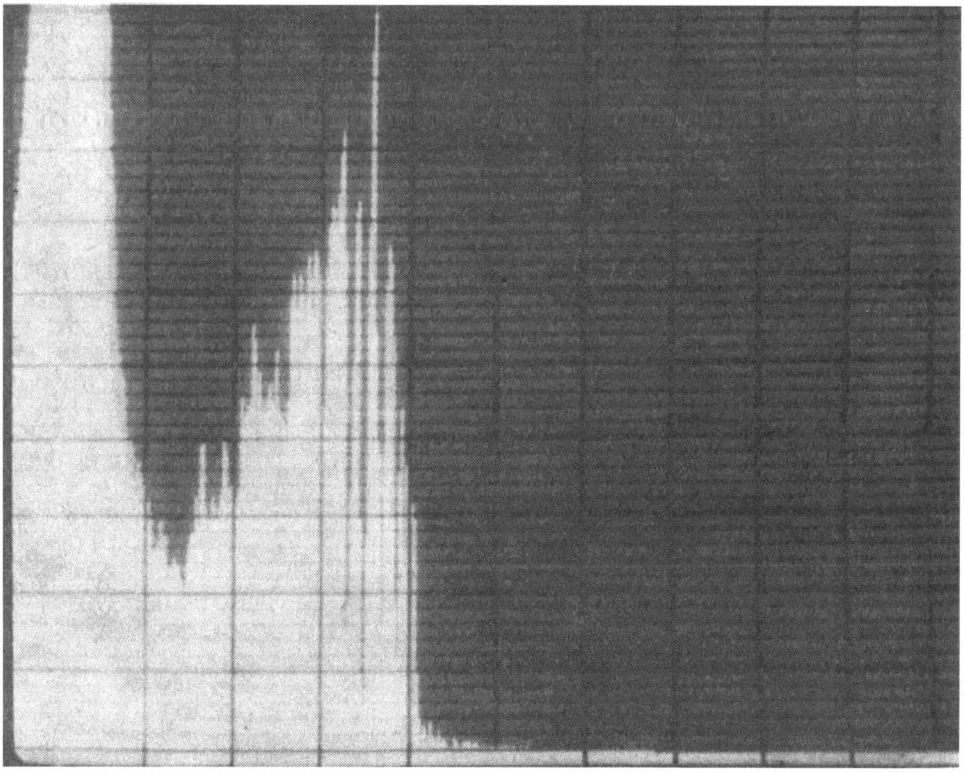

Abb. 2.7.3. Spektrum bei ortsabhängiger Geschwindigkeit

D ist der Diffusionskoeffizient, k die Wellenzahl und d der Taillendurchmesser. Für ein Meßsystem mit $\Theta/2 = 10°$ und $d = 0{,}078$ mm ergibt sich bei $D = 10^{-8}\,\text{cm}^2\text{s}^{-1}$ für eine Driftgeschwindigkeit von $v = 0{,}04$ cm s^{-1} die gleiche Spektrenverbreiterung wie durch die Laufzeit der Teilchen durch das Meßvolumen, so daß zwar die mittlere Geschwindigkeit bestimmbar ist, aber keine Aussagen über die Turbulenz möglich sind.

Auf Grund der Gaußförmigen Struktur des Signales ergibt sich die Bandbreite zu:

$$\Delta\omega^2 = \Delta\omega_{\mathrm{D}x}^2 + \Delta\omega_{\mathrm{D}yz}^2 + \Delta\omega_{\mathrm{S}}^2 + \Delta\omega_{\mathrm{P}}^2 + \Delta\omega_{\mathrm{G}}^2 + \Delta\omega_{\mathrm{B}}^2 + \Delta\omega_{\mathrm{Dif}}^2. \qquad (2.7.12)$$

Wird das Meßvolumen so gestaltet, daß der Einfluß von Gradienten vernachlässigbar ist, und dafür gesorgt, daß die Hauptströmungsrichtung mit der x-Richtung übereinstimmt, dann sind Messungen mit der Spektralanalyse möglich. Der Mittelwert wird durch das Maximum des Doppler-Peaks fixiert. Aus der Bandverbreiterung kann näherungsweise auf die Turbulenz der Strömung geschlossen werden, wenn der Einfluß der Bandbreite des Meßgerätes berücksichtigt wird.

Erfahrungen haben gezeigt, daß für qualitative Aussagen über den Zustand der Strömung die Spektralanalyse sehr gut geeignet ist.

2.8. Das Signal-Rausch-Verhältnis beim LDA

Die Signalqualität findet im Signal-Rausch-Verhältnis (SRV) ihren Ausdruck. Dabei ist das Rauschen der ersten Stufe der Empfangseinrichtung, d. h. des optoelektronischen Wandlers, von entscheidender Bedeutung. Im Abschnitt 1.7 wurden die grundlegenden Beziehungen für das SRV des Wandlers bereits abgeleitet (Gl. (1.7.21)). Es wird von drei Komponenten beeinflußt:

— vom Wandler selbst in Form der Wandlerdaten, dem Quantenwirkungsgrad η_q, dem internen Verstärkungsfaktor M, dem zusätzlichen Rauschen F und dem Dunkelstrom I_{ad},
— dem Eingangswiderstand der folgenden Verstärkerstufe und
— den Signalparametern, die in Gl. (1.7.21) global durch den Modulationsgrad m und die Leistung P_{st} erfaßt werden.

Das SRV zeigt in Abhängigkeit von der aufgenommenen Streuleistung P_{st} zwei Bereiche. Im Bereich geringer Streuleistungen wird das Rauschen des Wandlers durch den Dunkelstrom und im Bereich hoher Streuleistungen durch den Gleichanteil des Signales bestimmt (Abb. 1.7.6.).

In Vorbereitung von Messungen ist es zweckmäßig, das maximal zu erwartende SRV näherungsweise zu bestimmen. Zu diesem Zweck wird die Grenzgerade (Abb. 1.7.6.) berechnet, unterhalb der das zu erwartende SRV liegen muß, d. h., es wird bei den Berechnungen

— eine Teilchenbahn durch das Zentrum des Meßvolumens angenommen; der Modulationsgrad wird in diesem Fall ausschließlich von den Streueigenschaften des Teilchens bestimmt $m = m_{\mathrm{A0}}$, $m_{\mathrm{V}} = 1$ (Gl. (2.6.37), Gl. (2.6.38)); und

— angenommen, daß das Rauschen durch den Gleichanteil des Signales verursacht wird und
— das SRV im Maximum des Bursts berechnet.

Ausgehend von dieser Geraden und der maximal zu erwartenden Streuleistung kann mit Hilfe von Abb. 1.7.6. für einen gegebenen Wandler auch bei geringen Streuleistungen auf das maximal zu erwartende SRV geschlossen werden.

Aus Gl. (1.7.21) ergibt sich unter den genannten Bedingungen

$$\mathrm{SRV} = m\left(\frac{P_{\mathrm{st}} \cdot S(\lambda)}{4F \cdot q \cdot \Delta f}\right)^{1/2} = m\left(\frac{P_{\mathrm{st}} \cdot \eta_{\mathrm{q}}}{4hf_0 \cdot F \cdot \Delta f}\right)^{1/2} \tag{2.8.1}$$

bzw.

$$(\mathrm{SRV})^2 = \frac{m^2 \cdot P_{\mathrm{st}} \cdot \eta_{\mathrm{q}}}{4h \cdot f_0 F \cdot \Delta f}. \tag{2.8.2}$$

P_{st} und m sind dabei flächenintegrale Werte (Gl. (1.6.39), Gl. (2.6.36)). Um den Einfluß der Empfängerapertur auf das SRV zu untersuchen, ist es sinnvoll, in Abhängigkeit von der konstruktiven Gestaltung der Sendeoptik und den Teilchenparametern den Beitrag einzelner Empfängerflächenelemente zum integralen SRV zu untersuchen. Dazu wird die Empfängerfläche in Elemente unterteilt, die die Bedingung erfüllen, daß in ihrem Bereich die Streufunktionen als annähernd konstant betrachtet werden können. Auf dieser Grundlage kann die von einem Element ΔA aufgenommene Streuleistung und damit das örtliche SRV berechnet werden.

Für das örtliche SRV ergibt sich

$$(\mathrm{SRV})^2 = \frac{\eta_{\mathrm{q}} \cdot P_{\mathrm{L}} D^2 \Delta A}{32\pi f^2 r^2 h f_0 \Delta f}\, m^2[F_{11}^2(\vartheta_1, \varphi_1) + F_{21}^2(\vartheta_2, \varphi_2)] \tag{2.8.3}$$

mit m als Modulationsgrad nach Gl. (2.1.9), P_{L} Laserleistung, D Strahldurchmesser vor der Sendelinse, f Brennweite der Sendeoptik, r Abstand der Empfängerfläche vom Streuteilchen und f_0 Laserfrequenz.

Analysen des normierten SRV, d. h., des von den Streueigenschaften abhängigen Faktors in Gl. (2.8.3) sind in Abb. 2.8.1. bis Abb. 2.8.3. dargestellt. Abb. 2.8.1. und Abb. 2.8.2. zeigen Berechnungen von Adrian [A 1] für Polystyrol in Wasser bei $\lambda_0 = 488$ nm; in Abb. 2.8.3. sind Berechnungen von Beyer [B 3] für Polystyrol in Wasser bei $\lambda_0 = 632{,}8$ nm aufgetragen.

Es zeigt sich, daß der Beitrag der einzelnen Abschnitte der Empfängerfläche zum integralen SRV sehr unterschiedlich sein kann. Mit zunehmender Teilchengröße und kleinerem Schnittwinkel Θ nimmt das örtliche SRV zu. Tendenzen bezüglich der Ortsabhängigkeit auf der Empfängerfläche sind nicht zu erkennen, so daß grundsätzliche Aussagen bezüglich einer optimalen Apertur nicht möglich sind. In Abb. 2.8.4. und Abb. 2.8.5. ist das integrale SRV als Funktion des Öffnungswinkels der Apertur γ (Abb. 1.6.5.) aufgetragen [A 1, B 3]. Daraus ergibt sich, daß durch Variation der Empfängerapertur die optimale Einstellung gefunden werden muß.

Für die Auswahl der Streuteilchen kann, sofern der Zusatz künstlicher Streuteilchen möglich ist, festgestellt werden, daß Streuteilchen, deren Durchmesser etwa gleich dem

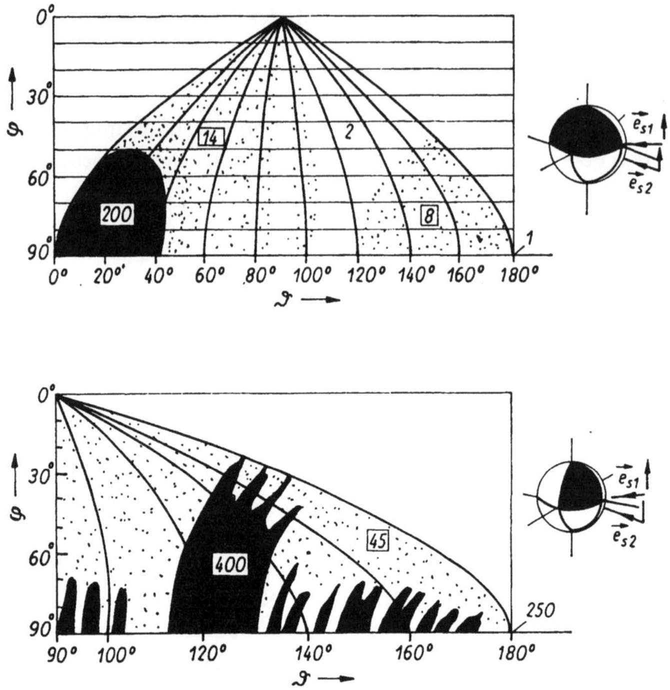

a) $\Theta/2 = 4°$, $d_P = 0{,}5\ \mu m$

b) $\Theta/2 = 4°$, $d_P = 5{,}7\ \mu m$

Abb. 2.8.1. Normiertes örtliches $(SRV)^2$, Polystyrol in Wasser, Vorwärtsstreuung ($\underline{m} = 1{,}59$, $\lambda_0 = 488$ nm) [A 1]

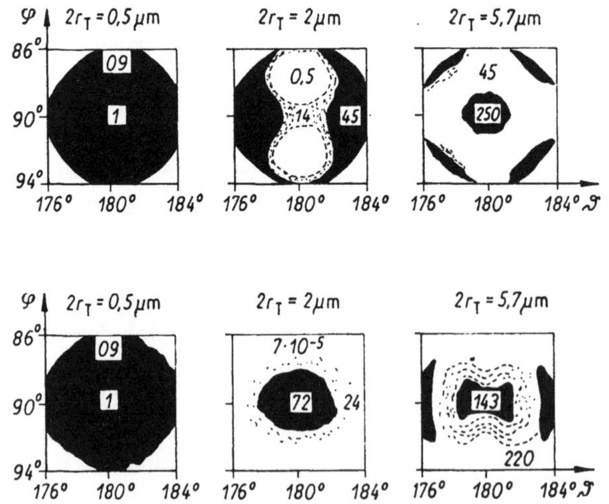

a) $\Theta/2 = 4°$

b) $\Theta/2 = 8°$

Abb. 2.8.2. Normiertes örtliches $(SRV)^2$, Polystyrol in Wasser im Rückstreubetrieb ($\underline{m} = 1{,}59$, $\lambda_0 = 488$ nm) [A 1]

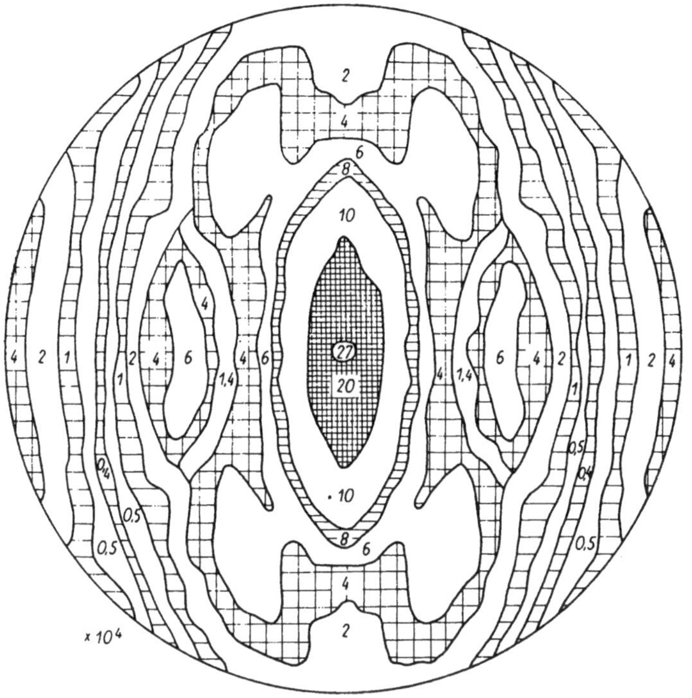

Abb. 2.8.3. Normiertes örtliches SRV, Polystyrol in Wasser ($\Theta/2 = 0{,}6°$, $d_P = 10\ \mu m$), Vorwärtsstreuung [B 3]

Interferenzflächenabstand ist, in Vorwärtsstreuung Signale mit guter Modulation liefern (Abb. 2.6.12., Abb. 2.6.13.). Im Rückstreubetrieb ist es dagegen zweckmäßig, Streuteilchen mit breiter Varianz im Durchmesser einzusetzen, um im Mittel ein gutes SRV zu erreichen.

Zur Veranschaulichung der erreichbaren Werte und der Größenordnung der Streuleistungen sollen im folgenden für einen praktisch zu dimensionierenden Meßplatz die Signalverhältnisse analysiert werden.

Daten der Meßeinrichtung:

Laser: He-Ne, $P_L = 15$ mW, $D = 0{,}8$ mm
Sendeoptik: $f_{ers} = 164$ mm
(Frontlinse $f = 260$ mm, $\Delta s = 95$ mm, $\Theta/2 = 11{,}5°$, $\Delta x = 1{,}76\ \mu m$, siehe Abschnitt 3.3.1)
Empfangsoptik: Abstand vom Meßvolumen $r = 300$ mm, Durchmesser der Blende der Empfangsoptik $D_L = 47$ mm, Öffnungswinkel der Apertur $\gamma = 9{,}95°$, Vorwärtsstreuung.
Empfänger: Fotodiode SP 102, $\eta_q = 0{,}9$, $M = 1$, $F = 1$, $\Delta f = 1$ MHz
Streuteilchen: Polystyrol in Wasser $d_P = 1{,}5\ \mu m$
Aus Abb. 1.6.6. ergibt sich für $\Theta/2 = \vartheta_0 = 11{,}5°$ $G \approx 35$, m kann entsprechend Abb. 2.6.13. $m \approx 1$ gesetzt werden.

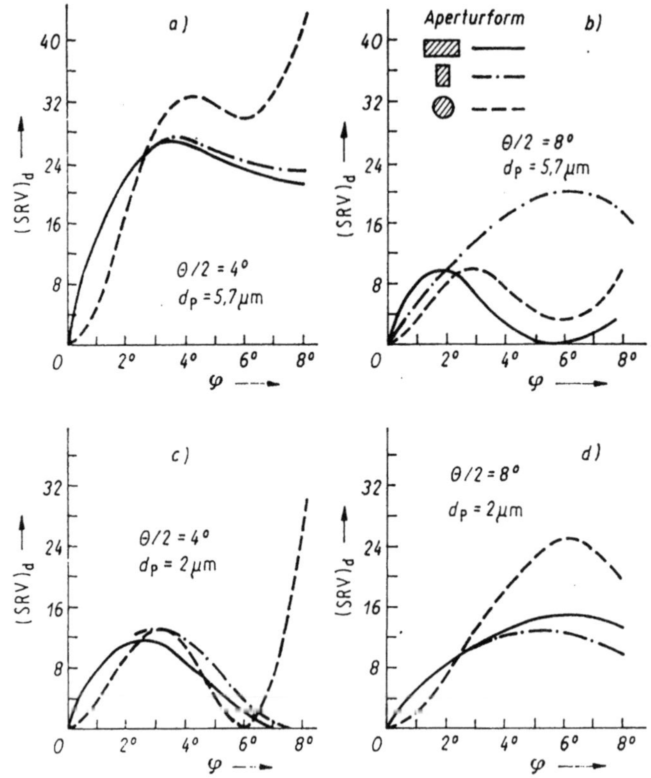

Abb. 2.8.4. Normiertes $(SRV)_d = 10\lg(m_{A0}^2 \cdot G)$ als Funktion des Öffnungswinkels der Apertur γ, Polystyrol in Wasser ($\underline{m} = 1{,}59$, $\lambda_0 = 488$ nm), Rückstreubetrieb [A 1]

Die maximale Intensität im Meßvolumen beträgt nach Gl. (1.3.11) mit Gl. (1.3.15)

$$I_0 = \frac{\pi}{2} \frac{P_L D^2}{\lambda_0^2 f^2} = 1{,}4 \frac{\text{W}}{\text{mm}^2}. \tag{2.8.4}$$

Ein Streuteilchen der Abmessungen d_P entnimmt dem Laserstrahl mindestens eine Leistung

$$P_P = I_0 \frac{d_P^2 \pi}{4} = \frac{\pi}{8} P_L \left(\frac{D \cdot d_P}{\lambda_0 \cdot f}\right)^2 = 2{,}47\ \mu\text{W}. \tag{2.8.5}$$

Die vom Empfänger aufgenommene Streuleistung beträgt nach Gl. (1.6.39)

$$P_E = P_{st} = \frac{I_0}{k^2} G = \frac{I_0 \lambda_0^2}{4\pi^2} G = 0{,}50\ \mu\text{W}. \tag{2.8.6}$$

Der Empfänger gibt auf Grund dessen ein Wechselsignal mit dem Effektivwert im

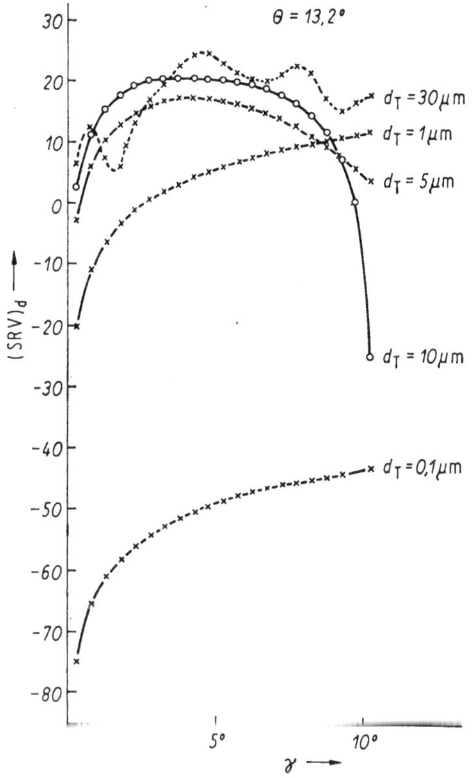

Abb. 2.8.5. Normiertes $(SRV)_d = 10 \lg(m_{A0}^2 \cdot G)$ als Funktion des Öffnungswinkels der Apertur γ, Polystyrol in Wasser ($\underline{m} = 1{,}59$, $\lambda_0 = 632{,}8$ nm), Vorwärtsstreuung [D 9]

Maximum des Doppler-Burstes von

$$I_\sim = \frac{\eta_q \cdot q}{hf_0} \frac{P_E \cdot m}{\sqrt{2}} = 1{,}6 \cdot 10^{-7}\,\mathrm{A} \tag{2.8.7}$$

ab. Im Burstmaximum hat der Gleichstrom einen Wert von

$$I_= = \frac{\eta_q \cdot qP_E}{hf_0} = 2{,}27 \cdot 10^{-7}\,\mathrm{A}. \tag{2.8.8}$$

Dieser Strom verursacht einen maximalen Rauschstrom von (Gl. (1.7.12))

$$I_R = (2q\Delta f \cdot I_=)^{1/2} = 2{,}7 \cdot 10^{-10}\,\mathrm{A}. \tag{2.8.9}$$

Damit beträgt das maximale SRV = 593; das entspricht einer Pegeldifferenz von $(SRV)_d = 55$ dB. Aus Abb. 1.7.6. ist zu erkennen, daß für diese empfangene Streuleistung das Dunkelstromrauschen noch ohne Einfluß ist. An der Grenze des Meßvolumens (e^{-2}-Abfall der Intensität) ist nach Abb. 1.7.6. mit einem günstigsten $(SRV)_d$ von nur 46 dB zu rechnen. Damit ist die zu erwartende Signalqualität in Bezug auf den Pegelbereich abgesteckt. Die Häufigkeit der Signale einheitlicher Qualität ist entsprechend Abb. 2.6.6. verteilt.

Aus Gl. (2.8.4) bis Gl. (2.8.9) ergibt sich zusammenfassend für das günstigste SRV

$$(\mathrm{SRV})^2 = \frac{I_\sim^2}{I_R{}^2} = \frac{\eta_Q \cdot P_L D^2}{32\pi h f_0 f^2 \Delta f} m_{A0}^2 G. \tag{2.8.10}$$

Wird die Schwelle der Auswerteeinrichtung so gesetzt, daß bereits Signale mit einem SRV von 40 dB ausgewertet werden, dann weist das Abtastvolumen, aus dem die detektierten Signale stammen, eine Ausdehnung $b' = 1{,}3b$ auf.

Werden zur Auswertung mindestens 30 Perioden verlangt, dann beträgt das Abtastvolumen, aus dem die ausgewerteten Signale stammen, $b' = 1{,}26b$ ($N = 95$, $N' = 123$, $Q' = 0{,}24$).

2.9. Grenzen des Meßverfahrens

Der Einsatzbereich des Laser-Doppler-Anemometers wird durch Grenzen beschränkt, die den einzelnen am Verfahren beteiligten Komponenten innewohnen.
Es sind dies im wesentlichen:

— die begrenzte Laserleistung,
— die Empfindlichkeitsgrenze der optoelektronischen Wandler,
— durch die Geometrie der Optik gesetzte Grenzen, z. B. bezüglich des Meßvolumens,
— die Grenzfrequenz der Auswerteelektronik,
— das Teilchenfolgevermögen.

Die einzelnen Einflußfaktoren sind auf Grund der verfahrensbedingten Wechselwirkungen nicht zu trennen. Sie wirken sich auf:

— den zulässigen Geschwindigkeitsbereich,
— die aufzulösende Turbulenz,
— die Auflösung von Schräganströmungen auf das Meßvolumen,
— die ausmeßbare Kanaltiefe und
— die Meßdauer aus.

Der zulässige Geschwindigkeitsbereich ist mit den Laserdaten, den Empfängerdaten, der integralen Streufunktion bzw. dem äquivalenten Streuwirkungsgrad η (Gl. (1.6.44)), dem Durchmesser der Empfangsoptik D_L und dem Abstand des Empfängers vom Meßvolumen verknüpft.

Aus Gl. (1.7.6) ergibt sich mit Gl. (1.6.39) und Gl. (2.8.4) für den von der Empfangsoptik aufgenommenen Photonenstrom

$$J = \frac{N}{T_D} = N f_D = \frac{P_L D^2 G}{8\pi f^2 h f_0}\,; \tag{2.9.1}$$

bzw. mit Gl. (1.6.44), mit der Näherung eines gleichmäßigen örtlichen SRV im gesamten Bereich der Empfängerfläche und mit dem Raumwinkel

$$\Delta\Omega = \frac{D_2{}^2\pi}{4r^2} \tag{2.9.2}$$

ergibt sich

$$J = \frac{\pi^2 P_L \eta}{128 \cdot h f_0} \left(\frac{d_P D D_L}{\lambda_0 f r} \right)^2 . \tag{2.9.3}$$

N ist dabei die Anzahl der Photonen pro Doppler-Periode und f die Brennweite der Sendelinse.

Mit der Näherung $\sin \Theta/2 \approx \tan \Theta/2 = \Delta s/2f$ ergibt sich, wenn die Photonenzahl N durch die Anzahl der ausgelösten Elektronen N_e/η_q ersetzt wird, für die Laserleistung

$$P_L = 8\pi \frac{N_e f h f_0 \Delta s}{\eta_q D^2 G \lambda_0} v = \frac{128 h c f N_e \Delta s}{\eta \eta_q} \left(\frac{r}{d_P D D_L} \right)^2 v . \tag{2.9.4}$$

Der SEV und die Fotodiode setzen eine Grenze für die Auflösung durch den Dunkelstrom. Der Dunkelstrom liegt bei Zimmertemperatur, je nach Typ, bei 10^{-10} A bis 10^{-11} A. Daraus resultiert, daß bei Doppler-Frequenzen um 1 MHz eine Elektronenzahl $N_e = I_d \cdot f_D/q = 100$ Elektronen pro Periode zur Rekonstruktion des Signales ausreichen würden. Durch Kühlung der SEV kann diese Grenze nach unten verschoben werden. Die höchste Empfindlichkeit wird durch den Einsatz von Photonenkorrelatoren, die im Grenzfall mit einem Photon pro Periode das Signal noch im Rauschen erkennen können [L 2], erreicht. Für den in Abschnitt 1.8 angegebenen Meßplatz läßt sich damit nach Gl. (2.9.4) die erforderliche Mindestleistung abschätzen. In Vorwärtsstreuung ($G \approx 35$) wird bei Einsatz eines SEV ($\eta_q = 0{,}06$)

$$P_L/\text{mW} \geq 0{,}029\, v \Big/ \frac{\text{m}}{\text{s}} \tag{2.9.5}$$

und in Rückstreuung ($G \approx 10^{-2}$)

$$P_L/\text{mW} \geqq 101{,}5\, v \Big/ \frac{\text{m}}{\text{s}} \tag{2.9.6}$$

benötigt.

Zwischen der erforderlichen Laserleistung in Vorwärts- und in Rückstreuung besteht bei Einsatz gleicher Auswertetechnik ein Verhältnis von $3{,}5 \cdot 10^3$.

Die untere Geschwindigkeitsgrenze ist durch den Einfluß der Brownschen Bewegung (Gl. (2.7.11)) gegeben.

Die maximal durchdringbare Kanaltiefe kann mit Hilfe von Gl. (2.9.4) abgeschätzt werden. Bei großen Kanaltiefen ist nur noch Rückstreubetrieb sinnvoll. Unter dieser Voraussetzung folgt mit $f \approx r$

$$r = \left(\frac{\pi^2 P_2 \eta (D d_P D_L)^2}{128 N v h c \Delta s} \right)^{1/3} . \tag{2.9.7}$$

Bei Einsatz eines Photonenkorrelators ($N = 1$) kann bei $G \approx 35$ ($\eta \approx 0{,}037$), $d_P = 1{,}5$ µm Polystyrol, einer Laserleistung von 5 W, einem Strahldurchmesser von $D = 2$ mm, einer Öffnung der Empfangsoptik von $D_L = 0{,}35$ m und einem Strahlabstand von $\Delta s = 1$ m eine Kanaltiefe von $r = 43$ m erreicht werden. Praktisch treten im Rückstreubetrieb aber bei kleinen Öffnungswinkeln der Empfangsoptik γ ($\gamma = 0{,}22°$) und kleinen Schnittwinkeln $\Theta/2$ ($\Theta/2 = 0{,}32°$) wesentlich bessere integrale Werte für die Streufunktion auf (Abb. 2.8.4.) [D 7]. Eine Verbesserung um den Faktor 10 führt bereits zu Entfernungen von $r = 93$ m. Tatsächlich konnten mit einer Laserleistung von 5 W qualitativ gute Messungen noch bis zu 106 m durchgeführt werden [D 9]. Durst u. a. [D 8] konnten zeigen, daß bei Verwendung geeigneter Aerosole relativ gute Rückstreuung erreicht wird. Durch Erhöhen der Laserleistung konnten Entfernungen von über 200 m erzielt werden, bei Meßzeiten, die im günstigsten Fall bei einigen Sekunden und im ungünstigsten Fall bei einer Minute lagen.

Die Auflösung von Turbulenzerscheinungen verlangt Meßvolumenabmessungen in der Größenordnung der kleinsten turbulenten Erscheinung, dem Kolmogorovschen Mikromaßstab d_K, der sich aus der kinematischen Viskosität η und der Energiedissipation ε nach [16]

$$d_K = \left(\frac{\eta^3}{\varepsilon}\right)^{1/4} \tag{2.9.8}$$

ergibt. Nach George und Lumley [G 1] stimmt die gemessene Dissipationsrate mit der tatsächlichen im Bereich eines Fehlers von 10% überein, wenn die Volumenausdehnung

$$c \approx d_K \sqrt{2} \tag{2.9.9}$$

beträgt.

Die maximale Turbulenz kann aus zeitäquidistant entnommenen Stichproben entnommen werden, wenn das Abtasttheorem

$$\Delta t \leqq \frac{1}{2 f_{\text{Turb max}}} \tag{2.9.10}$$

eingehalten wird. Damit verbunden ist aber, daß in der Zeit Δt mit hoher Sicherheit ein Signal anliegt, d. h. ein Streuteilchen auftritt. Für die mittlere Teilchenzahl $\overline{N(\Delta t)}$ im Bereich der kleinsten turbulenten Erscheinung während der Zeit Δt ergibt sich damit die Bedingung

$$\overline{N(\Delta t)} = \pi b c v_{x\min} \, \Delta t \cdot \bar{n} \,. \tag{2.9.11}$$

Bei einer Ausfallrate von $p(N = 0) = 0{,}1\%$ beträgt nach Gl. (2.6.9) $\overline{N(\Delta t)} = 2{,}3$. Daraus folgt für die mittlere Teilchenzahl im definierten Meßvolumen, wenn die Teilchendichte bei nunmehr bekanntem $\overline{N(\Delta t)}$ aus Gl. (2.9.11) ersetzt wird,

$$\overline{N(t)} = \frac{4}{3} \pi a b c \bar{n} = \frac{4}{3} \frac{a \overline{N(\Delta t)}}{v_{x\min} \Delta t} = \frac{8}{3} \frac{a \cdot f_{\text{Turb max}}}{v_{x\min}} \overline{N(\Delta t)} \,. \tag{2.9.12}$$

Für die Einzelmessung wurde im Abschnitt 1.2.6 $\overline{N(t)} = 0{,}1$ gefordert. Damit ergibt sich aus Gl. (2.9.12) eine Bedingung für die Volumenausdehnung a

$$a < 3{,}75 \cdot 10^{-2} \frac{v_{x\min}}{f_{\text{Turb max}} \cdot \overline{N(\Delta t)}} , \tag{2.9.13}$$

also unter den genannten Bedingungen

$$a < 1{,}63 \cdot 10^{-2} \frac{v_{x\,\mathrm{min}}}{f_{\mathrm{Turb\,max}}}. \tag{2.9.14}$$

Gl. (2.9.9) und Gl. (2.9.14) begrenzen den zulässigen Schnittwinkel $\Theta/2$

$$\tan \Theta/2 < 1{,}15 \cdot 10^{-2} \frac{v_{x\,\mathrm{min}}}{f_{\mathrm{Turb\,max}} \cdot d_{\mathrm{K}}}. \tag{2.9.15}$$

Für die Grenzfrequenz der Auswerteelektronik ergibt sich aus Gl. (2.9.10) bei zeitäquidistanter Abtastung die Forderung

$$f_{\mathrm{g}} > 2 f_{\mathrm{Turb\,max}}. \tag{2.9.16}$$

Bezüglich der Rekonstruktion des Momentanwerte-Zeitverlaufes ist diese Forderung zu schwach; für diesen Zweck müßten mindestens 10 Stützwerte pro kürzeste Periode verlangt werden, d. h. für die Grenzfrequenz $f_{\mathrm{g}} > 10 f_{\mathrm{Turb\,max}}$.

Zur Auflösung hoher Anströmwinkel φ wird eine bestimmte Mindestperiodenzahl für die Auswertung benötigt. Durch Frequenzshiftung kann die Periodenzahl im Doppler-Burst erhöht werden. Die Bewertung K_2 in der Signalrate, die Anströmwinkel φ, ϑ und die geforderte Mindestperiodenzahl, die sich aus der geforderten Genauigkeit für den Momentanwert und aus der Grenzfrequenz der Auswerteelektronik ableiten läßt, bestimmen zusammen mit der Shiftfrequenz den für ein gegebenes System zulässigen Geschwindigkeitsbereich. Aus Gl. (2.6.29) ergibt sich

$$f_{\mathrm{D}} = \frac{f_{\mathrm{s}}}{1 - (1 - K_2) \dfrac{\sin^2 \vartheta \cos^2 \varphi}{Q^2}} \times \left[\frac{(1 - K_2) \sin^2 \vartheta \cos^2 \varphi}{Q^2} \pm \frac{\sin \vartheta \cos \varphi}{Q} (1 - K_2)^{1/2} \right]. \tag{2.9.17}$$

Für $\varphi_0 = 85°$, $\vartheta = 90°$ werden bei (Abb. 2.6.8., Abb. 2.6.9.)

$$f_{\mathrm{D}} = \frac{f_{\mathrm{s}}}{1 - Q^2} (1 \pm Q) \tag{2.9.18}$$

die detektierten Signale unter den genannten Bedingungen nicht mehr ausgewertet ($K_2 = 0$).

Abschließend sei in diesem Abschnitt noch darauf hingewiesen, daß bei Mittelwertbestimmungen aus Gl. (1.2.20) bei hoher Turbulenz ein entsprechend hoher notwendiger Stichprobenumfang statistisch unabhängiger Stichproben erforderlich ist. Statistisch unabhängig heißt aber in diesem Fall, die Abtastzeit ΔT zur Entnahme der Stichproben ist mit $f_{\mathrm{Turb\,min}}$ verknüpft [F 4, D 10]

$$\Delta T > \frac{1}{2 f_{\mathrm{Turb\,min}}}. \tag{2.9.19}$$

Stichprobenumfang und Abtastzeit bestimmen die Ökonomie der Messung.

2.10. Moiré-Modelle zur Darstellung der Signalbildung beim Laser-Doppler-Anemometer

Die außerordentlich komplizierten Verhältnisse bei der Signalbildung im Laser-Doppler-Anemometer lassen sich mit Hilfe von Moiré-Folienmodellen, die von Durst [D 11] und Hanson [H 2] entwickelt wurden, veranschaulichen. Ausgangspunkte für diese Modelle sind die Darstellung der Wellenfronten beim Doppler-Effekt (Abb. 1.1.1.) und die Funktion für die Phasenfront des Laserstrahles nach Gl. (1.3.10). Aus Gl. (1.1.8) ergibt sich mit $\varphi = \Theta/2$ und $\psi = -\Theta/2$ für die Wellenlängenänderung

$$\Delta\lambda = \frac{\lambda_0 c}{v \sin \Theta/2}. \qquad (2.10.1)$$

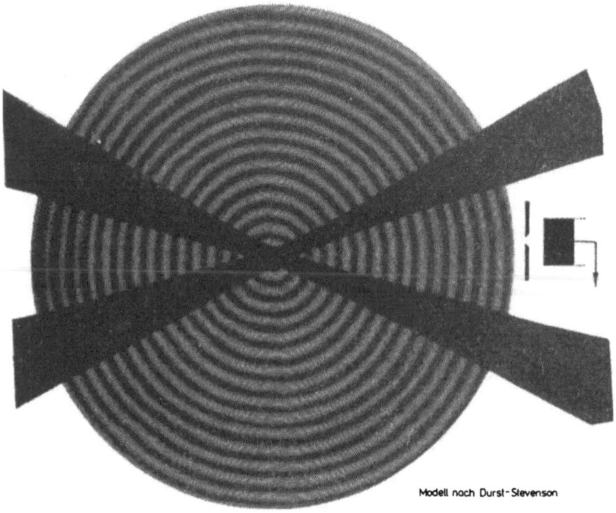

Abb. 2.10.1. Modelldarstellung des ZBZS-Verfahrens

Das ist genau die Wellenlängendifferenz, um die in diesem Fall die Wellen vor dem bewegten Sender komprimiert und hinter dem bewegten Sender gedehnt werden, d. h. die Differenz, um die die Mittelpunkte der Wellenfronten verschoben sind. Auf dieser Grundlage wurde mit Hilfe einer Zeichenmaschine eine Folie der Wellenfronten beim Doppler-Effekt hergestellt.

Zur Demonstration des ZBZS-Verfahrens nach Abb. 1.1.6. werden zwei gleiche Folien verwendet. Für den Fall $\boldsymbol{v} = \boldsymbol{v}_x$ ergeben sich, bezogen auf die Abb. 1.1.3., für den Strahl 1 Winkel $\psi_1 = \Theta/2$ und $\varphi_1 = -\Theta/2$ und für den Strahl 2 Winkel $\psi_2 = -\Theta/2$ und $\varphi_2 = \Theta/2$. Bezogen auf den Empfänger tritt eine Wellenlängenänderung nach Gl. (2.10.1) einmal mit positivem und einmal mit negativem Vorzeichen auf. Daraus ergibt sich, daß die beiden gleichartigen Folien so übereinander anzuordnen sind, daß in Richtung des Empfängers die Richtung verkürzter Wellenlänge der einen Folie mit der Richtung verlängerter Wellenlänge der anderen Folie sich überdeckt. In der

Summe ergibt sich dann das in der Abb. 2.10.1. gezeigte Bild. Zur Veranschaulichung sind in das Bild die Laserstrahlen miteingezeichnet.

Es ist deutlich zu erkennen, daß die Empfangsfrequenz unabhängig von der Stellung des Empfängers ist und bezüglich der Empfängeroberfläche sich aus etwaigen Kohärenzbedingungen keinerlei Forderungen ableiten. Ein gewisser Mangel besteht darin, daß die sich aus der Mie-Streuung ergebende Intensitätsverteilung nicht miterfaßt wird. Dieser Mangel läßt sich beseitigen, indem an Stelle der Laserstrahlen zwei gleichartige Folien mit der für den gewählten Fall berechneten Intensitätsverteilung angeordnet werden. Zur Darstellung des RS-Verfahrens wird ausgehend von Gl. (1.3.10) eine Folie für den Laserstrahl entwickelt, die im wesentlichen die Form des Laserstrahles und die Phasenfronten enthält. Die Modelldarstellung des RS-Verfahrens zeigt Abb. 2.10.2. Durch diese Darstellung wird nur der reine Referenzstrahlterm der Gl. (2.4.3) erfaßt. Der in Abschnitt 2.4 untersuchte Fall ergibt sich im Prinzip aus der Überla-

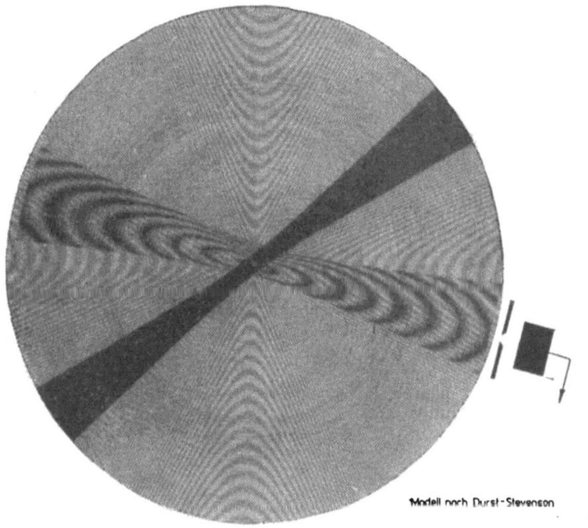

Abb. 2.10.2. Modelldarstellung des RS-Verfahrens

gerung von Abb. 2.10.1. und Abb. 2.10.2., wobei der Beitrag des Effektes nach Abb. 2.10.1. auf Grund der Intensitätsverhältnisse zu vernachlässigen ist. Die Abb. 2.10.2. zeigt deutlich, daß nur für einen kleinen Bereich der Empfängeroberfläche die Kohärenzbedingung erfüllt ist.

Abb. 2.10.3. bis Abb. 2.10.5. demonstrieren die Notwendigkeit der korrekten Dimensionierung der Sendeoptik. Werden zwei Folien für Laserstrahlen mit eingezeichneten Wellenfronten überlagert, so ergibt sich das beim ZBZS-Verfahren nach Abb. 1.1.6. real vorhandene Interferenzfeld. Nur wenn die Strahlen sich im Bereich der Lasertaille schneiden, treten parallele Interferenzflächen auf (Abb. 2.10.3.). Durch Verändern des Schnittwinkels kann deutlich die Winkelabhängigkeit der Anzahl und des Abstandes der Interferenzflächen und der Ausdehnung des Meßvolumens nachgewiesen werden.

In Abb. 2.10.4. ist ein Fall der Taillenfehlanpassung dargestellt; die Laserstrahlen schneiden sich vor bzw. hinter den Strahltaillen. Die Interferenzflächen sind im Bereich

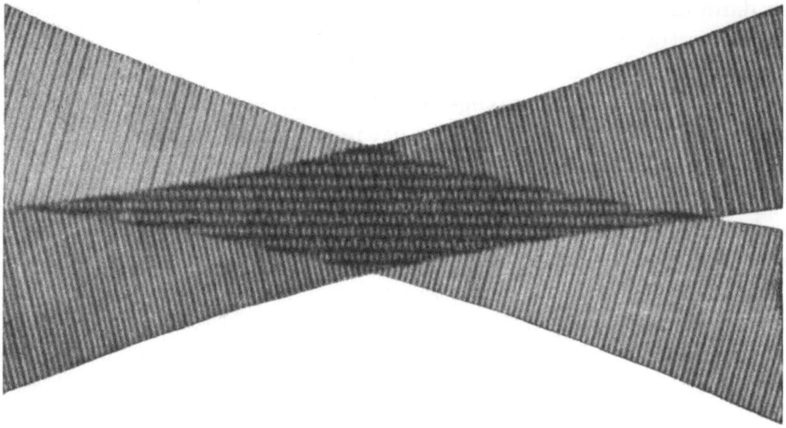

Abb. 2.10.3. Interferenzfeld bei Taillenanpassung

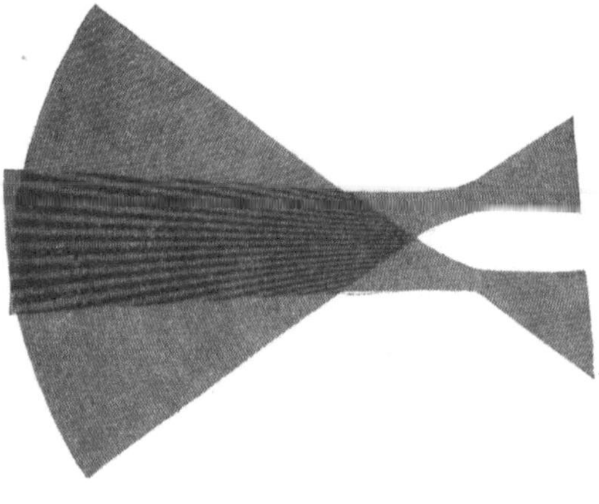

Abb. 2.10.4. Interferenzfeld bei Taillenfehlanpassung

des Meßvolumens nicht parallel, der Abstand der Interferenzflächen ändert sich mit z. Die Signalfrequenz ist bei gleicher Geschwindigkeit eine Funktion der Teilchenbahn. Besonders ungünstige Verhältnisse treten auf, wenn zu der Taillenfehlanpassung noch unterschiedliche optische Weglängen in den Strahlen hinzukommen. Dann ergeben sich die in Abb. 2.10.5. dargestellten Verhältnisse. Die Frequenz ändert sich während des Durchlaufes des Streuteilchens durch das Meßvolumen. Es wird ein Geschwindigkeitsgradient vorgetäuscht.

Aus Abb. 2.10.4. und Abb. 2.10.5. ergibt sich für die Auslegung der Sendeoptik die zwingende Forderung nach Taillenanpassung und Weglängenkompensation. Werden diese beiden Bedingungen nicht erfüllt, dann verliert das Verfahren seine Grundlage.

Bei gleichzeitiger Anwesenheit von 2 bis 10 Streuteilchen im Meßvolumen treten an der Empfängeroberfläche Kohärenzprobleme auf. In Abb. 2.10.6. ist dargestellt, was zu erwarten ist, wenn zwei Streuteilchen gleicher Geschwindigkeit und unterschiedlicher

Abb. 2.10.5. Interferenzfeld bei unkompensierter optischer Weglänge

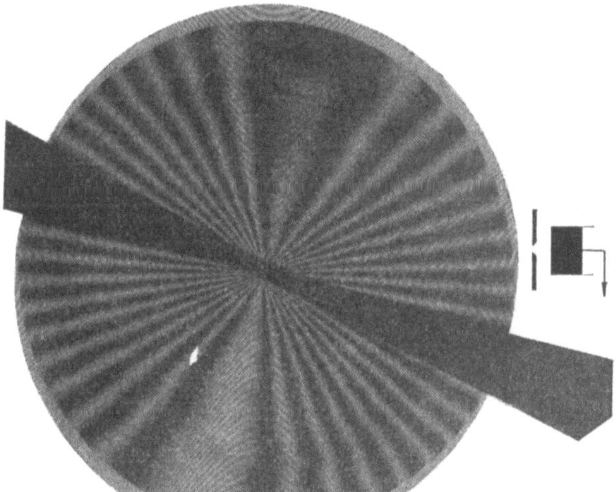

Abb. 2.10.6. Streuwellen bei zwei Streuteilchen gleicher Geschwindigkeit und unterschiedlicher Phase in einem Laserstrahl

Phase von einem Laserstrahl beleuchtet werden. Bei ungleicher Geschwindigkeit liegt die in Abb. 2.10.7. dargestellte Situation vor. Aus diesen beiden Abbildungen ist zu erkennen, wie kompliziert die Signalbildung bei Mehrteilchenstreuung ist. Bei Überlagerung gleichartiger Signale entsprechend Abb. 2.10.1. und Abb. 2.10.6. ergibt sich die Situation bei zwei Streuteilchen im Meßvolumen des ZBZS-Verfahrens.

Im vorliegenden Kapitel wurde vom Autor die elementare physikalisch analytische Behandlung bevorzugt. Der Vollständigkeit halber muß aber erwähnt werden, daß

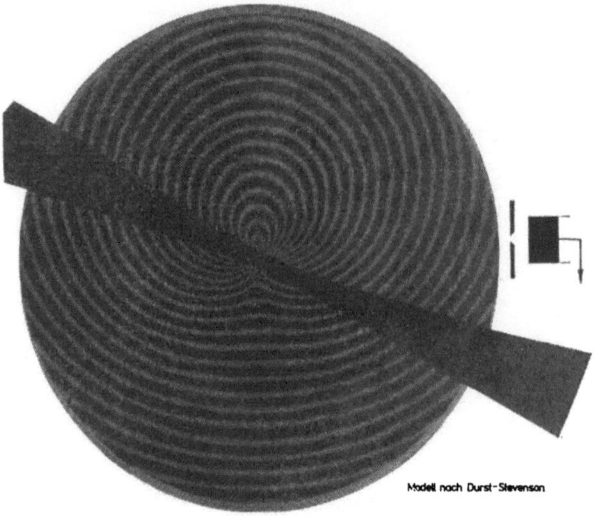

Abb. 2.10.7. Wellenfronten bei zwei Streuteilchen ungleicher Geschwindigkeit in einem Laserstrahl

in der Literatur auch eine Reihe von Arbeiten zum Laser-Doppler-Anemometer auf der Grundlage der Fourier-Theorie der Optik existieren [L 5, R 2].

Auf der Grundlage der Ausführungen in diesem Kapitel wird im Kapitel 3 die Dimensionierung der optischen Meßstrecke und im Kapitel 4 die Auslegung der Auswerteelektronik vorgenommen und die Konzeption für die Informationsverarbeitung entworfen.

3. Dimensionierung der optischen Meßstrecke

Der Dimensionierung der optischen Meßstrecke muß besonders große Aufmerksamkeit gewidmet werden. Unzulänglichkeiten in diesem Bereich lassen sich durch die folgenden Einheiten nicht wieder korrigieren.

Die Grundprobleme der Dimensionierung der optischen Meßstrecke bestehen in

- der Auswahl des Lasers bezüglich der Laserleistung; Ausgangspunkt ist dabei das erforderliche Signal-Rausch-Verhältnis; mit dem Laser sind die Ausdehnung der Lasertaille und die Strahldivergenz gegeben,
- der optimalen Auslegung der Sendeoptik bezüglich der Ausdehnung des Meßvolumens; Bedingung ist die Frequenzkonstanz, d. h. die Parallelität der Interferenzflächen im Bereich des Meßvolumens; zu dimensionieren sind Strahlteiler und Strahlaufweitungseinheiten in Abstimmung mit den dazugehörigen Sendelinsen,
- der Anpassung des Lasers an die Sendeoptik, um die Parallelität der Interferenzflächen zu gewährleisten; die Dimensionierung der Anpassungseinheit zwischen Laser und Sendeoptik muß so erfolgen, daß die für den Einbau der erforderlichen optischen Einheiten notwendigen Räume überbrückt werden können,
- dem Einsatz von Frequenzvorverschiebeeinheiten zur Auflösung der Turbulenz und zur Erkennung des Vorzeichens der Strömung,
- der optimalen Auslegung der Empfangsoptik mit dem Ziel, ausschließlich das Meßvolumen auf der Empfängerkatode abzubilden und störendes Nebenlicht auszublenden bzw. zu unterdrücken.

Bei Mehrkomponenten-Laser-Doppler-Anemometern ist darüber hinaus dafür zu sorgen,

- daß die zur Messung der einzelnen Komponenten verwendeten Strahlpaare senkrecht zueinander polarisiert sind, um Mischprodukte zu vermeiden, und
- daß die Meßvolumina der einzelnen Komponenten an der gleichen Stelle liegen, ein Problem, daß besonders bei Messungen mit Mehrfarbenoptiken in Flüssigkeiten zu beachten ist.
- Bei Mehrfarbenoptiken sind Farbfilter zur Trennung der Frequenzen vorzusehen und bei Verwendung von verschiedenen Shiftfrequenzen zur Trennung der Komponenten die entsprechenden Verschiebeeinheiten.

3.1. Die optimale Auslegung der Sendeoptik

Die grundlegende Voraussetzung für das Laser-Doppler-Anemometer besteht in der Parallelität der Interferenzflächen im Bereich des Schnittvolumens. Diese Parallelität ist das Ergebnis ebener Wellenfronten im Schnittbereich der Strahlen. Ebene Wellenfronten treten nach Gl. (1.3.10) in der Strahltaille und näherungsweise für $\alpha z \gg r_{0s}$ auf. Daraus ergibt sich die Notwendigkeit der Abbildung der Lasertaille in den Schnittpunkt der Strahlen, d. h. in den ausgangsseitigen Brennpunkt der Sendeoptik. Nach Gl. (1.2.14) muß für diesen Fall die Lasertaille im eingangsseitigen Brennpunkt liegen [D 12]. Bei Einsatz eines Lasers, bei dem die Lasertaille im Ausgangsspiegel liegt (z. B. HNA 50 Carl Zeiss JENA), besteht die einfachste optische Anordnung für ein Laser-Doppler-Anemometer in einem Strahlteiler und einer Sendelinse, deren eingangsseitiger Brennpunkt in den Laserspiegel gelegt wird. Im ausgangsseitigen Brennpunkt entsteht das Meßvolumen (Abb. 3.1.1.).

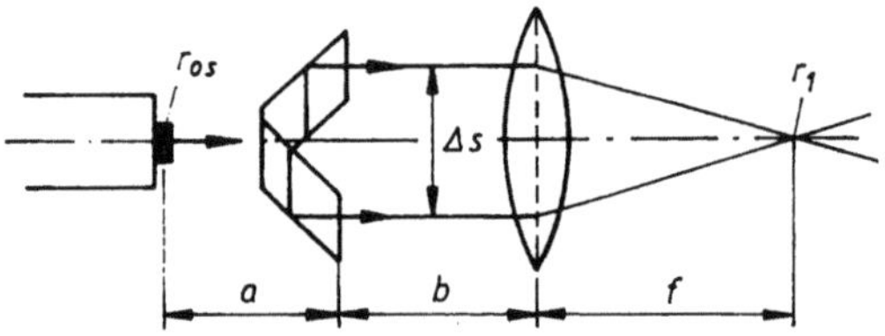

Abb. 3.1.1. Einfachste Anordnung für ein Laser-Doppler-Anemometer

Die Taillendurchmesser von Lasern liegen zwischen 0,8 mm und 2,0 mm. Für das Meßvolumen werden bei Kanalausdehnungen von 100 mm bis 200 mm Durchmesser von $d = 0{,}1$ mm verlangt. Unter dieser Bedingung ergibt sich für den HNA 50 ($D = 0{,}8$ mm) z. B. eine maximale Brennweite von $f = 99$ mm. Bei einem Strahlabstand von $\Delta s = 60$ mm (n des Strahlteilers 1,5) resultiert daraus mit

$$f = a + b + \frac{\Delta s}{2} \cdot n \tag{3.1.1}$$

eine lichte Weite von $a + b = 54$ mm. Daraus ist ersichtlich, daß selbst bei Lasern mit großer Lasertaille ein so einfacher Aufbau kaum möglich ist, und vor allem dann, wenn im Bereich der Sendeoptik noch eine Bragg-Zelle zur Frequenzvorverschiebung angeordnet werden soll.

Um die notwendigen Abstände zu erreichen, sind Strahltransformationseinheiten notwendig, die die Lasertaille in den Brennpunkt der Sendeoptik transformieren, Strahlaufweitungseinheiten, um zu kleineren Durchmessern in der ausgangsseitigen Taille und damit zu kleineren Durchmessern des Meßvolumens (Gl. (1.3.15)) zu gelangen, und Einheiten, die den Strahlabstand vergrößern, um die Ausdehnung des Meßvolumens c zu verkleinern (Gl. (2.5.2)).

Den prinzipiellen Aufbau der Sendeoptik zeigt Abb. 3.1.2. Unter Berücksichtigung der Gl. (1.3.14) bis Gl. (1.3.15) kann die Auslegung der Sendeoptik mit der genannten Zielstellung mit Hilfe der aus der geometrischen Optik bekannten Methoden erfolgen.

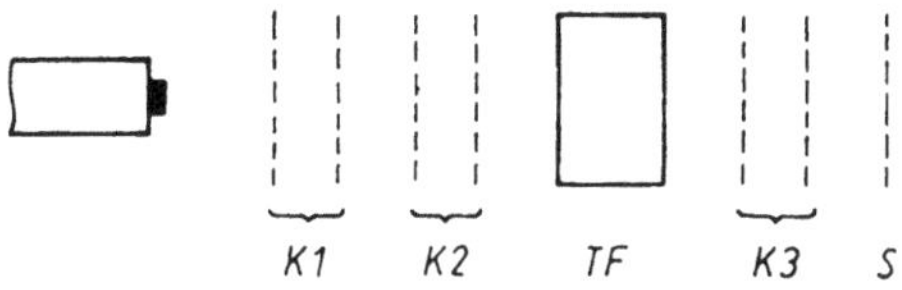

Abb. 3.1.2. Grundsätzlicher Aufbau eines Laser-Doppler-Anemometers (K 1 Kollimator zur Taillenanpassung, K 2 Kollimator zur Taillenaufweitung, TF Strahlteiler u. Shifteinheit, K 3 Kollimator zur Strahlaufweitung u. Abstandsänderung, S Sendelinse)

Eine elegante Methode zur Berechnung der Abbildung Gaußscher Strahlen durch ein optisches System bietet nach Einführung des komplexen Strahlparameters $\underline{q}$ [K 1]

$$\frac{1}{\underline{q}} = \frac{1}{R(z)} - \mathrm{j}\,\frac{\lambda}{\pi r^2(z)} \tag{3.1.2}$$

die Matrizenoptik. An einem optischen System sind die Strahlparameter $\underline{q}_1$ und $\underline{q}_2$ über die Elemente der Strahlmatrix

$$(S) = \begin{vmatrix} A & B \\ C & D \end{vmatrix} \tag{3.1.3}$$

verknüpft

$$\frac{1}{\underline{q}_2} = \frac{C\underline{q}_1 + D}{A\underline{q}_1 + B}. \tag{3.1.4}$$

Die Strahlmatrix (S) stellt den Zusammenhang zwischen den Eingangsgrößen x_1 und x_1' und den Ausgangsgrößen x_2 und x_2' her (Abb. 3.1.3.)

$$\begin{vmatrix} x_2 \\ x_2' \end{vmatrix} = |S| \begin{vmatrix} x_1 \\ x_1' \end{vmatrix}. \tag{3.1.5}$$

Aus ihren Elementen lassen sich die Lage der Brennebenen $F_{1,2}$ und der Hauptebenen $H_{1,2}$ zur Einfalls- bzw. Ausfallsebene $E_{1,2}$ und die Ersatzbrennweite f des Systems berechnen

$$(S) = \begin{vmatrix} 1 - \dfrac{h_2}{f} & h_1 + h_2 - \dfrac{h_1 h_2}{f} \\ -\dfrac{1}{f} & 1 - \dfrac{h_1}{f} \end{vmatrix}. \tag{3.1.6}$$

Die Orientierung für die positive Zählrichtung ist in Abb. 3.1.3. angegeben. Die Elemente der Matrix genügen der Bedingung

$$AD - CB = 1. \tag{3.1.7}$$

Der Vorteil der Matrizenoptik besteht in ihrer Parallelität zur Vierpoltheorie der Elektrotechnik. Die Strahlmatrix (S) entspricht der inversen (A)-Matrix. Sie läßt sich durch Multiplikation aus den optischen Elementarmatrizen berechnen. Aus Gl. (3.1.5)

Tab. 3.1.1 Elementarmatrizen der Optik

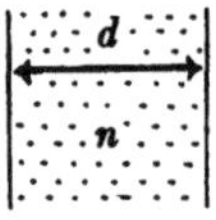	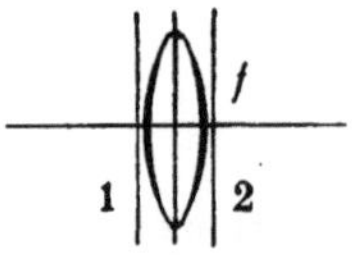
$(S) = \begin{vmatrix} 1 & d \\ 0 & 1 \end{vmatrix}$	$(S) = \begin{vmatrix} 1 & 0 \\ -\frac{1}{f} & 1 \end{vmatrix}$

geht hervor, daß diese Matrizen vom Ausgang beginnend multipliziert werden müssen. Tab. 3.1.1 enthält die wichtigsten optischen Elementarmatrizen.

Für einen Kollimator nach Abb. 3.1.4. lassen sich die Größen des optischen Ersatzsystems aus

$$(S) = \begin{vmatrix} 1 & 0 \\ -\frac{1}{f_2} & 1 \end{vmatrix} \cdot \begin{vmatrix} 1 & d \\ 0 & 1 \end{vmatrix} \cdot \begin{vmatrix} 1 & 0 \\ -\frac{1}{f_1} & 1 \end{vmatrix} = \begin{vmatrix} 1 - \frac{d}{f_1} & d \\ -\frac{1}{f_1} - \frac{1}{f_2} + \frac{d}{f_1 f_2} & 1 - \frac{d}{f_2} \end{vmatrix} \tag{3.1.8}$$

berechnen.

Für eine in d_1 vor der Optik befindliche Taille gilt mit $R(d_1) = \infty$

$$\frac{1}{\underline{q}_1} = -\mathrm{j}\,\frac{\lambda}{\pi r_1^2} = -\mathrm{j}\,\frac{1}{q_1}. \tag{3.1.9}$$

Damit ergibt sich aus Gl. (3.1.4)

$$\frac{1}{\underline{q}_2} = \frac{D + \mathrm{j}q_1C}{B + \mathrm{j}q_1A} = \frac{DB + CAq_1^2}{B^2 + A^2q_1^2} - \mathrm{j}\,\frac{q_1}{B^2 + A^2q_1^2} = \frac{1}{R(d_2)} - \mathrm{j}\,\frac{\lambda}{\pi r_2^2}. \tag{3.1.10}$$

Aus der Bedingung $R(d_2) = \infty$ läßt sich die Lage der abgebildeten Taille berechnen

$$DB + CAq_1^2 = 0. \tag{3.1.11}$$

Die Ausdehnung der abgebildeten Taille folgt aus dem zweiten Summanden der Gl. (3.1.10)

$$\left(\frac{r_2}{r_1}\right)^2 = B^2 + A^2q_1^2. \tag{3.1.12}$$

Die Strahlmatrix errechnet sich dabei aus (Abb. 3.1.4.)

$$|S| = \begin{vmatrix} 1 & d_2 \\ 0 & 1 \end{vmatrix} \cdot \begin{vmatrix} 1 & 0 \\ -\frac{1}{f_2} & 1 \end{vmatrix} \cdot \begin{vmatrix} 1 & d \\ 0 & 1 \end{vmatrix} \cdot \begin{vmatrix} 1 & 0 \\ -\frac{1}{f_1} & 1 \end{vmatrix} \cdot \begin{vmatrix} 1 & d_1 \\ 0 & 1 \end{vmatrix}. \tag{3.1.13}$$

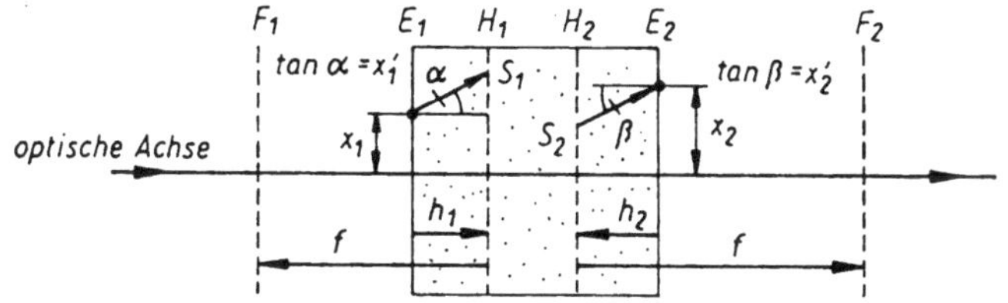

Abb. 3.1.3. Lage der Bezugs-, Haupt- und Brennebenen an einem optischen System

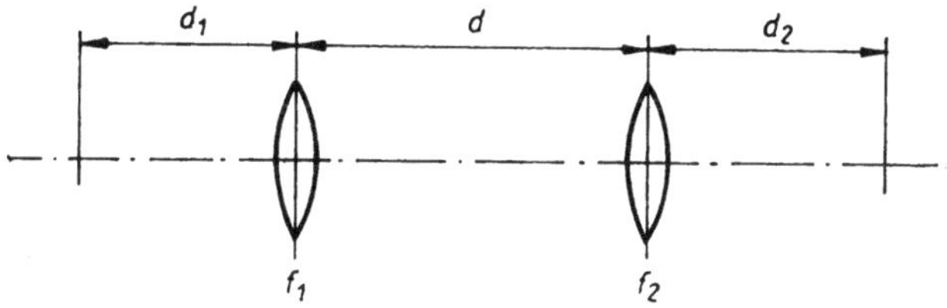

Abb. 3.1.4. Kollimator

Ausgehend von diesen grundlegenden Beziehungen lassen sich die erforderlichen optischen Elemente dimensionieren.

— Verstimmter Kollimator zur Anpassung der Lasertaille. Wird in Gl. (3.1.13) für $d = f_1 + f_2 + \Delta$ eingesetzt, so ergibt sich für die Abbildung einer in d_1 befindlichen Lasertaille

$$\frac{d_2}{f_2} = 1 + \frac{f_2}{\Delta} - \frac{\frac{f_1 f_2}{\Delta^2}\left(1 - \frac{d_1}{f_1} + \frac{f_1}{\Delta}\right)}{\left(1 - \frac{d_1}{f_1} + \frac{f_1}{\Delta}\right)^2 + \frac{1}{f_1^2}\left(\frac{\pi r_1^2}{\lambda}\right)^2}. \tag{3.1.14}$$

Die Ausdehnung der Taille in d_2 beträgt

$$\left(\frac{r_2}{r_1}\right)^2 = \frac{\left(\frac{f_2}{\Delta}\right)^2}{\left(1 - \frac{d_1}{f_1} + \frac{f_1}{\Delta}\right)^2 + \frac{1}{f_1^2}\left(\frac{\pi r_1^2}{\lambda}\right)^2}. \tag{3.1.15}$$

Durch Verändern von Δ kann die Lage der abgebildeten Taille verändert werden. In Abb. 3.1.5. ist Gl. (3.1.14) für zwei Kollimatoren, bestehend aus zwei Konvexlinsen bzw. aus einer Konkav- und einer Konvexlinse, für drei Abstände d_1 ausgewertet; Abb. 3.1.6. zeigt die Veränderung des Taillenradius.

— Abgestimmter Kollimator zur Strahlaufweitung und zur Veränderung des Strahlabstandes.

Für $\Delta = 0$ liegt ein abgestimmter Kollimator vor. Aus Gl. (3.1.14) ergibt sich

$$d_2 = \frac{f_2}{f_1}\left(f_1 + f_2 - d_1 \frac{f_2}{f_1}\right), \tag{3.1.16}$$

aus Gl. (3.1.15) folgt

$$r_2 = r_1 \left| \frac{f_2}{f_1} \right|. \tag{3.1.17}$$

Befindet sich die Strahltaille im Brennpunkt f_1, dann erscheint die abgebildete Taille in f_2. Bei Verwendung von achssymmetrischen Parallelstrahlen ergibt sich aus der Geometrie der Strahlführung eine Strahlabstandsänderung

$$\Delta s_2 = \Delta s_1 \left| \frac{f_2}{f_1} \right|. \tag{3.1.18}$$

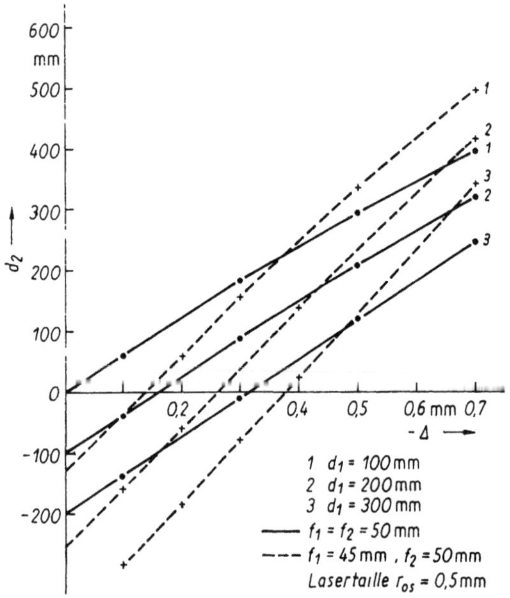

Abb. 3.1.5. Lage der Strahltaille d_2 als Funktion der Verstimmung Δ

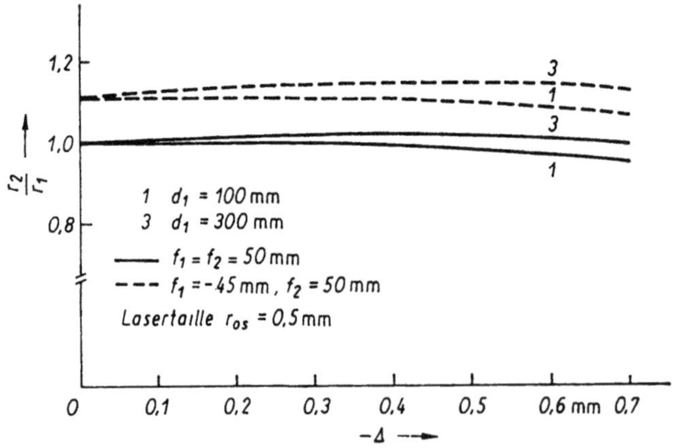

Abb. 3.1.6. Vergrößerung der Lasertaille als Funktion der Verstimmung

Abgestimmte Kollimatoren werden in der LDA-Technik innerhalb der Sendeoptiken zur Strahlaufweitung und zur Vergrößerung des Strahlabstandes eingesetzt, um zu kleineren Meßvolumenabmessungen zu gelangen.

Aus den vorangegangenen Untersuchungen geht hervor, daß eine Sendeoptik immer aus einer ungeraden Anzahl von Linsen besteht, die Sendelinse ist dabei inbegriffen.

3.2. Die optimale Auslegung der Empfangsoptik

Bei praktischen Messungen mit dem Laser-Doppler-Anemometer erreicht den Empfänger nicht nur das Streulicht aus dem Bereich des Abtastvolumens, sondern auch Störstrahlung aus den verschiedenen Teilen des Laserstrahles. Durch Überlagerung der verschiedenen Störkomponenten können Mischprodukte auftreten, die zu einer Fehlinterpretation des gemessenen Signales führen können. Im wesentlichen treten zwei Komponenten auf:

- Reflexionen an den Kanalwänden führen zu einem unbeabsichtigten Referenzstrahl.
- In allen Bereichen der Strömung befinden sich Streuteilchen, so daß auch außerhalb des Abtastvolumens befindliche Strahlbereiche der Laserstrahlen Quellen für Streulicht sind. Ein Teil dieser Strahlung erfüllt die Kohärenzbedingung und führt zu Wechselsignalen.

Überlagerung der reflektierten Strahlung und der aus einem Strahl herrührenden Streustrahlung ergibt Signale der halben Doppler-Frequenz.

Es ist deshalb erforderlich, die Empfangsoptik so zu konstruieren, daß nach Möglichkeit nur Streulicht aus dem Bereich des Abtastvolumens den Empfänger erreicht. Der Aufbau der Empfangsoptik ist in Abb. 3.2.1. dargestellt. Die Anordnung enthält eine Raumfilterblende mit dem Radius r_F, das Objektiv mit der Brennweite f und dem Blendendurchmesser D_L und den optoelektronischen Wandler mit der Empfängerfläche vom Durchmesser D_K.

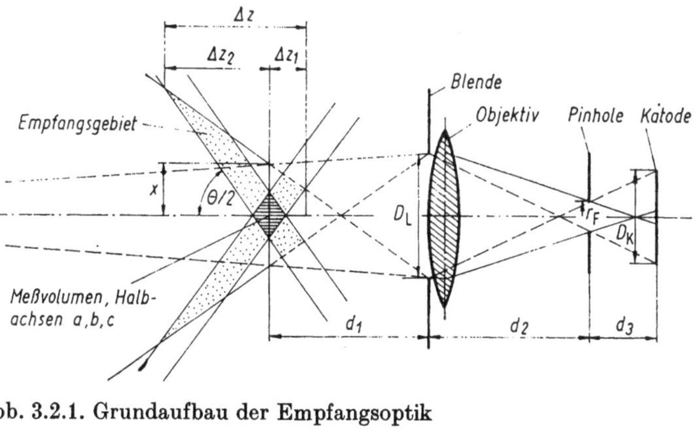

Abb. 3.2.1. Grundaufbau der Empfangsoptik

Aus Abb. 3.2.1. läßt sich die Tiefe berechnen, aus der Streulicht auf den Empfänger gelangt [N 1]. Mit

$$\Delta z_1 = \frac{x + c \tan \Theta/2}{\tan \Theta/2 - \dfrac{D_L + 2x}{2d_1}} \tag{3.2.1}$$

und

$$\Delta z_2 = \frac{x + c \tan \Theta/2}{\tan \Theta/2 + \dfrac{D_L + 2x}{2d_1}} \tag{3.2.2}$$

sowie $2x \ll D_L$ ergibt sich

$$\Delta z = \Delta z_1 + \Delta z_2 = \frac{2x + d/\cos \Theta/2}{\tan \Theta/2 - \left(\dfrac{D_L}{2d_1}\right)^2 \Big/ \tan \Theta/2}. \tag{3.2.3}$$

Unter Berücksichtigung der Beugung an der Blende der Empfangsoptik

$$x = r_F \frac{d_1}{d_2} + \frac{4}{\pi} \frac{d_1 \lambda}{D_L} \tag{3.2.4}$$

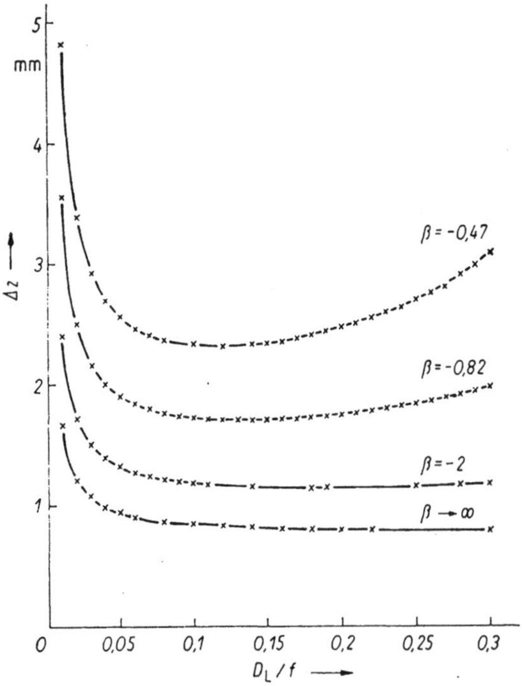

Abb. 3.2.2. Empfangsbereich als Funktion der relativen Blendenöffnung ($2r_F = 100$ µm, $\Theta/2 = 10°$, $d = 2b = 0{,}13$ mm)

und mit dem Abbildungsmaßstab $\beta = -d_2/d_1$ für

$$d_1 = \left(1 - \frac{1}{\beta}\right) f \tag{3.2.5}$$

ergibt sich

$$\Delta z = -\frac{2r_F + \frac{8}{\pi} \frac{\lambda f}{D_L} (1 - \beta) - \beta d/\cos \Theta/2}{\beta \tan \Theta/2 - \left(\frac{D_L}{2f}\right)^2 \beta \Big/ \left(1 - \frac{1}{\beta}\right)^2 \tan \Theta/2}. \tag{3.2.6}$$

In Abb. 3.2.2. ist der Empfangsbereich für eine Raumfilterblende vom Durchmesser $2r_F = 100\ \mu m$ als Funktion der relativen Blendenöffnung D_L/f dargestellt; Parameter ist der Abbildungsmaßstab.

Bei der Dimensionierung der Raumfilterblende muß beachtet werden, daß sie weder zu klein noch zu groß gewählt wird. Eine zu große Blende begünstigt den Einfall von Störstrahlung, eine zu kleine Blende beschneidet das Signal und führt zu Beugungserscheinungen an der Raumfilterblende. Für den optimalen Fall wird die Blende doppelt so groß wie der abgebildete Durchmesser $2a$ des Meßvolumens $r_F \approx \beta d/\cos \Theta/2$ gewählt. Dann ergibt sich aus Gl. (3.2.6)

$$(\Delta z)_{opt} = -\frac{\frac{8}{\pi} \frac{\lambda f}{D_L} (1 - \beta) + \beta d/\cos \Theta/2}{\beta \tan \Theta/2 - \left(\frac{D_L}{2f}\right)^2 \beta \Big/ \left(1 - \frac{1}{\beta}\right)^2 \tan \Theta/2}. \tag{3.2.7}$$

Gl. (3.2.7) ist Grundlage für die Dimensionierung der Empfangsoptik.

3.3. Optische Meßstrecken zur Ein- und Mehrkomponentenmessung

Es ist nicht möglich, einen vollständigen Überblick über bisher entwickelte Laser-Doppler-Anemometer zu geben. Der folgende Abschnitt beschränkt sich auf typische Lösungen und Prinzipien für Ein-, Zwei- und Dreikomponenten-Laser-Doppler-Anemometer und geht darüber hinaus auf einige problemangepaßte originelle Lösungen ein.

3.3.1. *Einkomponenten-Laser-Doppler-Anemometer*

In vielen Fällen ist es notwendig, eine eigene an das Problem angepaßte Lösung zu suchen, oft ist dies auch aus ökonomischen Gründen erforderlich. Es hat sich gezeigt, daß bei geringen Strahlausdehnungen kommerziell erhältliche Linsen qualitativ gute Sendeoptiken ermöglichen.

Ausgangspunkt des im weiteren beschriebenen Systems war ein Satz Linsen vom Durchmesser 110 mm mit den Brennweiten $f_1 = -120$ mm, $f_2 = 190$ mm und $f_3 = 260$ mm. Das Schema der Sendeoptik und die Lage der einzelnen Ebenen bzw. der

Strahltaillen sind in Abb. 3.3.1. dargestellt. Die Linsen f_1 und f_2 bilden einen abgestimmten Kollimator zur Strahlaufweitung und Strahlabstandsänderung, f_3 ist die Sendelinse.

Die Strahlmatrix ergibt sich mit $d_1 = f_1 + f_2$ aus

$$(S) = \begin{vmatrix} 1 & 0 \\ -\frac{1}{f_3} & 1 \end{vmatrix} \cdot \begin{vmatrix} 1 & d_2 \\ 0 & 1 \end{vmatrix} \cdot \begin{vmatrix} 1 & 0 \\ -\frac{1}{f_2} & 1 \end{vmatrix} \cdot \begin{vmatrix} 1 & d_1 \\ 0 & 1 \end{vmatrix} \cdot \begin{vmatrix} 1 & 0 \\ -\frac{1}{f_2} & 1 \end{vmatrix} \tag{3.3.1}$$

zu

$$(S) = \begin{vmatrix} -\frac{f_1}{f_2} & f_1 + f_2 - d_2 \frac{f_1}{f_2} \\ \frac{f_2}{f_1 \cdot f_3} & -\frac{1}{f_3}(f_1 - f_2) - \frac{f_1}{f_2}\left(1 - \frac{d_2}{f_3}\right) \end{vmatrix}. \tag{3.3.2}$$

Aus Gl. (3.3.2) folgt mit Gl. (3.1.6) für die Ersatzbrennweite und die Lage der Hauptebenen: $f = 164{,}21$ mm, $h_1 = 136{,}62$ mm, $h_2 = -95{,}79$ mm. Der Strahlabstand wird von $\Delta s_T = 60$ mm auf $\Delta s = 95$ mm vergrößert, der Strahl im Verhältnis 1 : 1,58 aufgeweitet. Der Kollimator K 1 nimmt eine zusätzliche Strahlaufweitung vor und transformiert die Lasertaille in den Brennpunkt der Sendeoptik. Es wurde ein Laser mit $D_0 = 0{,}85$ mm eingesetzt. Damit ergeben sich aus Gl. (1.3.15) mit Gl. (2.5.2) Meßvolumenabmessungen von $d = 2b = 0{,}078$ mm, $2a = 0{,}079$ mm, $2c = 0{,}43$ mm. Mit Hilfe einer planen drehzahlstabilisierten Scheibe, die als definiert positioniertes Streuobjekt mit einer Mikrometerschraube durch das Meßvolumen geschoben wurde, wurde das Meßvolumen ausgemessen und die Frequenzstabilität überprüft. Die Meßergebnisse sind in Abb. 3.3.2. dargestellt. Die Frequenzabweichung im Bereich des Meßvolumens betrug 0,5%.

Den Aufbau der Sendeoptik zeigt Abb. 3.3.3a. Die Sendeoptik ist um ihre optische Achse drehbar, eine Winkeleinteilung sorgt für definiert einstellbare Winkel. Abb. 3.3.3b zeigt die verwendeten Strahlteiler. Prismenteiler erfordern aufwendige Justierarbeit bezüglich der Strahlparallelität, die verwendeten Kittgruppen dagegen halten die

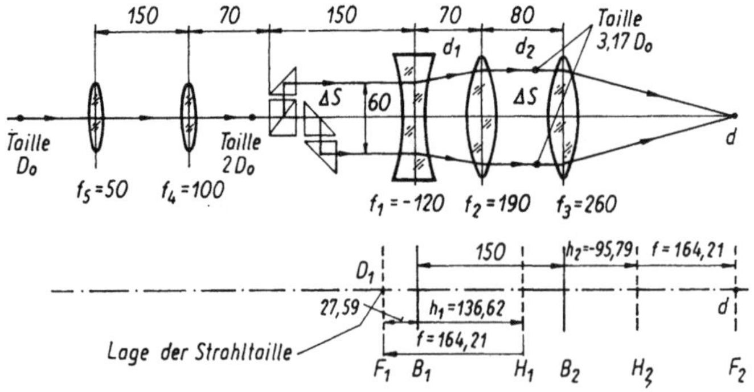

Abb. 3.3.1. Einkomponenten-Laser-Doppler-Anemometer

Strahlen auch bei geringer Verschiebung noch in der eingestellten Position. Durch Wechsel der Sendelinse können verschiedene Kanaltiefen und Meßvolumenabmessungen erreicht werden. In Tab. 3.3.1 sind die durch Wechsel von K 1 und der Sendelinse erreichbaren Daten zusammengestellt.

Das beschriebene optische System ist ein Beispiel für den Einsatz eines abgestimmten Kollimators nach dem Prinzip des Holländischen Fernrohres. Dazu werden Linsen mit relativ großem Durchmesser benötigt. Am Beispiel des LADO II (Carl Zeiss JENA,

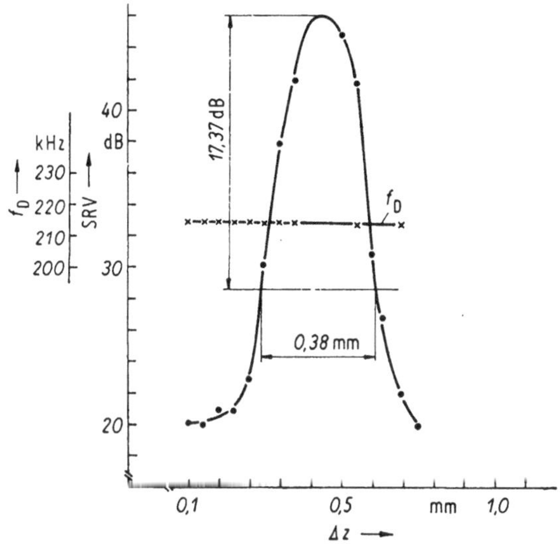

Abb. 3.3.2. Meßvolumenausdehnung $2c$ und Frequenzstabilität bei einem Einkomponentenanemometer nach Abb. 3.3.1.
($D_0 = 0{,}85$ mm, $\Theta/2 = 10{,}35°$, $\Delta s_T = 60$ mm, Kollimator K 1,2 $\beta = -2$, K 0 $\beta = -1{,}58$, $\Delta s = 95$ mm)

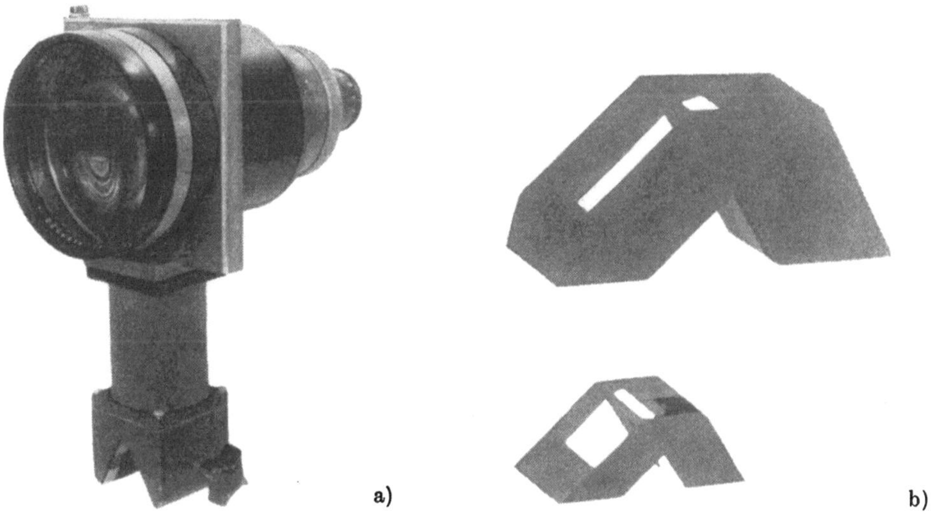

Abb. 3.3.3. Sendeoptik des entworfenen Laser-Doppler-Anemometers
a) Optik, b) Strahlteiler $\Delta s = 60$ mm, $\Delta s = 30$ mm

Tab. 3.3.1. Einkomponenten-Laser-Doppler-Anemometer (Abb. 3.3.1), Daten mit Wechselobjektiven (Strahltaille $d = 1$ mm)

Brennweiten mm	Aufweitungsfaktor	D mm	Δs mm	$\Theta/2$ °	$2a$ mm	$2b$ mm	$2c$ mm	V mm³	Δx µm	N
260	1,585	1,585	95	10,35	0,134	0,132	0,736	$6{,}81 \cdot 10^{-3}$	1,76	76
	$2 \times 1{,}585$	3,17	95	10,35	0,067	0,066	0,368	$8{,}91 \cdot 10^{-4}$	1,76	38
500	1,585	1,585	95	5,43	0,255	0,254	2,686	$9{,}11 \cdot 10^{-2}$	3,34	76
	$2 \times 1{,}585$	3,17	95	5,43	0,128	0,127	1,343	$1{,}39 \cdot 10^{-2}$	3,34	38
1000	1,585	1,585	95	2,72	0,509	0,508	10,71	1,44	6,67	76
	$2 \times 1{,}585$	3,17	95	2,72	0,255	0,254	5,356	$1{,}81 \cdot 10^{-1}$	6,67	38

siehe Abschnitt Mehrkomponentensysteme) wird gezeigt, daß dieses Problem auch mit Kollimatoren nach dem Prinzip des Keplerschen Fernrohres mit Mikroskopoptiken gelöst werden kann. Allerdings sind dann wesentlich größere Abstände zwischen den Linsensystemen notwendig. Als Strahlteiler können auch eine Bragg-Zelle oder ein Rotationsbeugungsgitter eingesetzt werden (siehe Abschnitt 1.4). Bei optimaler Auslegung kann erreicht werden, daß nur zwei Ordnungen auftreten und Leistungsverluste im Strahlteiler weitgehend vermieden werden. In der Optik LADO II (Carl Zeiss JENA) wurde eine spezielle Bragg-Zelle zur zweidimensionalen Strahlteilung eingesetzt (siehe Abschnitt 3.3.2). Analog ist eine Strahlteilung in einem Einkomponentenanemometer mit einer einfachen Bragg-Zelle möglich.

Relativ einfach gestaltet sich ein Strahlteiler mit Rotationsbeugungsgitter. Tridimas u. a. [T 4] haben den in Abb. 3.3.4. dargestellten Aufbau mit Rotationsbeugungsgitter verwendet. Auch in diesem Fall ist eine Anpassung an die Lasertaille erforderlich und damit außer der Sendelinse f_1 eine zusätzliche Linse f oder ein Kollimator notwendig. Die Sendelinse bildet den Durchtritt des Laserstrahles durch das Rotationsbeugungsgitter entsprechend dem Abbildungsgesetz

$$\frac{1}{g} + \frac{1}{b} = \frac{1}{f} \tag{3.3.3}$$

in der Bildebene ab. Darüber hinaus gelten für die Abbildung der Strahltaille die Gl. (1.3.14) und Gl. (1.3.15). Für Taillenanpassung wird $b \approx z_2$ verlangt. Bei gegebener

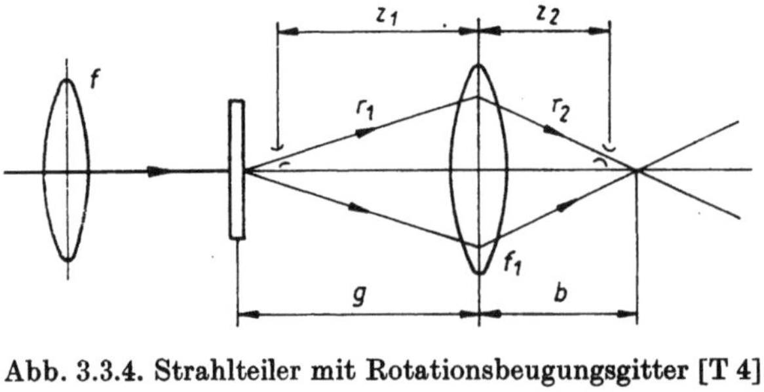

Abb. 3.3.4. Strahlteiler mit Rotationsbeugungsgitter [T 4]

Position g des Gitters ist der Schnittpunkt der Strahlen mit Hilfe von Gl. (3.3.3) aus

$$z_2 = \frac{g \cdot f_1}{g - f_1} \tag{3.3.4}$$

zu berechnen.

Der Beugungswinkel am Gitter ergibt sich für $\alpha = 0$ aus Gl. (1.4.2). Aus der Position des Gitters zur Linse f_1 kann der Schnittwinkel der Strahlen berechnet werden.

$$\tan \frac{\Theta}{2} \approx \frac{\lambda_0}{b}\left(\frac{g}{f} - 1\right). \tag{3.3.5}$$

Die notwendige Position der Strahltaille eingangsseitig ergibt sich aus Gl. (1.3.14) und die Ausdehnung der Taille in z_2 bei bekannter Ausdehnung in z_1 nach Gl. (1.3.15). Der Vorteil dieser Anordnung besteht darin, daß bei kleinen Brennweiten f_1 geringe Meßvolumina realisiert werden können. Eine weitere konstruktive Möglichkeit besteht darin, die gebeugten Strahlen durch eine Linse parallel zu richten, durch Prismen den Abstand der Strahlen zu vergrößern und diese Parallelstrahlen einer Sendelinse zuzuführen. In diesem Fall muß die Lasertaille natürlich wiederum durch einen Kollimator in den eingangsseitigen Brennpunkt der Sendelinse transformiert werden. Einen praktischen Aufbau mit Rotationsbeugungsgitter zeigt Abb. 3.3.5a. Das Gitter (Abb. 1.4.4a, s. S. 35) wurde auf fotografischem Wege hergestellt; es hat 3000 Striche und eine Gitterkonstante von $b = 0{,}044$ mm, so daß ein Beugungswinkel zwischen der 1. und der −1. Ordnung von $2\beta_1 = 1{,}05°$ bestand.

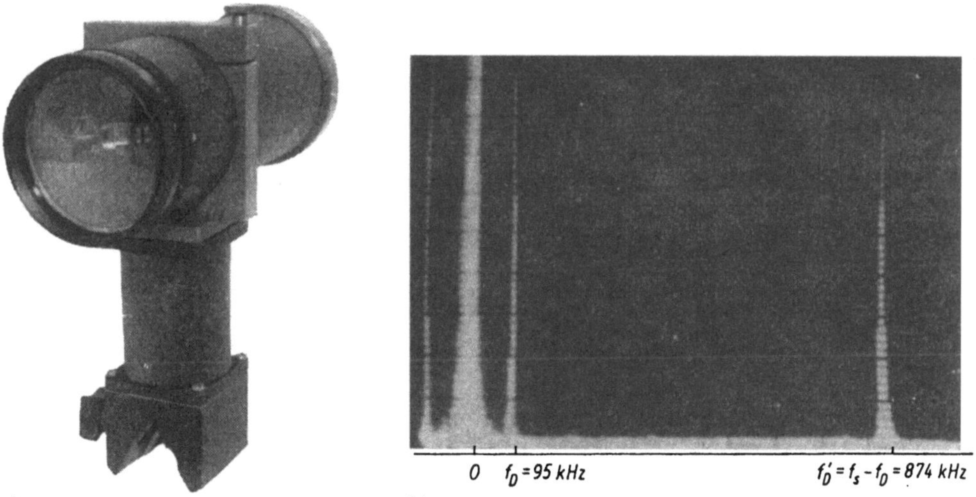

a) b)

Abb. 3.3.5. Frequenzvorverschiebung mit Rotationsbeugungsgitter ($f_s = 970$ kHz)
a) Gesamtaufbau, b) Spektrum

Eine zweite im Innenraum des Gitters angebrachte Teilerscheibe mit $N = 18$ arbeitet auf eine Phasenregelschleife zur Drehzahlstabilisierung des Antriebsmotors. Mit diesem Gitter sind bei Drehzahlen bis zu 10000 U/min Frequenzverschiebungen in einem Strahl bis zu 500 kHz möglich. Da die beiden Strahlen der ± 1. Ordnung zum Schnitt gebracht wurden, konnten Frequenzverschiebungen bis zu 1 MHz erreicht werden. In Abb. 3.3.5b ist ein mit Rotationsbeugungsgitter geshiftetes Spektrum abgebildet.

An das Gitter sind folgende Forderungen zu stellen:

- Das Gitter muß technologisch einwandfrei gefertigt sein.
- Möglichst kleine Gitterkonstanten aufweisen, um große Beugungswinkel zu erreichen.
- Der Durchmesser des Gitters muß so gewählt werden, daß im Bereich des Laserstrahles die radiale Verringerung des Gitterabstandes vernachlässigbar ist.

Unter Berücksichtigung der genannten Punkte ist ein Teiler mit Rotationsbeugungsgitter eine vollwertige Verschiebeeinheit. Tridimas u. a. konnten mit ihrem Gitter von 36000 Strich bei einer Gitterkonstanten von $b = 0{,}01$ mm einen Winkel für die 1. Ordnung von $\beta_1 = 3{,}14°$ erreichen.

Eine interessante Lösung für ein Laser-Doppler-Anemometer zur simultanen Ausmessung von Feldern an bis zu 10 Punkten haben Nakatani u. a. [N 2] angegeben. Das Meßsystem arbeitet nach dem Referenzstrahlprinzip. Referenzstrahl und Beleuchtungsstrahl werden durch Teilung aus einem Primärstrahl gewonnen. Mit Hilfe von drei Zylinderlinsen wird der Referenzstrahl in einen linienhaften Strahl aufgeweitet. Der Beleuchtungsstrahl wird durch ein Rotationsbeugungsgitter geführt, die gebeugten Strahlen werden durch eine Linse parallel gerichtet und zum Schnitt gebracht. Die Abbildung der Meßvolumina erfolgt wiederum durch eine Zylinderlinse. Bei geeigneter Dimensionierung des Gitters können bis zu 10 Meßpunkte zugleich erzeugt werden. Durch die unterschiedliche Shiftfrequenz ist es möglich, die Signale zu trennen. Mit Lichtleiterkabeln werden die Signale in der Bildebene abgegriffen und dem Empfänger zugeführt (Abb. 3.3.6.).

Laser-Doppler-Anemometer-Scanning wurden von Durst u. a. [D 13] und Schnettler [S 1] angegeben. Durst u. a. verwenden ein normales Einkomponentenanemometer nach dem ZBZS-Verfahren im Rückstreubetrieb mit einer Zoom-Optik als Sende- und Empfangsoptik. Die aus der Sendeoptik austretenden Strahlen werden auf ihrem Weg

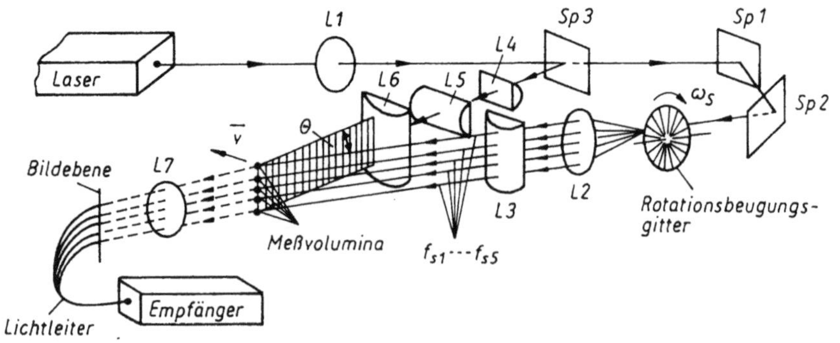

Abb. 3.3.6. Anordnung zur simultanen Feldausmessung an mehreren Feldpunkten [N 2]

in die Strömung über einen Schwingspiegel geleitet. Dieser Schwingspiegel realisiert die schnelle Abtastung der Strömung; die Zoom-Optik ermöglicht eine definierte Verschiebung des Meßvolumens bei konstantem Schnittwinkel Θ der Strahlen.

SCHNETTLER berichtet über ein optomechanisches Meßvolumenscanning auf Basis eines Laser-Doppler-Anemometers, das eine optoelektronische Auswerteeinheit verwendet. Diese im Zusammenhang mit einem Laser-Doppler-Anemometer neuwertige Lösung ist in Abb. 3.3.7. dargestellt. Der Aufbau entspricht wiederum einem normalen Laser-Doppler-Anemometer nach dem ZBZS-Verfahren. In diesem Fall wird die Auslenkung durch ein Rotationsprisma realisiert. Die Signalaufnahme erfolgt durch eine Zeile aus Lichtleiterkabeln, die sich in der Bildebene der Empfangsoptik befindet. Die Signalauswertung wird durch eine Bragg-Zelle in Form einer optischen Fouriertransformation vorgenommen. Dazu wird das Empfangssignal zur Ansteuerung einer Bragg-Zelle verwendet, die von einem Hilfslaser gespeist wird. Damit ist es möglich, das Spektrum innerhalb einer Burstdauer von 5 µs und kleiner zu bestimmen. Mit einer einzigen Bragg-Zelle können Echtzeitspektren im Bereich bis zu 60 MHz realisiert werden. Der aus der Bragg-Zelle austretende Strahl wird über das Rotationsbeugungsprisma geführt; damit wird eine eindeutige Zuordnung von Meßwert und Meßort vorgenommen. Mit dieser Anordnung ist die Vermessung instationärer Strömungen möglich, z. B. wurde das Strömungsprofil einer Flamme innerhalb von 3 ms aufgenommen.

Mit dem Laser-Doppler-Anemometer sind Messungen in Bereichen möglich, die für andere Meßverfahren absolut unzugänglich sind, das Ausmessen der Strömung in Kapillaren und in Blutadern. Damit findet das Meßverfahren Eingang in die medizinische Forschung. Eine Anordnung für Messungen in den Adern des Augenhintergrundes nach dem Einstrahl-Referenzstrahlprinzip wurde von RIVA u. a. [R 2] angegeben. Mit dieser Anordnung wurden Messungen im Bereich der Netzhaut vorgenommen. Dazu wird nur ein Strahl in das Auge eingefädelt. Im Rückstreubetrieb wird das Signal aus dem am Augenhintergrund reflektierten Primärstrahl und dem Streulicht gebildet. Anordnungen für Messungen in Kapillaren wurden von LE-CONG u. a. [L 4] und KONIUTA

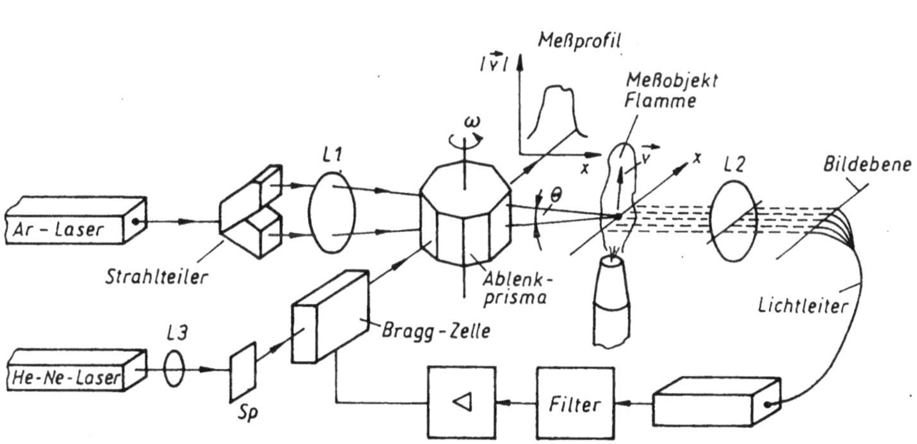

Abb. 3.3.7. Optomechanisches Laser-Doppler-Anemometer-Meßvolumenscanning [S 1]

u. a. [K 2] vorgestellt. Beide arbeiten nach dem ZBZS-Verfahren. Um zu demonstrieren, welche minimalen Meßvolumina möglich sind, soll im folgenden auf die von KONIUTA u. a. angegebene Anordnung näher eingegangen werden. Diese Anordnung ist in Abb. 3.3.8. dargestellt. Die Teilstrahlen werden durch einen Prismenstrahlteiler erzeugt, in den eine Bragg-Zelle eingefügt ist. Sie werden Aufweitungseinheiten zugeführt, die die Strahlen auf das siebenfache aufweiten. Mit Prismen wird der Schnittwinkel der Strahlen eingestellt. Die Strahltaille wird mit zwei Linsen, deren Brennweite $f = 50$ mm beträgt in den Schnittpunkt abgebildet. Verwendet wurde ein He-Ne-Laser. Der Strahlabstand hinter dem Teiler beträgt 80 mm, der Schnittwinkel $\Theta = 67{,}6°$, der Strahldurchmesser am Strahlteiler $D = 7{,}7$ mm. Mit dieser Anordnung wurde ein Meßvolumen mit den Abmessungen $2a = 5{,}2$ µm, $2b = 6{,}3$ µm und $2c = 9{,}4$ µm realisiert. Der Abstand der Interferenzflächen beträgt $\Delta x = 0{,}57$ µm. Mit dieser Anordnung wurden Messungen in Kapillaren mit einem Durchmesser von 0,2 mm ausgeführt.

Für Messungen an bewegten nicht fest positionierten Festkörperoberflächen werden lange Meßvolumina benötigt, die gewährleisten, daß bei variablem Durchtritt durch das Strahlenpaar Doppler-Signale entstehen. Eine Anordnung, die dies ermöglicht, zeigt Abb. 3.3.9. [A 5]. Sie besteht nur aus einem Strahlteiler und einem Prisma; der Schnittwinkel der Strahlen liegt zwischen 2° und 3° und ist veränderlich. Der Schnittpunkt der Strahlen ist durch Verschieben des Prismas veränderbar. Durch einen Kollimator erfolgt die Taillenanpassung.

Diese kurze Übersicht zeigt bereits die Breite der Laser-Doppler-Anemometrie, sie zeigt auch, welchen Stellenwert die Anpassung des Meßsystems an das Meßproblem besitzt und daß eine universell einsetzbare Meßanordnung kaum möglich ist. Praktisch bewährt hat sich für Laser-Doppler-Anemometer die Baukastenform, die es ermöglicht, aus Strahlteilereinheiten, Shifteinheiten usw. relativ einfach angepaßte Varianten zusammenzubauen [FI-1 bis FI-4].

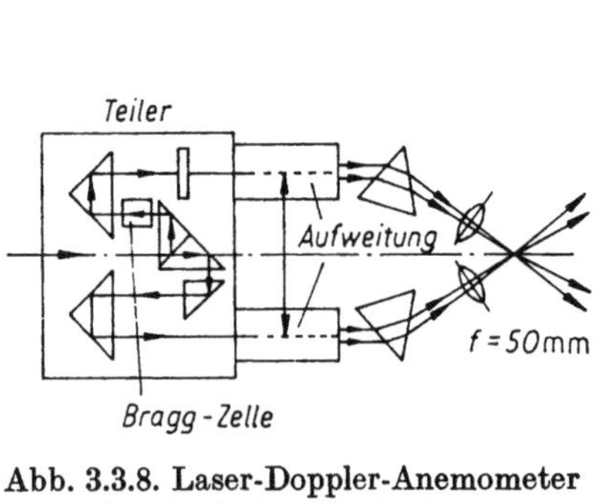

Abb. 3.3.8. Laser-Doppler-Anemometer mit mikroskopischem Meßvolumen

Abb. 3.3.9. Optik für ein langes Meßvolumen [K 2]

3.3.2. Zwei- und Dreikomponenten-Laser-Doppler-Anemometer

Zwei- und Dreikomponenten-Anemometer verfügen über zwei bzw. drei optisch unabhängige Interferenzfelder, deren Streusignale optisch oder elektronisch getrennt und den Interferenzfeldern eindeutig zugeordnet werden können. Die optische Entkopplung kann durch Verwendung von senkrecht zueinander polarisierten Strahlenpaaren oder unterschiedlicher Laserfrequenz (Farbe), die optische Trennung der Streusignale entsprechend durch Polarisationstrenner oder Farbfilter und die elektronische Trennung der Signale auf der Grundlage der für die Strahlenpaare unterschiedlichen Shiftfrequenz vorgenommen werden.

In Abb. 3.3.10. sind Strahlanordnungen dargestellt, die für die Messung von zwei Komponenten geeignet sind. Für Dreikomponentenanemometer wird eine der gezeigten Varianten mit einem normalen Einkomponentenanemometer für die fehlende Komponente kombiniert.

Es sind folgende Betriebsweisen möglich:

1. Optische Entkopplung durch Verwendung senkrecht zueinander polarisierter Interferenzfelder.

Bei Verwendung von senkrecht zueinander polarisierten Interferenzfeldern sind zwei optoelektronische Empfänger notwendig. Die Signale können durch eine gemeinsame Empfangsoptik aufgenommen, müssen danach aber über einen Polarisationstrenner den beiden Empfängern zugeführt werden. Alle in Abb. 3.3.10. dargestellten Strahlen-

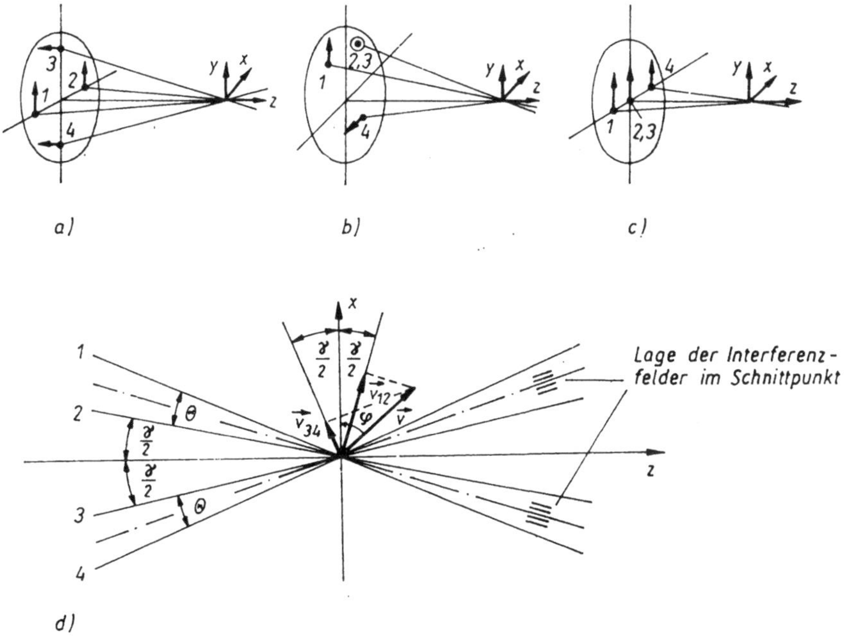

Abb. 3.3.10. Strahlenanordnungen für die Zweikomponentenmessung

anordnungen sind für diesen Betrieb geeignet. Die Varianten Abb. 3.3.10a und b sind zur Messung der x- und y-Komponente und die Varianten der Abb. 3.3.10c und d zur Messung der x- und z-Komponente einsetzbar.

Die in Abb. 3.3.10a enthaltenen Strahlenpaare 1,2 und 3,4 spannen räumlich senkrecht zueinander stehende senkrecht zueinander polarisierte Interferenzfelder auf. Die Meßvolumina der beiden Komponenten überdecken sich bei gleichen Strahlenparametern vollkommen. Die Variante in Abb. 3.3.10b verwendet nur drei Strahlen, um zwei räumlich senkrecht zueinander stehende Interferenzfelder zu erzeugen. Der Strahl 2 muß dabei zirkular polarisiert sein. Der Nachteil dieser Variante besteht darin, daß nur die Zentren der Meßvolumina sich überdecken und daß die optischen Achsen der beiden Teilsysteme nicht mit der optischen Achse des Gesamtsystems zusammenfallen. Die in Richtung der optischen Achse gestreute Leistung wird dadurch besonders bei großen Schnittwinkeln der Strahlen (kleine Brennweite, großer Strahlabstand) wesentlich verringert.

Die Anordnung in Abb. 3.3.10d verwendet im Prinzip die gleiche Konzeption mit dem Unterschied, daß die beiden Interferenzfelder in einer Ebene liegen. Sie weist damit die gleichen Nachteile auf. Die beiden senkrecht zueinander polarisierten Felder bilden mit der optischen Achse des Systems einen Winkel $\gamma/2$. Gemessen werden

$$v_{12} = v \cos\left(\varphi - \frac{\gamma}{2}\right) = \frac{\lambda_0 f_{D12}}{2 \sin \Theta/2}, \quad v_{34} = v \cos\left(\varphi + \frac{\gamma}{2}\right) = \frac{\lambda_0 f_{D34}}{2 \sin \Theta/2}. \quad (3.3.6)$$

Daraus errechnen sich

$$v_x = \frac{v_{12} + v_{34}}{2 \cos \gamma/2} = \frac{\lambda_0(f_{D12} + f_{D34})}{4 \sin \Theta/2 \cos \gamma/2}, \quad v_z = \frac{v_{12} - v_{34}}{2 \sin \gamma/2} = \frac{\lambda_0(f_{D12} - f_{D34})}{4 \sin \Theta/2 \sin \gamma/2}. \quad (3.3.7)$$

Die in Abb. 3.3.10c dargestellte Variante ist der Grenzfall der Variante Abb. 3.3.10d. Die Strahlen 2 und 3 fallen zusammen ($\gamma/2 = \Theta/2$). Für den Zentralstrahl muß zirkulare Polarisation gewählt werden. Die Komponenten ergeben sich aus Gl. (3.3.7)

$$v_x = \frac{\lambda_0(f_{D12} + f_{D34})}{2 \sin \Theta}, \quad v_z = \frac{\lambda_0(f_{D12} - f_{D34})}{4 \sin^2 \Theta/2}. \quad (3.3.8)$$

Das Ergebnis kann als Wirkung zweier virtueller Interferenzfelder mit dem Interferenzflächenabstand

$$\Delta x = \frac{\lambda_0}{2 \sin \Theta}, \quad \Delta z = \frac{\lambda_0}{4 \sin^2 \Theta/2} \quad (3.3.9)$$

gedeutet werden.

2. Optische Entkopplung durch Verwendung von Interferenzfeldern mit unterschiedlichem Interferenzflächenabstand (Verwendung verschiedener Farben für die Strahlenpaare).

Bei Verwendung von Strahlenpaaren unterschiedlicher Farbe sind ebenfalls zwei optoelektronische Empfänger notwendig. Nach der gemeinsamen Empfangsoptik wird die Farbtrennung vorgenommen. Als Quelle ist ein Argonlaser mit den Wellenlängen $\lambda_1 = 488$ nm (blau), $\lambda_2 = 514{,}5$ nm (grün) und $\lambda_3 = 528{,}7$ nm (grün) geeignet; in der Regel werden eine grüne und die blaue Linie in einer Anordnung nach Abb. 3.3.10a oder d verwendet.

3. Verwendung von Interferenzfeldern mit unterschiedlicher Shiftfrequenz.

Mit Frequenzshiftung sind alle in Abb. 3.3.10. dargestellten Strahlenanordnungen als Zweikomponentenanemometer geeignet. Es werden nur eine Empfangsoptik und ein optoelektronischer Empfänger benötigt. Die Trennung der Komponenten erfolgt auf elektronischem Wege durch Filterung. Die Varianten a und d in Abb. 3.3.10. verwenden für die Strahlenpaare 1,2 und 3,4 unterschiedliche Shiftfrequenzen, die Varianten b und c unterschiedliche Shiftfrequenzen für die Strahlen 1 und 4. Durch Verwendung senkrecht zueinander polarisierter Strahlenpaare können die Interferenzfelder optisch entkoppelt werden, um Mischprodukte im Empfänger zu vermeiden. Lediglich bei der Anordnung Abb. 3.3.10c ist es zweckmäßig, mit gleicher Polarisation zu arbeiten. Im Empfänger treten dann neben den Frequenzen f_{D12} und f_{D34} durch Mischung die Frequenzen f_{D14} und $f_{D12} - f_{D34}$ auf. Damit führt dieses Verfahren im Empfänger bereits zu Frequenzen, die der x- und der z-Komponente der Geschwindigkeit proportional sind.

In der praktischen Ausführung sind die optischen Systeme in der Regel in einer Modulbauweise ausgeführt. Diese Bauweise gestattet die Verwendung von einheitlichen Baugruppen für verschiedene Systemvarianten. Basiseinheiten sind dabei Strahlteiler, Bragg-Zelleneinheiten, Aufweitungseinheiten, Einheiten zur Veränderung des Strahlabstandes ohne Aufweitung, Farbtrenner, Polarisationstrenner, Empfänger usw.

Bei der Auswahl eines Meßsystems muß beachtet werden, daß bei Meßsystemen, die für die Messung verschiedene Farben verwenden, bei Messungen in Flüssigkeiten die Meßvolumina, wenn nicht in der Sendeoptik Korrekturelemente vorgesehen werden, verschoben sind.

Kommerziell werden Zweikomponentensysteme mit unterschiedlichem Aufwand in Form der Varianten Abb. 3.3.10a und b angeboten sowie Dreikomponentensysteme auf der Grundlage der Anordnung Abb. 3.3.10c (TSI Thermosystems Incorporated USA) und der Anordnung Abb. 3.3.10b und eines normalen Einkomponentenanemometers (DANTEC Dänemark). Darüber hinaus sind eine Reihe problemorientierter Lösungen entwickelt worden.

Über eine spezielle Lösung für das Schiffbauversuchswesen berichten Lammers und Landau [L 5, L 6]. Eine Dreikomponentenanordnung der Firma DANTEC (Dänemark) wurde für Messungen im Schlepptank ausgelegt.

Um den erforderlichen optischen Aufwand zu verdeutlichen, soll im folgenden auf eine originelle Lösung, die als kompaktes in sich justiertes Gerät konzipiert wurde, näher eingegangen werden. Das LADO II (Carl Zeiss JENA) ist ein Zweikomponentengerät nach dem Prinzip Abb. 3.3.10b. Der Strahlengang ist in Abb. 3.3.11. dargestellt, die Lage der Ebenen zeigt Abb. 3.3.12. Die Funktion der einzelnen Baugruppen besteht in folgendem: Die Kollimatoren K 1 und K 2 dienen der unabhängigen Anpassung der Lasertaille und des Laserabstandes an die Sendeoptik. Der einstellbare Kollimator K 1 wird zur Anpassung des Laserabstandes und der auswechselbare Kollimator K 2 zur Anpassung der Lasertaille verwendet. Als Strahlteiler und zugleich als Frequenzverschiebeeinheit wurde eine zweidimensionale Bragg-Zelle aus TeO_2 (siehe Abschnitt 1.4.2) eingesetzt. Für die Horizontalkomponente wird eine Shiftfrequenz von $f_{sx} =$ 20 MHz und für die Vertikalkomponente von $f_{sy} = 34$ MHz verwendet. Die Bragg-Winkel betragen unter diesen Bedingungen $\alpha_x = 1{,}14°$ und $\alpha_y = 1{,}98°$. Die Blende B hat die Aufgabe, die höheren Ordnungen zu unterdrücken. Damit der Strahl nicht beeinflußt wird, muß der Blendendurchmesser mindestens doppelt so groß sein wie der Strahldurchmesser. Ausgenutzt werden lediglich in x-Richtung die 1. Ordnung und in y-Richtung die −1. Ordnung. Die Bragg-Zelle wird so justiert, daß die Strahlleistung

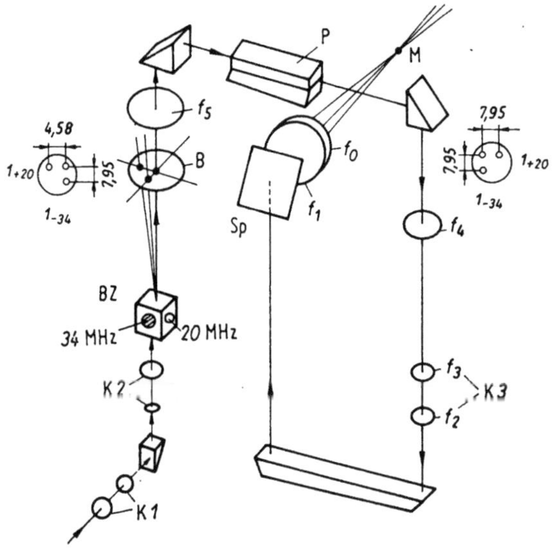

Abb. 3.3.11. Strahlengang bei der Optik LADO II (Carl Zeiss JENA)

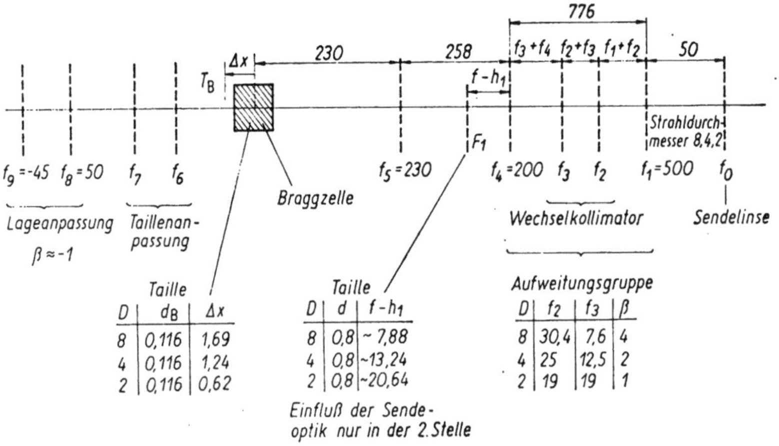

Abb. 3.3.12. Lage der Ebenen bei der Optik LADO II

im wesentlichen in diese Ordnungen und die 0. Ordnung geht. Die Linse f_5 stellt die Strahlparallelität ein, das Prisma P sorgt für gleichen Abstand der gebeugten Strahlen vom Hauptstrahl (0. Ordnung). Um Weglängenkompensation zu garantieren, werden der y-Teilstrahl und der Hauptstrahl durch einen Ausgleichsblock geführt. Die Linsen f_1 bis f_4 bilden ein Strahlaufweitungssystem, mit dem Aufweitungen mit einem Verhältnis bis zu 1 : 10 realisiert werden können. Die Gruppe f_2, f_3 ist als Wechselkollimator ausgeführt. Durch Wechseln dieser Gruppe können sowohl der Strahlabstand als auch der Strahldurchmesser verändert werden. Die Sendelinse f_0 ist auswechselbar. Damit ist die Anpassung an verschiedene Meßräume möglich. In Tab. 3.3.2 sind die mit den Wechselkollimatoren und den Wechselobjektiven möglichen Varianten und erreichbaren Daten zusammengestellt.

Durch Einsatz eines Rotationspolarisators am Laser wird bei entsprechender Einstellung erreicht, daß die beiden Teilstrahlen orthogonal zueinander polarisiert sind, während der Hauptstrahl zirkular polarisiert ist. Damit existieren zwei unabhängige

Tab. 3.3.2. Variationen mit der Optik LADO II ($D = 1$ mm)

f_0		$f_{01} = 125$ mm			$f_{02} = 250$ mm			$f_{03} = 500$ mm			$f_{04} = 1000$ mm		
Δs mm	D mm	$\Theta/2$ °	d_b mm	d_c mm	$\Theta/2$ °	d_b mm	d_c mm	$\Theta/2$ °	d_b mm	d_c mm	$\Theta/2$ °	d_b mm	d_c mm
80	8	17,75	0,013	0,041	9,09	0,025	0,158	4,57	0,050	0,607	2,29	0,100	2,503
40	4	9,09	0,025	0,158	4,57	0,050	0,607	2,29	0,100	2,503	1,15	0,201	10,01
20	2	4,57	0,050	0,007	2,29	0,100	2,503	1,15	0,201	10,01	0,57	0,403	40,28

Abb. 3.3.13. Diodenempfänger mit kommerziellem Fotoobjektiv

räumlich zueinander orthogonal stehende Interferenzfelder, mit denen die simultane Messung von zwei Komponenten möglich ist.

Im Prinzip treten bei fortgeschrittenen Systemen dieser Art 30 bis 40 Grenzflächen auf. Daraus ergibt sich die Notwendigkeit der sorgfältigen Oberflächenvergütung, um die Leistungsverluste zu minimieren. Bei 1% Verlust pro Grenzfläche geht bei 30 Grenzflächen 1/4 der Laserleistung verloren.

Aus der Empfängerseite kann durch optimale Auslegung der Empfangsoptik in Bezug auf die Abbildung des Meßvolumens gute Signalqualität erreicht werden. Durch Einsatz von Farbfiltern und Polarisationsfiltern läßt sich bei speziellen Anordnungen, z. B. bei Messungen in Wandnähe, die Störstrahlung herabsetzen [G 3]. Während im Vorwärtsstreubetrieb mit kommerziellen Objektiven gute Empfänger aufgebaut werden können (Abb. 3.3.13), werden im Rückstreubetrieb auf Grund der geringen Streulichtintensität große Aperturen benötigt.

4. Signalauswertung, Informationsgewinnung und -verarbeitung

Eine Übersicht über das prinzipielle Vorgehen bei der Signalauswertung gibt Tab. 4.0.1. Der Fotoempfänger mit dem optoelektronischen Wandler stellt den Ausgang der optischen Meßstrecke und den Eingang der Auswerteelektronik dar. Von ihm wird verlangt, daß er die einfallenden optischen Signale adäquat in elektrische Spannungen abbildet.

Tab. 4.0.1. Informationsverarbeitung von Doppler-Signalen

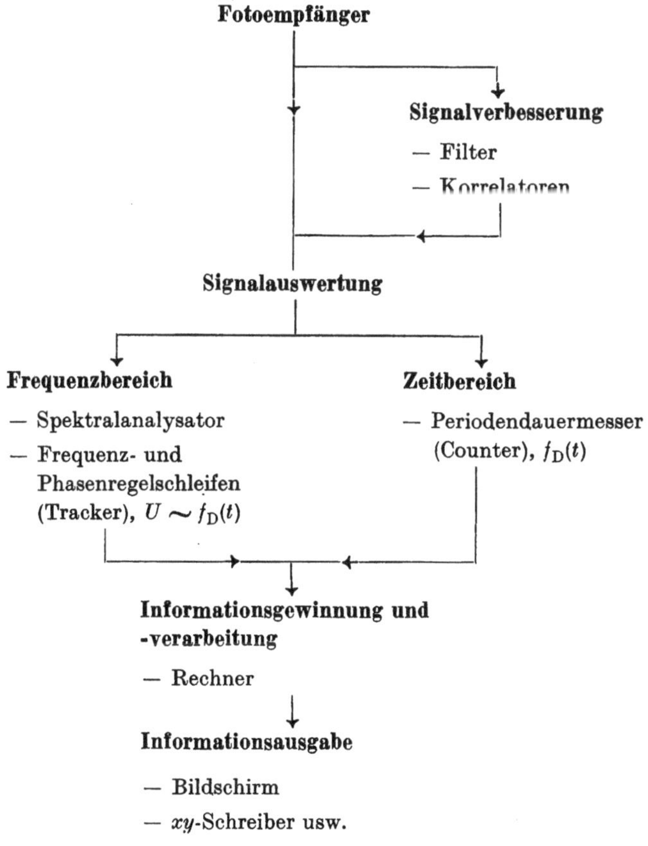

Die sich anschließende Signalauswertung hat im wesentlichen drei Funktionen zu erfüllen: Erkennen des Doppler-Signales, Bewerten des Doppler-Signales auf Verwendbarkeit und Auswertung des Doppler-Signales. Bei schlechter Signalqualität ist eine Verbesserung des Signales durch Filter möglich bzw. kann die Signalerkennung durch Korrelatoren vorgenommen werden. In vielen Fällen genügt zur Unterdrückung des Gleichanteiles ein einfaches Hochpaßfilter, dessen Grenzfrequenz durch Zu- bzw. Abschalten von Filterelementen dem Geschwindigkeitsbereich angepaßt werden kann. Anspruchsvollere Meßplätze verwenden darüber hinaus eine automatische vom Rechner gesteuerte Filterbank, um die Rauschbandbreite zu begrenzen und das Signal-Rausch-Verhältnis zu verbessern [K 3]. Ist das Signal im Rauschen nicht mehr zu erkennen, dann ist der Einsatz von Korrelatoren, im Grenzfall Photonenkorrelatoren, unumgänglich [D 7, D 8, D 9]. Zur Erzeugung eines Korrelogramms mit eindeutig erkennbarer Periodizität genügt ein Doppler-Signal, das aus 10 bis 100 Photonenimpulsen pro Doppler-Schwingung besteht [P 2, 36]. Im Grenzfall können noch Signale mit einem Photon pro Doppler-Schwingung erkannt werden [L 2]. Die Signalauswertung selbst kann im Frequenz- oder Zeitbereich erfolgen.

Phasen- und Frequenzregelschleifen (Tracker) führen zu einer der Doppler-Frequenz $f_D(t)$ proportionalen Spannung und ermöglichen bei entsprechender Signalqualität die Rekonstruktion des Momentanwerte-Zeitverlaufes der Geschwindigkeit. Die Auswertung mit Periodendauermessern im Zeitbereich hat im Prinzip das gleiche Ziel. Mit dem Spektralanalysator wird dagegen schon eine Informationsverdichtung vorgenommen. Das Ergebnis ist ein Amplitudendichtespektrum, aus dem auf die mittlere Geschwindigkeit und den Turbulenzgrad geschlossen werden kann.

Alle Verfahren benötigen zur weiteren Informationsverarbeitung, z. B. zur Berechnung der statistischen Momente der Strömungsgeschwindigkeit bzw. zur Feldbeschreibung, Rechner mit einer dem Problem angepaßten Speicherkapazität und Software. Im Zuge der Entwicklung der Mikroelektronik und damit verbunden der Digitaltechnik haben sich zwei grundsätzliche Verfahrensweisen in der Signalauswertung und Informationsverarbeitung herauskristallisiert. Diese Verfahrensweisen unterscheiden sich in der Lage der Schnittstelle zum Rechner und drücken sich in dem Verhältnis der hardwaremäßigen zur softwaremäßigen Signal- und Informationsverarbeitung aus:

1. Die Signalauswertung und Informationsgewinnung wird vornehmlich hardwaremäßig durchgeführt. Die Schnittstelle zum Rechner liegt dort, wo $f_D(t)$ selbst oder die Elemente zur Bestimmung von $f_D(t)$ bereits als Information vorliegen. 2. Die Schnittstelle zum Rechner wird möglichst weit zum Fotoempfänger verschoben. Im Grenzfall wird das Ausgangssignal des Fotoempfängers digitalisiert, zwischengespeichert und auf Abruf dem Rechner übergeben. Die gerätetechnische Realisierung der Digitalisierung und Zwischenspeicherung bis zur Schnittstelle zum Rechner ist als Eventoskop [F 6, S 2, T 5] bekannt. Die Signalerkennung, -bewertung und -auswertung wird im Rechner softwaremäßig vorgenommen.

Im folgenden wird auf die einzelnen Elemente der Signalauswertung näher eingegangen. Dabei wird den Periodendauermessern und den Eventoskopen auf Grund ihrer zunehmenden praktischen Anwendung mehr Aufmerksamkeit gewidmet.

4.1. Fotoempfänger

Zur Signaldetektion werden Fotoempfänger mit Fotodioden und Sekundärelektronenvervielfacher als Wandlerelemente eingesetzt. Neben einem guten Signal-Rausch-Verhältnis wird von diesen Empfängern eine ausreichende Bandbreite verlangt, die bei Meßsystemen ohne Frequenzvorverschiebung durch den zu detektierenden Geschwindigkeitsbereich und bei Meßsystemen mit Frequenzvorverschiebung durch die Shiftfrequenz vorgegeben ist. Das Signal-Rausch-Verhältnis wurde in Abschnitt 1.7 ausführlich analysiert. Im folgenden soll auf das dynamische Verhalten einiger typischer Empfängerschaltungen eingegangen werden. Das dynamische Verhalten wird sowohl durch den Wandler als auch durch den nachfolgenden Verstärker bestimmt. Transimpedanzverstärker erweisen sich wegen ihres geringen Eingangswiderstandes zur Strom-Spannungswandlung als besonders geeignet. Abb. 4.1.1. zeigt ein Ersatzschaltbild für den

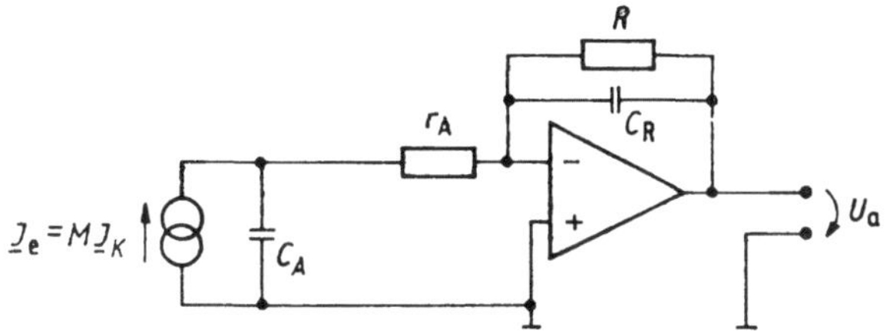

Abb. 4.1.1. Prinzipschaltbild Transimpedanzverstärker

Wandler mit nachfolgendem Transimpedanzverstärker, das für alle Empfängerschaltungen gültig ist und das dynamische Verhalten erfaßt. Es enthält als bestimmende Elemente für die Grenzfrequenz die Anoden- bzw. Sperrschichtkapazität C_A, den Anodenleitungs- bzw. Bahnwiderstand r_A und die Transimpedanz R einschließlich ihrer Eigenkapazität C_R.

Das dynamische Verhalten wird sowohl durch die Übertragungsfunktion des Vervielfachungsmechanismus des Wandlers

$$H_1(j\omega) = \frac{\underline{I}_e}{\underline{I}_k} \tag{4.1.1}$$

als auch durch die Übertragungsfunktion der nachfolgenden Schaltung

$$H_2(j\omega) = \frac{\underline{U}_a}{\underline{I}_e} = \frac{R}{\left(1 + \frac{1}{v}\right)(1 + j\omega C_R R)\,(1 + j\omega C_A r_A) + \frac{j\omega C_A R}{v}} \tag{4.1.2}$$

bestimmt. Für $v \gg 1$ geht Gl. (4.1.2) in

$$H_2(j\omega) = \frac{R}{(1 + j\omega C_A r_A)\,(1 + j\omega C_R R)} \tag{4.1.3}$$

über. Die Übertragungsfunktion des Empfängers erhält man aus

$$H(j\omega) = H_1(j\omega) \cdot H_2(j\omega). \tag{4.1.4}$$

Für sehr hohe Frequenzen kann, falls bekannt, die komplexe Verstärkung $\underline{v}$ des realen Operationsverstärkers eingesetzt werden.

Für Meßsysteme mit Frequenzvorverschiebung und geringer empfangene Streuleistung ($P_E > 10^{-11}$ W, Abb. 1.7.6.) sind Sekundärelektronenvervielfacher besonders geeignet, da sie einerseits sehr empfindlich sind und andererseits die erforderliche Bandbreite ermöglichen. Die hohe Gesamtverstärkung des SEV führt allerdings leicht zu einer Übersteuerung der letzten Dynoden. Durch eine automatische Reglung der

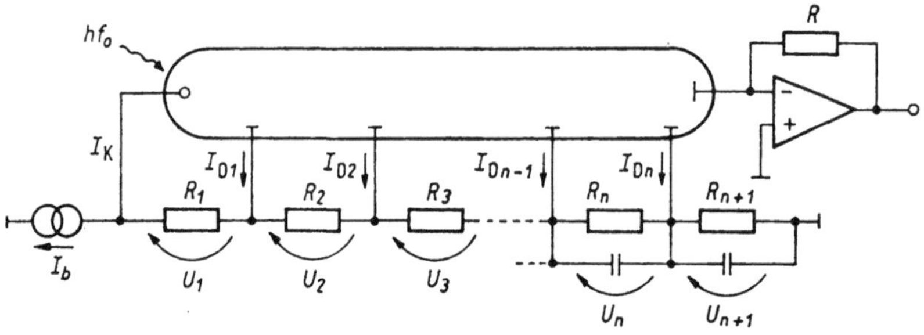

Abb. 4.1.2. Automatische Spannungsreglung am SEV [K 3]

Verstärkung über die Stufenspannung kann dies verhindert werden [K 3]. Wesentlich für den Regeleffekt ist die Einspeisung eines Konstantstromes in den Dynodenspannungsteiler. Die Anordnung der Quelle in Katodennähe (Abb. 4.1.2.) bewirkt, daß die Reglung bei den letzten Stufen einsetzt und der Rauschfaktor F nicht zusätzlich erhöht wird. Bei Beleuchtung der Katode fließen in Abhängigkeit vom Katodenstrom zunehmend Teilströme über die Dynoden

$$I_{D1} = (\delta_1 - 1)\, I_k, \qquad I_{Dx} = (\delta_x - 1) \prod_{i=1}^{x-1} \delta_i \qquad (x \geqq 2). \tag{4.1.5}$$

An den Dynoden stellen sich von den Strömen abhängige Betriebsspannungen ein

$$U_1 = R_1(I_b - I_k), \qquad U_x = R_x \left(I_b - I_k \prod_{i=1}^{x} \delta_i\right) \qquad (x \geqq 2). \tag{4.1.6}$$

Während U_1 wegen $I_k \ll I_b$ nahezu konstant bleibt, tritt insbesondere an den letzten Stufen eine Verminderung der Spannung und damit eine Verminderung der Stufenverstärkung auf. Um ein Ausregeln der dopplerfrequenten Schwingungen zu verhindern, werden die Elemente des Dynodenspannungsteilers durch Kondensatoren überbrückt.

Die Grenzfrequenz des Vervielfältigungsmechanismus des SEV wird von der konstruktiv beeinflußbaren Laufzeitdispersion der Sekundärelektronen bestimmt. Diese Laufzeitdispersion äußert sich in einer typspezifischen Anstiegszeit für den Anodenstromimpuls zwischen 20 ns (M 12 FC 51, Tab. 1.7.1) und 2 ns (PM 2013 B, Tab. 1.7.1). Die Grenzfrequenz der Verstärkerstufen liegt damit zwischen 20 MHz und 200 MHz.

Durch Verwendung eines Transimpedanzverstärkers mit niedrigem dynamischem Eingangswiderstand kann der Einfluß der Anodenkapazität C_A unterdrückt werden (Gl. (4.1.2)). Der Einfluß von Störungen auf die Signalleitungen kann durch möglichst hohe Signalpegel am Empfängerausgang reduziert werden, d. h., SEV bzw. Diode und Verstärker sind als eine Einheit aufzubauen. Durch zweckmäßige Auswahl der SEV und der nachfolgenden Verstärker konnten DOPHEIDE und DURST [D 1] Bandbreiten bis 450 MHz erreichen.

Fotoempfänger auf der Basis von Fotodioden haben den Vorteil kleiner Bauweise und geringer Betriebsspannungen. Dabei sind mit Empfängern mit Lawinendioden als Wandlerelement Grenzfrequenzen zu erreichen, die an die Werte bei SEV heranreichen. Bei der Dimensionierung von Empfängern mit Lawinendiode muß die Temperaturabhängigkeit der Durchbruchspannung berücksichtigt werden. Mittels elektronischer Temperaturmessung und Korrektur der Betriebsspannung kann über einen großen Temperaturbereich die Verstärkung M konstant gehalten werden. Andererseits können ähnlich wie beim SEV mit Hilfe einer Konstantstromquelle für die Spannungsversorgung in Abhängigkeit von der einfallenden Streuleistung die Spannung und damit die Verstärkung automatisch geregelt werden, um Übersteuerungen zu vermeiden. In Abb. 4.1.3. ist eine Prinzipschaltung für einen Empfänger mit Lawinendiode und Transimpedanzverstärker angegeben; die Diodenspannung wird automatisch geregelt.

Das Problem der Diodenempfänger besteht im hohen thermischen Rauschen bei geringer oder nicht vorhandener innerer Verstärkung. Dadurch verschiebt sich ihr Einsatzbereich gegenüber dem SEV zu höheren empfangenen Streuleistungen.

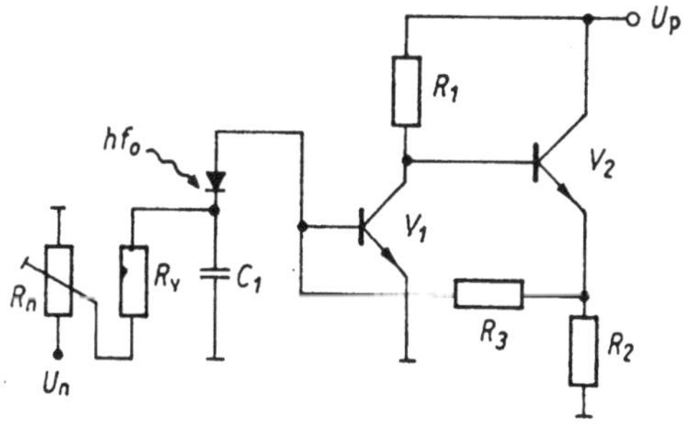

Abb. 4.1.3. Diodenempfänger mit Spannungsreglung [K 3]

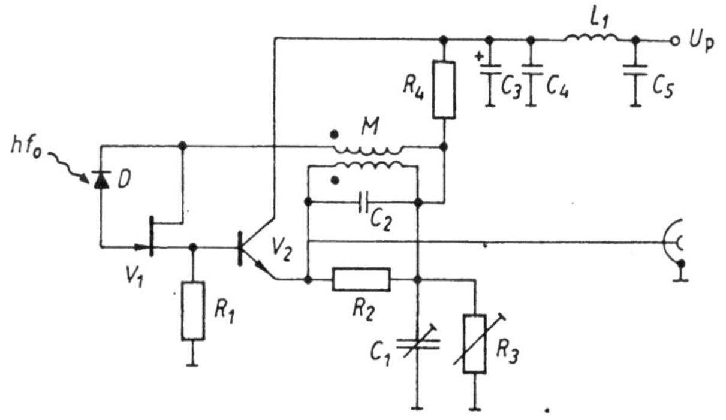

Abb. 4.1.4. Diodenempfänger mit kompensierter Eingangskapazität [K 4]

Bei Empfängern mit Si-Dioden ist schließlich wegen der nicht vorhandenen inneren Verstärkung ein Kompromiß zwischen Signal-Rausch-Verhältnis und Grenzfrequenz notwendig. Dieser Kompromiß führt dazu, daß bei Kompensation der Eingangskapazität maximale Grenzfrequenzen von 5 MHz erreicht werden können. Solche Diodenempfänger sind in Meßsystemen ohne Frequenzvorverschiebung im Bereich relativ hoher empfangener Streuleistungen ($P_E > 10^{-9}$ W) einsetzbar. Abb. 4.1.4. zeigt das Prinzipschaltbild eines Diodenempfängers mit Si-Diode [K 3, K 4].

4.2. Signalauswerteverfahren

4.2.1. Spektralanalysatoren

Spektralanalysatoren können nach dem Prinzip der zeitparallelen oder zeitseriellen Signalverarbeitung aufgebaut sein: Den prinzipiellen Aufbau zeigen die Abb. 4.2.1 a, b.

Das Grundprinzip der zeitparallelen Signalverarbeitung besteht in einer Filterbank mit n frequenzgestaffelten Bandfiltern BP (Abb. 4.2.1 a), deren Ausgangssignale simultan der Mittenfrequenz der Bandfilter zugeordnet dargestellt werden. Bei der zeitparallelen Spektralanalyse sind zwei Betriebsweisen möglich. Je nach Wahl der den Amplitudendetektoren nachgeschalteten Tiefpaßfilter TP kann entweder ein

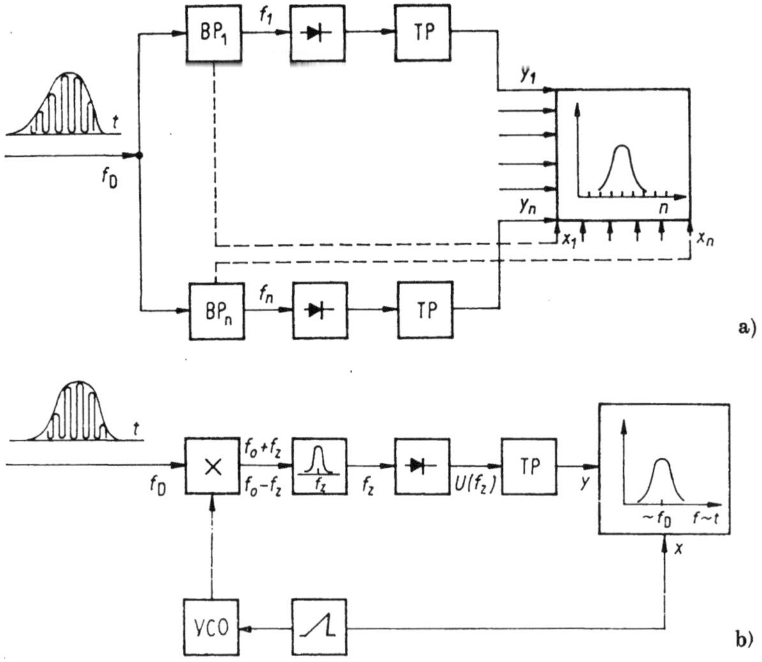

Abb. 4.2.1. Prinzip der Signalverarbeitung im Spektralanalysator;
a) zeitparallele Signalverarbeitung,
b) zeitserielle Signalverarbeitung

integrales Spektrum oder das Spektrum von kurzen Zeitabschnitten der Signalfolge bzw. sogar von Einzelsignalen ermittelt werden. Die Ausmessung von Zeitabschnitten der Signalfolge und die Registrierung von Einzelsignalen erfordern zur statistischen Beschreibung der Strömung eine weitere Informationsverarbeitung. Die praktische Realisierung solcher Anordnungen ist mit herkömmlichen Mitteln (Filter) sehr aufwendig [B 4]. Durch neue Wirkprinzipien, wie den von Schnettler angegebenen optischen Analysator [S 1] (Abb. 3.3.7.), kann diese Methode an Bedeutung gewinnen.

Die zeitserielle Abtastung ist konstruktiv einfacher realisierbar (Abb. 4.2.1 b). Statt mit gestaffelten Filtern wird mit einem konstanten Filter und mit einem linear zeitabhängig spannungsgesteuerten Oszillator (VCO) gearbeitet. Die Oszillatorfrequenz f_0 wird mit der unbekannten Doppler-Frequenz f_D gemischt. Die Mischprodukte werden einem Bandfilter mit der Mittenfrequenz f_z zugeführt. Am Ausgang dieses Filters entsteht nur für $f_0 \pm f_D = f_z$ ein Signal auswertbarer Amplitude. Das Signal wird gleichgerichtet und über einen Integrator (TP) an die Vertikalplatten eines Bildschirmes geführt, dessen Horizontalauslenkung durch den gleichen Sägezahngenerator erfolgt, der auch den VCO ansteuert. Dadurch wird der entstandene Spannungsimpuls einer bestimmten Oszillator- und damit Doppler-Frequenz $f_D = f_z \mp f_0$ zugeordnet. Für jedes Frequenzintervall müssen die Verweildauer und die Integrationszeit des Tiefpaßfilters so groß sein, daß über alle Geschwindigkeits- und Amplitudenschwankungen genügend oft integriert wird.

Das Spektrum des Doppler-Signales wurde bereits in Abschnitt 2.7 analysiert. Im Spektrum erscheinen die Doppler-Signale in Form eines Doppler-Peaks, aus dessen Mittenfrequenz bei zweckentsprechender Dimensionierung des Meßvolumens die mittlere Geschwindigkeit bestimmt werden kann. Die Grundbandbreite des Doppler-Peaks (Gl. (2.7.6)) ist von der Signallänge und damit von der Geschwindigkeit und von den Volumenabmessungen abhängig. Geringe Volumenausdehnungen d führen zu einer großen natürlichen Bandbreite des Doppler-Peaks. Geschwindigkeitsänderungen und damit Turbulenzen äußern sich in einer Verbreiterung des Spektrums (Gl. (2.7.10)). Nachteilig dabei ist, daß die einzelnen Komponenten gewichtet mit den Abmessungen des Meßvolumens in die Bandbreite des Spektrums eingehen. Damit ist anhand des Spektrums im allgemeinen nur eine qualitative Aussage über den Turbulenzgrad möglich. Bei isotropen Turbulenzen allerdings lassen sich Geschwindigkeitsänderung und Bewertung durch das Meßvolumen trennen, so daß aus der Bandverbreiterung quantitativ auf die Geschwindigkeitsschwankungen geschlossen werden kann.

Mit kommerziellen Spektralanalysatoren kann damit in der Regel die mittlere Geschwindigkeit bestimmt werden, der Turbulenzgrad dagegen nur qualitativ. Sie sind als Kontrollgerät für die Signalqualität und zur Einschätzung der Strömungssituation sehr gut geeignet.

4.2.2. *Frequenz- und Phasenregelschleifen (Tracker)*

Das Prinzip der Frequenz- und Phasenregelschleifen besteht darin, aus einem Frequenz- oder Phasenvergleich zwischen dem Eingangssignal und dem Signal eines spannungsgesteuerten Oszillators (VCO) eine Nachstimmung zur Reglung des Oszillators zu gewinnen, um dessen Frequenz möglichst exakt in Übereinstimmung mit der Doppler-

Frequenz zu bringen. Die Nachführung des Oszillators erfolgt nur, wenn die Frequenz des Signales in den relativ eng bemessenen Fangbereich des Regelkreises fällt; der Regel- bzw. Haltebereich ist in der Regel größer als der Fangbereich. Die Oszillatorfrequenz ist somit ein Maß für die Doppler-Frequenz. Sie kann direkt oder als frequenzproportionale Spannung ausgegeben werden. Derartige Regelschleifen sind im Prinzip auf ein kontinuierliches Doppler-Signal angewiesen. Für den Einsatz im Laser-Doppler-Anemometer werden solche Regelschleifen zusätzlich mit einer Logik zur Signalerkennung und zur Überbrückung von Signallücken versehen. In dieser Konfiguration sind sie als Tracker bekannt.

Zur Signalerkennung wird die Amplitude herangezogen. Bei fehlendem Eingangssignal bzw. bei Unterschreiten einer Mindestamplitude wird der Regelkreis unterbrochen und der zuletzt erreichte Wert gehalten. Ein Nachteil der Anordnung besteht darin, daß der Oszillatornachlauf nach der Signalunterbrechung nur dann fortgesetzt wird, wenn sich die Doppler-Frequenz inzwischen nicht aus dem Fangbereich der Regelschleife herausbewegt hat. Andernfalls wird der zuletzt gemessene Wert solange gehalten, bis ein Signal im Fangbereich der Schaltung auftritt. Tracker verlangen eine hohe Signalrate; Signallücken sollten die mittlere Signaldauer nicht überschreiten. Das setzt relativ hohe Teilchenkonzentrationen voraus.

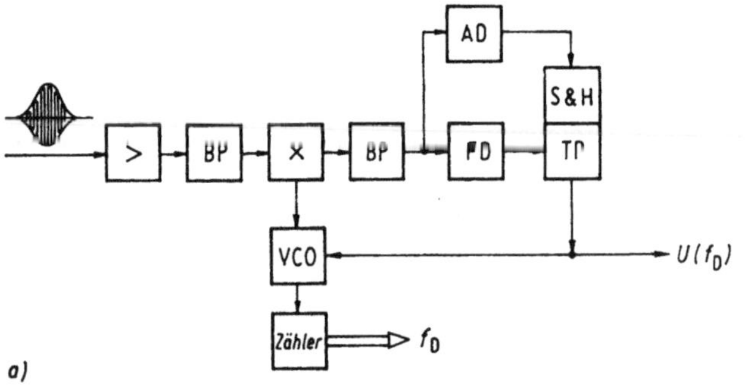

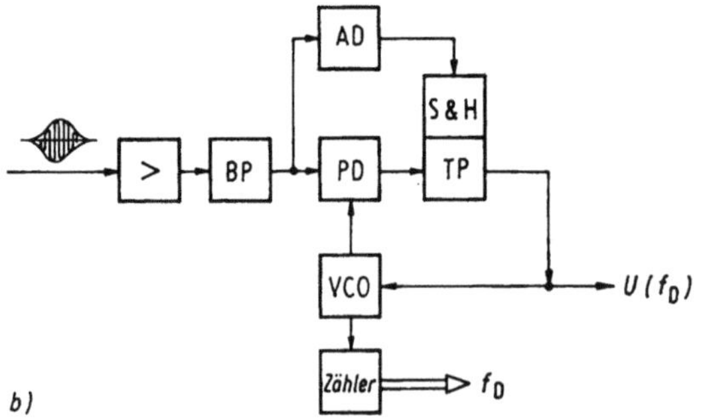

Abb. 4.2.2. Prinzip der Signalverarbeitung mit Frequenz- und Phasenregelschleifen
(PD = Phasendiskriminator, FD = Frequenzdiskriminator, S & H = Sample and Hold)

a) Regelschleife mit Phasendetektor

b) Regelschleife mit Frequenzdiskriminator und Halteglied

Für die Verarbeitung von Signalfolgen mit längeren Signalunterbrechungen ist, um einen Informationsverlust zu vermeiden, der Fangbereich auszudehnen. Durch zusätzlichen Einsatz spezieller Phasendetektoren [G 4], die den Zustand einer ausgerasteten Regelschleife bewerten, d. h. die Frequenzabweichung zwischen Eingangssignal und Oszillatorfrequenz feststellen, und den Fangzustand wieder herstellen, können Fang- und Haltebereich wieder gleich gemacht werden.

Neben gutem Fangverhalten wird von der Frequenz- und Phasenregelschleife verlangt, daß sie den Fangzustand und das Nachführen des Oszillators mit hoher Geschwindigkeit (Slew-Rate) anstreben. Die Dimensionierung des spannungsgesteuerten Oszillators, des Tiefpaßfilters und Phasendetektors bzw. Frequenzdiskriminators (Abb. 4.2.2a, b) muß vom Fang- und Haltebereich, der Slew-Rate, der Störungsunterdrückung und Regelabweichung ausgehen und damit von Parametern, die nicht unabhängig voneinander beeinflußbar sind [30, 31]. In Abb. 4.2.2a, b sind Prinzipschaltungen für die Frequenz- und Regelschleife mit Halteglied dargestellt.

Mit zunehmender Entwicklung der Digitaltechnik hat der Tracker als Signalauswertegerät für die Laser-Doppler-Anemometrie an Bedeutung verloren.

4.2.3. Periodendauermesser (Counter)

Der Vorteil der Periodendauermesser besteht darin, daß sie nicht auf ein kontinuierliches Signal angewiesen sind. Sie sind in der Lage, einzelne Burst zu verarbeiten. Die Forderung nach Einzelteilchenstreuung findet im Periodendauermesser eine angepaßte Lösung zur Signalverarbeitung. Im Periodendauermesser sind die drei Grundfunktionen der Signalverarbeitung (die Signalerkennung, die Signalbewertung und die Signalauswertung) hardwaremäßig realisiert.

Zur Signalerkennung wird entweder eine Amplitudenschwelle mit genügendem Abstand zum Rauschpegel verwendet oder der Test auf Periodizität des Signales vorgenommen. Die alleinige Erkennung auf der Grundlage einer Amplitudenschwelle verlangt einen Schwellenabstand, der garantiert, daß mit Sicherheit Rauschamplituden die Schwelle nicht überschreiten. Die Periodizität des Signales wird anhand der Lage der Nullstellen des Signales zueinander festgestellt. Die Nullstellendetektion ist bei diesem Verfahren von zentraler Bedeutung, da sie sowohl zur Feststellung der Periodizität als auch für die Auswertung notwendig ist. Probleme der Nullstellendetektion bestehen

— in der durch das überlagerte Rauschen verursachten Verschiebung der Nulldurchgänge (Abb. 4.2.3., Detail A) und
— im Auftreten von Mehrfachnulldurchgängen (Abb. 4.2.3, Detail B).

Die Signalerkennung muß diese Probleme berücksichtigen, indem der Test auf Periodizität nur im Rahmen einer vom Signal-Rausch-Verhältnis abhängigen Genauigkeit vorgenommen werden kann und bei der Signalformung Mehrfachnulldurchgänge erkannt und soweit möglich unterdrückt werden müssen. Letzteres ist durch Einsatz von Schwellwertschaltern mit einer Hysteresis, die dem zu erwartenden Rauschpegel angepaßt ist, möglich. Aus der Folge des Durchlaufes durch die Schwellen kann darüber hinaus der Beginn einer neuen Doppler-Periode erkannt werden.

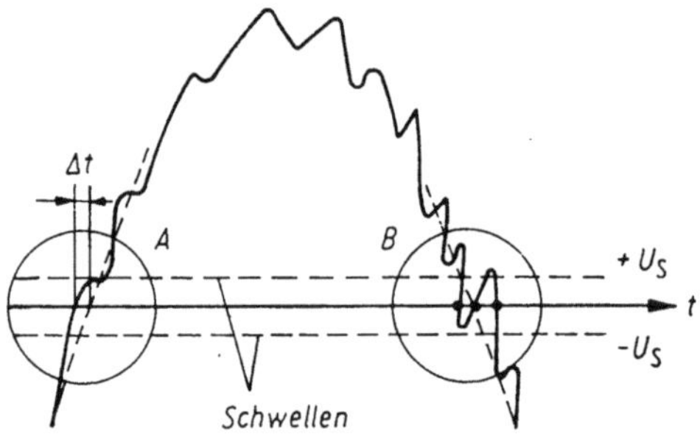

Abb. 4.2.3. Nullstellendetektion

Zwei Verfahren haben sich zur Feststellung der Periodizität bewährt:

1. Der kontinuierliche Periodizitätstest von aufeinanderfolgenden Perioden im Rahmen einer vorgegebenen Genauigkeit ε [A 6]. Bei diesem Verfahren wird laufend der Vergleich der Periodendauer von aufeinanderfolgenden Perioden vorgenommen (Abb. 4.2.5.). Der Vorteil dieses Verfahrens besteht darin, daß alle zusammenhängenden Perioden eines Doppler-Burst, für die der Test [K 3, F 4]

$$T_{i-1}(1-\varepsilon) < T_i < \frac{T_{i-1}}{1-\varepsilon} \approx T_{i-1}(1-\varepsilon) < T_i < T_{i-1}(1+\varepsilon), \qquad \varepsilon < 0{,}1, \tag{4.2.1}$$

positiv ausfällt, für die Signalauswertung bereitgestellt werden. Damit wird der maximal mögliche Anteil des Doppler-Signales zur Signalauswertung herangezogen.

Ein Prinzipschaltbild dazu zeigt Abb. 4.2.4. Ein Trigger (1) formt das Signal und gibt Triggerimpulse ab (siehe auch Abb. 4.2.5.), die den Beginn einer Periode signalisieren. Dabei werden Mehrfachnulldurchgänge erkannt und teilweise unterdrückt. Nach dem festgestellten Beginn einer Periode beginnt der Zähler (2) zu arbeiten, das Zählergebnis der vorangegangenen Periode wurde vorher im Speicher (3) abgespeichert. Nach Signalisierung des Beginns einer neuen Periode wird der Zählerstand (2) mit dem Speicherinhalt (3) verglichen. Ist der Entscheid positiv, wird der Periodenzähler (5) um eins erhöht, andernfalls wird der Zählerinhalt von (5) in den Speicher (9) übernommen und danach zurückgesetzt. Parallel läuft der Zeitzähler (6). Bei positivem Entscheid wird sein Zählergebnis in den Speicher (8) übernommen; bei Negativentscheid wird der Zähler zurückgesetzt. Die Speicher (8) und (9) enthalten damit nach Abbruch des Tests eines Doppler-Bursts die Dauer eines zusammenhängenden Signalzuges $n\tau$, der den Periodizitätstest erfüllt, und die dazugehörige Periodenzahl N [K 3, F 4].

Das Ergebnis kann damit nach einem erfolgten Abbruch an einen Rechner übergeben werden.

2. Vergleich von zwei gleichzeitig über verschiedene Periodenzahlen N_1 und N_2 ($N_2 > N_1$) gestartete Messungen [V 2]. Dazu werden in zwei parallelen Kanälen die zu den vorprogrammierten Periodenzahlen N_1 und N_2 gehörigen Signaldauern $n_1\tau$ und $n_2\tau$ bei gleichzeitigem Start der Messungen bestimmt. Die Periodizität wird durch

$$\frac{n_1\tau}{N_1} - \frac{n_2\tau}{N_2} < Tn_\varepsilon \tag{4.2.2}$$

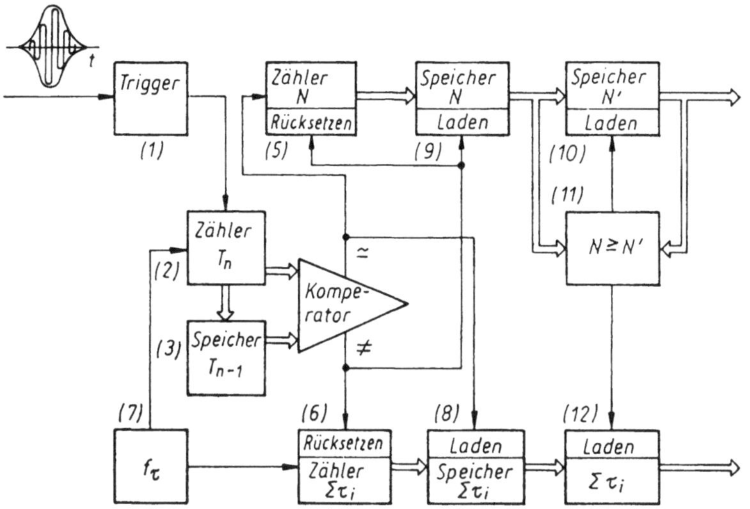

Abb. 4.2.4. Prinzip des Periodendauermessers mit kontinuierlichem Periodizitätstest

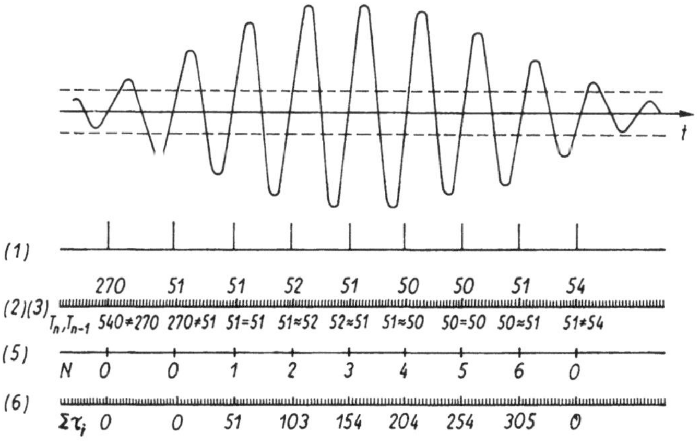

Abb. 4.2.5. Signalauswertung im Periodendauermesser mit kontinuierlichem Periodizitätstest

festgestellt. Der Vorteil dieses Verfahrens besteht in einem gegenüber dem Verfahren mit ständigem Periodizitätstest wesentlich geringeren schaltungstechnischen Aufwand, der Nachteil in der nur teilweisen Ausnutzung des anliegenden Doppler-Bursts. Vorzugsweise werden bei diesem Verfahren die Zahlenpaare $N_1 = 5N_2/8$ und $N_1 = N_2/2$ verwendet [S 3, T 6].

Fehler in der Zeitmessung für den Signalzug ergeben sich einmal aus der unkorrelierten Verschiebung der Nulldurchgänge am Anfang und am Ende des zusammenhängenden verwendbaren Signales (Abb. 4.2.3., Detail A) und zum anderen aus der Unschärfe der digitalen Zeitmessung um ± 1 bit, d. h., die Dauer des Signalzuges beträgt $n\tau \pm \tau$.

Mit zunehmendem Signal-Rausch-Verhältnis und zunehmender Signaldauer wird der relative Fehler in der Bestimmung der Periodendauer $\Delta T/T$ kleiner.

Die Entscheidung über die Verwendbarkeit eines Signales läuft im Prinzip auf die Überprüfung der Signaldauer hinaus. Die Signaldauer muß mindestens so groß sein, daß aus dem positiven Periodizitätstest an aufeinanderfolgenden Perioden mit Sicherheit auf ein Doppler-Signal geschlossen werden kann. Daraus wird eine Mindestperiodenzahl $N_{\min}$ abgeleitet, die nicht unterschritten werden darf. Beim Verfahren mit ständigem Periodizitätstest ergibt sich die aktuelle Mindestperiodenzahl aus der für den Momentanwert verlangten Genauigkeit $\Delta v/v$, so daß für eine gültige Messung $N \geqq N(\Delta v/v) > N_{\min}$ überprüft werden muß. Beim Verfahren mit vorprogrammierten Periodenzahlen wird überprüft, ob N_1 und N_2 erfüllt werden, wobei $N_1 > N_{\min}$ bereits bei der Programmierung berücksichtigt werden muß. Die Genauigkeit der Zeitmessung wird in diesem Fall durch N_2 bestimmt. Die Signalauswertung im Periodendauermesser endet in der Regel mit der Bereitstellung der Information über die Länge des ausgewerteten Signales $n\tau$ und die dazugehörige Periodenzahl N in einem Pufferspeicher, aus dem die Informationen von einem Rechner abgerufen werden können. Die Periodendauer ergibt sich dann aus

$$T_{\mathrm{D}} = \frac{n\tau}{N} \tag{4.2.3}$$

und die gesuchte Doppler-Frequenz aus $f_{\mathrm{D}} = 1/T_{\mathrm{D}}$.

4.2.4. *Eventoskope* [*S 2, F 6*]

Die im Spektralanalysator oder Periodendauermesser (Counter) hardwaremäßig realisierte Signalauswertung kann auch softwaremäßig in einem Rechner vorgenommen werden. Dazu müssen die Doppler-Signale digitalisiert und abgespeichert werden. Das geschieht durch ein Eventoskop, das dem Fotoempfänger nachgeschaltet wird. Das Prinzipschaltbild des Eventoskops zeigt Abb. 4.2.6.

Der Speicher des Eventoskops wird ständig mit dem digitalisierten hoch- bzw. bandpaßgefilterten Fotoempfängersignal beschrieben. Mit Hilfe eines Triggerimpulses kann die Abspeicherung gestoppt werden, so daß danach ein Rechner den Speicherinhalt übernehmen kann. Es ist möglich, den Triggerimpuls aus der Amplitude des Eingangssignales und damit des Doppler-Signales abzuleiten. Diese Pre-Triggerung erlaubt auch den Einsatz des Eventoskopes bei sehr geringen Streuteilchendichten. Durch vorwählbare Verzögerung des Triggerimpulses (Trigger-Delay) kann nämlich gesichert werden, daß das Doppler-Signal bzw. der Signalzug in ausreichender Länge entsprechend dem Speicherumfang des Eventoskopes abgespeichert werden.

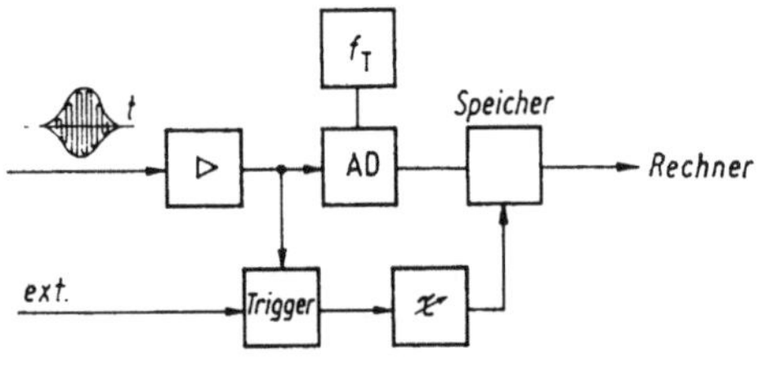

Abb. 4.2.6. Prinzip der Signalverarbeitung im Eventoskop

Die Digitalisierung des Signales ist mit einem Datenumfang verbunden, der Einschränkungen für das Auswerteverfahren mit sich bringt. Die entsprechend der Digitalisierungsfrequenz (maximal 500 MHz) notwendigen schnellen (und teuren) Speicher des Eventoskops erlauben in der Regel nur die Abspeicherung eines Bursts, da dieser mit 10 bis 15 Abtastwerten pro Doppler-Periode und in einer Länge von 30 bis 40 Schwingungen digitalisiert werden muß. Die Übernahme des Eventoskopspeicherinhaltes in den Speicher des Auswerterechners erfordert einen wesentlich längeren Zeitraum als die Digitalisierung selbst. Während dieser Datentransferzeit kann kein Signal gespeichert werden. Damit bestimmt sie die Abtastung des Geschwindigkeit-Zeitverlaufes; eine Signalbewertung bezüglich der im Bursts enthaltenen Anzahl auswertbarer Perioden ist nicht vorgesehen, so daß eine Signalauswahl nicht möglich ist.

Die Signalauswertung fordert für die Ermittlung statistischer Parameter der Strömung für einen Meßpunkt mindestens 500 Stützwerte, d. h. Doppler-Burst (siehe Abschnitt 4.4). Damit ergibt sich ein notwendiger Speicherumfang, der von einfachen Mikrorechnern nicht aufgebracht werden kann. Der Vorteil der Abspeicherung digitalisierter Doppler-Bursts besteht darin, daß das Signal im Auswerterechner lange genug für Manipulationen zur Verfügung steht. Die Signalauswertung im Rechner kann entweder durch eine Fourier-Transformation, z. B. mit Hilfe der Methoden der schnellen Fourier-Transformation (siehe Abschnitt 2.7) [23] oder analog der Verfahrensweise beim Periodendauermesser vorgenommen werden. Bei der Periodendauerbestimmung muß das Signal auf seine Verwendbarkeit geprüft, die Nullstellen müssen detektiert, Mehrfachnulldurchgänge unterdrückt, die Anzahl der Nullstellen und die Signaldauer bestimmt werden. Auf Grund der analogen Verfahrensweise zur Auswertung im Periodendauermesser hat der Einsatz von Eventoskopen und die Signalauswertung durch entsprechende Software an Bedeutung zugenommen. Die notwendigen hohen Taktfrequenzen und der Speicherbedarf schränken dabei seinen Einsatz ein [T 5, T 6].

4.3. Verfahren zur Signalverbesserung

4.3.1. *Filterbank*

Die Signalfilterung hat zwei Aufgaben zu erfüllen: die Trennung von Gleich- und Wechselanteil des Signales und die Begrenzung des Rauschbandes zur Verbesserung des Signal-Rausch-Verhältnisses. Bei einfachen Laser-Doppler-Anordnungen, die ohne Frequenzvorverschiebung und ohne Empfänger-Differentialanordnung zur Unterdrückung des Gleichanteiles des Signales [B 7] arbeiten, kommt der Signalfilterung eine besondere Bedeutung zu. Aus Gl. (2.7.3) geht hervor, daß die Bandbreite des Gleichstrompedestals (NF-Anteil des Spektrums) in gleichem Maße wie die Grundbandbreite des Doppler-Peaks (Gl. (2.7.6)) von der Strömungsgeschwindigkeit abhängig ist. Die Bandbreite des Doppler-Peaks wird darüber hinaus noch von der Turbulenz der Strömung beeinflußt. Daraus ergibt sich die Notwendigkeit, zur Trennung des Doppler-Peaks und des NF-Spektrums Hochpaßfilter mit variabler unterer Grenzfrequenz einzusetzen und diese den aktuellen Strömungsverhältnissen anzupassen. Ohne A-priori-Information über die Strömungsgeschwindigkeit ist eine optimale Einstellung der Grenzfrequenz des Hochpasses nicht möglich (Abb. 4.3.1). Zur Verbesserung des Signal-Rausch-Verhältnisses ist es zweckmäßig, an Stelle der Hochpaßfilter Bandpaßfilter einzusetzen, deren Frequenzbänder sich teilweise überschneiden, oder Bandpässe, deren obere und untere Grenzfrequenz sich einstellen lassen. Da die Strömungsverhältnisse sich während des Meßprozesses ändern können, müssen die Filtereinstellungen anhand der Meßwerte ständig überprüft werden. Aus dieser dem Meßprozeß innewohnenden Dynamik hat sich die Idee entwickelt, für komfortablere Auswertesysteme die Anpassung der Filter durch ein Optimierungsprogramm vom Mikrorechner vornehmen zu lassen. Solche automatischen Filterbänke lassen neben der optimalen Einstellung der Grenzfrequenzen der Bandfilter eine Regulierung der Verstärkung zu.

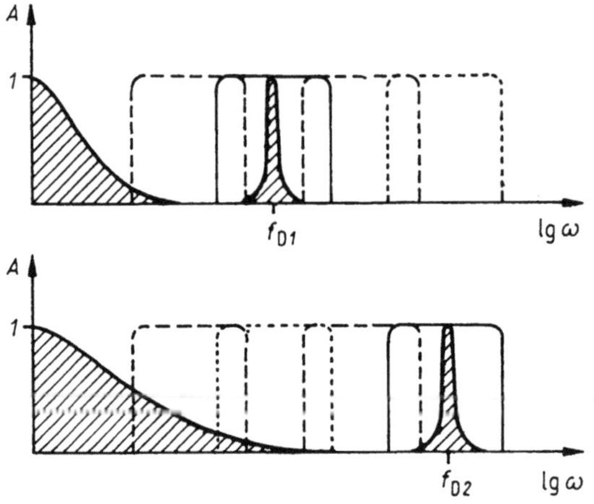

Abb. 4.3.1. Signalfilterung

4.3.2. Korrelatoren

Die Korrelationsanalyse ist ein Verfahren zur Signalerkennung. Sie ist auch noch bei relativ geringen Streuleistungen, bei denen alle Verfahren der Signalauswertung bereits versagen, einsetzbar. Korrelationsanalyse kann bezüglich eines Einzelsignales, aber auch bezüglich eines Signalzuges betrieben werden. Im Grenzfall, dem Photonenkorrelator, reichen 2 bis 10 Photonen pro Doppler-Schwingung aus, um eine statistische Beschreibung des Signales zu ermöglichen [L 2].

Die Korrelationsanalyse eines Einzelsignales führt zu einer periodischen Autokorrelationsfunktion (AKF). Dabei gehen die Informationen über den Zeitpunkt des Signalmaximums und die Phasenlage des Signales verloren. Die Doppler-Frequenz ergibt sich nur mittels weiterer Informationsverdichtung, z. B. können die Abstände der Maxima und Minima der AKF ausgewertet werden. Aufwendig, jedoch sehr aussagefähig, ist die Fourier-Transformation der AKF, die das Leistungsdichtespektrum zum Ergebnis hat. Aus dem Leistungsdichtespektrum ist die Doppler-Frequenz direkt ablesbar. Bei schwächeren Signalen kann die Korrelationsanalyse auf einen Signalzug ausgedehnt werden. Auf diese Weise sind Signale noch im Rauschen zu erkennen. Ergebnis ist eine Information über die mittlere Doppler-Frequenz. Da die AKF und das Leistungsdichtespektrum durch eine Transformation miteinander verknüpft sind, stößt die Auswertung des Turbulenzgrades auf die gleichen Schwierigkeiten wie bei der Fourier-Analyse.

Der eigentliche Grund dafür, daß anstelle der direkten Spektralanalyse der Umweg über das Korrelogramm gewählt wird, liegt unter anderem in der einfacheren Realisierbarkeit einer zeitparallelen Signalverarbeitung und der optimalen Anpaßbarkeit digitaler Auswerteelektronik an die Quantenstruktur des Lichtes. Die prinzipielle

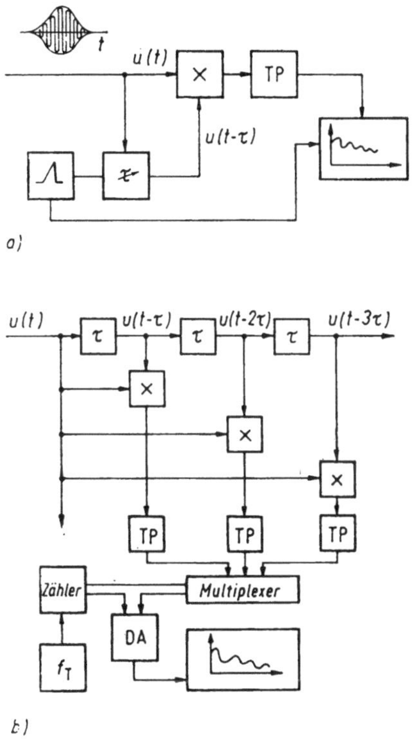

Abb. 4.3.2. Prinzip der Signalverarbeitung im Korrelator

a) zeitserielle Signalverarbeitung

b) zeitparallele Signalverarbeitung

Arbeitsweise des Korrelators in zeitserieller und zeitparalleler Signalverarbeitung ist in Abb. 4.3.2a, b dargestellt. Die Signalverarbeitung kann sowohl analog als auch digital erfolgen. Im Fall der digitalen Signalverarbeitung ist eingangsseitig eine AD-Wandlung erforderlich. Die Verzögerung wird durch Schieberegister, die Multiplikation durch spezielle Rechenwerke und die Integration durch Summationsregister bewerkstelligt.

Der Schaltungsaufwand hält sich bei der zeitparallelen Signalverarbeitung in Grenzen, wenn mit einer sehr groben Digitalisierung des Signals gearbeitet wird. Der Extremfall ist die Wortlänge von nur 1 bit, d. h., es wird nur unterschieden, ob in den Intervallen einer Taktbreite ein Schwellwert überschritten wird oder nicht. Wird die Strecke vom Fotoempfänger bis zum AD-Wandler so ausgelegt, daß ein einzelnes Photon das Überschreiten der Schwelle bewirkt, und ist die Taktfrequenz des Schieberegisters $f_T = 1/\tau$ so groß, daß die Wahrscheinlichkeit für zwei und mehr Photonen je Taktperiode vernachlässigbar ist, so spricht man von einem Photonenkorrelator. In ihm tritt durch die AD-Wandlung praktisch kein Informationsverlust ein, da der Quantenprozeß direkt umgesetzt wird. Die 1-bit-Verarbeitung führt zu einem einfachen Schieberegister; die Multiplikation wird zu einer UND-Verknüpfung und die Summation ist durch Zähler realisierbar. Praktisch realisierte Taktfrequenzen liegen um 100 MHz. Daraus resultiert die vorteilhafte Anwendung bei Lichtleistungen von weniger als 10^8 Lichtquanten pro Sekunde. Das entspricht bei einer Lichtwellenlänge von 632,8 nm einer Lichtleistung von $3 \cdot 10^{-11}$ W. Der Photonenkorrelator ist damit gerade für die Anwendung bei sehr geringen Streuleistungen interessant, bei denen alle anderen Auswerteverfahren keine verwendbaren Ergebnisse mehr liefern [D 7, D 8, D 9].

Für die Auswertung einzelner Doppler-Bursts sind einige 10 bis 100 Photonenimpulse ausreichend. Die erreichbare Genauigkeit hängt unter diesen Bedingungen stark von der weiteren Verarbeitung des Korrelogramms ab. So ist z. B. eine Fourier-Transformation im On-line-Betrieb durch ein Netzwerk von Rechnereinheiten möglich und die Doppler-Frequenz sofort extrahierbar. Dadurch werden in der weiteren Verarbeitung Speicherplatz und Rechenzeit gespart. Die Alternative besteht in der Abspeicherung der Korrelogramme in Massenspeichern und der späteren Verarbeitung ohne Zeitbeschränkung.

4.4. Informationsverarbeitung

Mit dem Laser-Doppler-Anemometer wird die Strömung über die natürlich vorhandenen oder künstlich injizierten Streuteilchen abgetastet. Die Laser-Doppler-Anemometrie ist damit aus der Sicht der Informationsverarbeitung ein Abtastverfahren. Die Abtastrate ist identisch der Signalrate; sie ist nach Gl. (2.6.30) eine Funktion der Teilchendichte, der Geschwindigkeit und der Parameter des Meßvolumens.

In Abhängigkeit von der Signalrate wird durch die Signalauswerteeinheit, z. B. Periodendauermesser, ein Meßwerteensemble zur Informationsverarbeitung angeboten. Informationsverarbeitung und Meßwerteensemble müssen aneinander angepaßt werden. Dies kann 1. durch Anpassung des Meßwerteensembles an die Informationsverarbeitung geschehen, indem eine den Erfordernissen der Informationsverarbeitung entsprechende Auswahl aus dem Angebot an Meßwerten getroffen wird, und 2. durch Anpassung der Informationsverarbeitung an das Meßwerteensemble, durch entsprechende Gestaltung der Software. In jedem Fall äußert sich diese Anpassung in einer Abfragerate, mit der die Informationsverarbeitungseinheit (Rechner) ausgewählte Meßwerte von der Signalauswerteeinheit übernimmt. Die Organisation der Informationsverarbeitung wird damit nicht nur von der Zielstellung der Messung, sondern auch von den Parametern der zu analysierenden Strömung beeinflußt. Praktisch bilden damit Meßaufgabe, Dimensionierung der optischen Meßstrecke und Informationsverarbeitung in ihrer Abhängigkeit von den Parametern der zu analysierenden Strömung eine untrennbare Einheit. In gleichem Maße, wie es notwendig ist, das Meßsystem in Abhängigkeit von der Meßaufgabe an die Strömung anzupassen, ist es erforderlich, unter Berücksichtigung der Parameter der optischen Meßstrecke eine „strömungsbezogene Informationsverarbeitung" vorzunehmen.

Die Zielstellungen für Meßaufgaben bestehen in

- der lückenlosen Rekonstruktion des Momentanwerte-Zeitverlaufes der Strömungsgeschwindigkeit im Meßpunkt,
- der Bestimmung des Frequenzspektrums der Strömungsgeschwindigkeit und/oder
- der statistischen Beschreibung der Strömung durch die Mittelwerte der Strömungsgeschwindigkeitskomponenten sowie der Elemente des Reynoldsschen Spannungstensors.

Die Strömung beeinflußt die Organisation der Informationsverarbeitung über ihre Parameter Turbulenz und Streuteilchendichte. Beide Parameter bestimmen in Abhängigkeit von den Anforderungen an die Rekonstruktion des Momentanwerte-Zeitverlaufes der Strömungsgeschwindigkeit und/oder die Genauigkeit für Mittelwert und Varianz oder die Aussagekraft des Frequenzspektrums die notwendige Software und den Speicherbedarf. Der Begriff „strömungsbezogene Informationsverarbeitung" drückt aber auch aus, daß ohne A-priori-Informationen über die Strömung eine fehlerminimierte Informationsverarbeitung nicht möglich ist. Die Strategie der Ausmessung unbekannter Strömungsgeschwindigkeitsparameter muß im allgemeinen so erfolgen, daß durch eine erste Übersichtsmessung sowohl der Mittelwert als auch die Varianz und die größte Abmessung der Turbulenz näherungsweise bestimmt werden, um daraus insbesondere den Umfang statistisch unabhängiger Stichproben für die Mittelwertbestimmung und das Abfrageregime für die Informationsverarbeitungseinheit zu bestimmen (Gl. (1.2.16) bis Gl. (1.2.22)).

In Abhängigkeit vom Angebot ausgewerteter Signale können grundsätzlich zwei Verfahrensweisen der Informationsverarbeitung unterschieden werden

- die zeitäquidistante Abtastung des Momentanwerte-Zeitverlaufes der Geschwindigkeit und
- der Burstbetrieb.

Unter zeitäquidistanter Abtastung wird die Abfrage der Signalauswerteeinheit in äquidistanten Zeitabständen ΔT mit einer Abfragedauer Δt verstanden (Abb. 4.4.1.). Voraussetzungen sind, daß die Abfragezeit Δt so bemessen ist, daß im gewählten Zeitintervall sich die Geschwindigkeit $v(t)$ nicht wesentlich ändert, und daß die Rate der ausgewerteten Signale so groß ist, daß in der Abfragezeit Δt mit Sicherheit ein repräsentativer Wert für die Geschwindigkeit in diesem Intervall gefunden wird. Die Wahl des Abtastintervalles ΔT ist von der konkreten Aufgabenstellung abhängig.

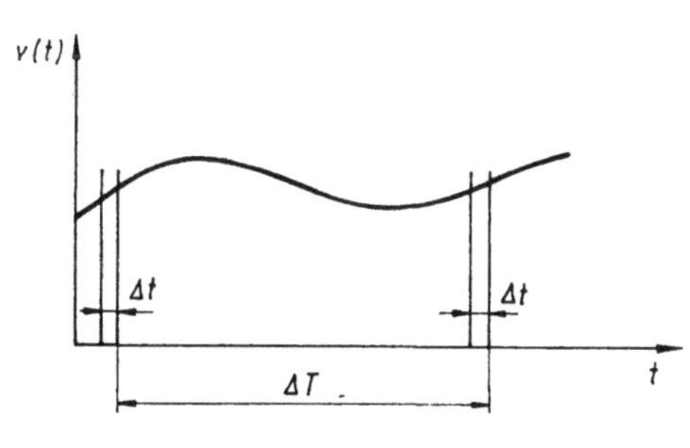

Abb. 4.4.1. Zeitäquidistante Abtastung im aussetzenden Betrieb

Sind die genannten Bedingungen nicht erfüllt, dann ist eine Informationsverarbeitung im zeitäquidistanten Betrieb nicht möglich. In diesem Fall bietet sich für die Informationsverarbeitung der Burstbetrieb an, bei dem alle ausgewerteten Signale in die Informationsverarbeitung einbezogen werden. Die Rekonstruktion des Momentanwerte-Zeitverlaufes ist nur im zeitäquidistanten Betrieb möglich. In diesem Fall wird $\Delta t = \Delta T$ und so klein gewählt, daß die höchste Turbulenzfrequenz mindestens zweimal abgetastet wird

$$\Delta t_{\max} < \frac{1}{2f_{\mathrm{Turb\,max}}}. \tag{4.4.1}$$

Zur Rekonstruktion des Momentanwerte-Zeitverlaufes müßte unter dem Gesichtspunkt eines repräsentativen Meßwertes für das Zeitintervall mit $\Delta t \leqq \Delta t_{\max}/5$ gerechnet werden.

Praktisch wird ausgehend von einem geschätzten Wert für die Zeitbasis dieser solange verändert, bis das den Strömungsbedingungen entsprechende Intervall gefunden ist. Bei lückenhafter Messung mit begrenzter Häufigkeit und Ausdehnung der Lücken kann eine Näherung für den Momentanwerte-Zeitverlauf erzielt werden, indem die Lücken mit dem zuletzt gemessenen Wert aufgefüllt werden.

Der Vorteil der zeitäquidistanten Abtastung besteht darin, daß Zeit- und Ensemblemittelwert (Gl. (1.2.16), Gl. (1.2.22)) gleich sind. Die für den Zeitmittelwert zunächst geforderte Meßzeit $T \to \infty$ kann mit Hilfe der Schätztheorie auf eine vom Turbulenzgrad T_u und der angestrebten Genauigkeit $\Delta\bar{v}/\bar{v}$ für den Mittelwert beeinflußte Zahl N statistisch unabhängiger Stützstellen und damit auf eine Meßzeit $T = N\Delta T$ reduziert werden. Zur Bestimmung der notwendigen Stützstellenzahl muß davon ausgegangen werden, daß Gl. (1.2.18) und Gl. (1.2.22) im mathematischen Sinne Schätzungen für reale Parameter der Strömung darstellen. Aussagen über die Genauigkeit der konkreten, aus einer Stichprobe mit N unabhängigen Elementen gewonnenen Parameterschätzung sind nicht möglich [32]. Mit Hilfe von Konfidenzschätzungen gelingt eine Aussage darüber, ob ein beliebiger unbekannter Parameter, z. B. die mittlere Geschwindigkeit $\bar{v}$, innerhalb eines von der Stichprobe bestimmten Intervalles $(\bar{v}_1, \bar{v}_2)$ mit vorgegebener Wahrscheinlichkeit

$$p\big(\mu_x(1-\varepsilon) < \bar{v}_x < \mu_x(1+\varepsilon)\big) = 1 - \alpha \tag{4.4.2}$$

liegt. $(\bar{v}_1, \bar{v}_2)$ ist das Konfidenzintervall, α ist die Irrtumswahrscheinlichkeit. Ausgehend von einer Vorgabe für α sind für beliebige Verteilungen die notwendigen unabhängigen Stichprobenelemente ermittelbar. Für eine turbulente Strömung, deren Geschwindigkeitsstatistik in x-Richtung einer Normalverteilung mit dem Erwartungswert μ_x und der Varianz σ_x entspricht, ergeben sich für $\bar{v}_x$ als Schätzung von μ_x und S_x^2 als Schätzung von σ_x^2 für die genannten Parameter folgende Konfidenzintervalle [10]:

Parameter μ_x für unbekanntes σ_x

$$\mu_x - \frac{S_x}{(N)^{1/2}}\, t_{N-1;\alpha/2} < \bar{v}_x < \mu_x + \frac{S_x}{(N)^{1/2}}\, t_{N-1;\alpha/2}, \tag{4.4.3}$$

Parameter σ_x^2 für unbekanntes μ_x

$$\frac{\sigma_x^2}{N-1}\,\chi^2_{N-1;\alpha 1} < S_x^2 < \frac{\sigma_x^2}{N-1}\,\chi^2_{N-1;\alpha 2}. \tag{4.4.4}$$

$t_{N-1;\alpha/2}$ ist der Wert der Student-t-Verteilung bei $N-1$ Freiheitsgraden und χ^2_{N-1}; der Wert der χ^2-Verteilung bei $N-1$ Freiheitsgraden. Die t- und χ^2-Verteilungen sind in der Regel tabelliert [10]. Für eine Schätzung des Mittelwertes ergibt sich aus Gl. (4.4.3) bei Festsetzung des Konfidenzintervalles

$$\varepsilon \geqq |v_x - \mu_x| \tag{4.4.5}$$

ein notwendiger Umfang unabhängiger Stichproben

$$N > \left(\frac{S_x}{\varepsilon}\,t_{N-1;\alpha/2}\right)^2. \tag{4.4.6}$$

Ist von der gegebenen Strömung der Turbulenzgrad a priori bekannt, so folgt

$$S_x \to \sigma_x,$$
$$t_{N-1;\alpha/2} \to z_{\alpha/2}, \qquad z_{\alpha/2} = \psi(1 - \alpha/2). \tag{4.4.7}$$

$\psi(x)$ ist die inverse Funktion der Fehlerfunktion

$$\Phi(x) = \frac{1}{(2\pi)^{1/2}} \int_{-\infty}^{x} \mathrm{e}^{-t^2/2}\,\mathrm{d}t. \tag{4.4.8}$$

Damit geht Gl. (4.4.6) in

$$N > \left(\frac{T_\mathrm{u}}{\frac{\varepsilon}{\mu_x}}\,z_{\alpha/2}\right)^2 = \left(\frac{T_\mathrm{u}}{\frac{\Delta\bar{v}}{\bar{v}}}\,z_{\alpha/2}\right)^2 \tag{4.4.9}$$

über.

Für die relative Genauigkeit ergibt sich als Grenzbeziehung

$$\frac{\varepsilon}{\mu_x} = \frac{T_\mathrm{u} z_{\alpha/2}}{(N)^{1/2}}. \tag{4.4.10}$$

Dieser Zusammenhang ist in Abb. 4.4.2. grafisch dargestellt. Der Stichprobenumfang steigt in Abhängigkeit vom Turbulenzgrad und der geforderten Irrtumswahrscheinlichkeit stark an, insbesondere haben die Schwankungen um den Mittelwert entscheidenden Einfluß. Daher kommt der Schätzung der Schwankungsbreite bei unbekannter turbulenter Strömung eine besondere Stellung zu, auch wenn sie als Meßgröße selbst nicht benötigt wird. Die statistische Unabhängigkeit der Stützwerte ist gewährleistet, wenn das Abtastintervall

$$\Delta T > \Delta T_\mathrm{min} = \frac{1}{2 f_\mathrm{Turb\,min}} \tag{4.4.11}$$

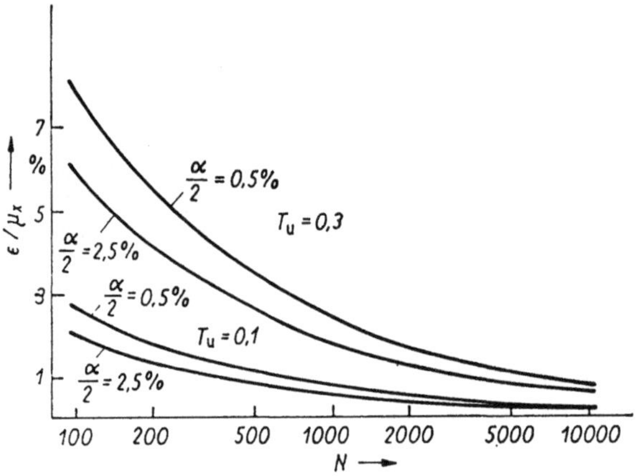

Abb. 4.4.2. Relative Genauigkeit für den Mittelwert als Funktion der Anzahl der Stützstellen [F 4]

gewählt wird; $\Delta T_{\min}$ ergibt sich dabei aus den Abmessungen der größten turbulenten Erscheinung L_0 und der Geschwindigkeit in Hauptströmungsrichtung, z. B. bei Orientierung der Strömung in x-Richtung aus $\Delta T_{\min} = L_0/U$. Eine Abtastung mit kürzeren Intervallen führt zwar zu einem höheren Datenangebot, bringt aber qualitativ keinen Gewinn für die Mittelwertbildung. Im Gegensatz zu der für die Rekonstruktion des Momentanwerte-Zeitverlaufes verwendeten kontinuierlichen zeitäquidistanten Abtastung, wird diese für die Mittelwertbestimmung effektive Organisation der Informationsverarbeitung als „zeitäquidistante Abtastung im aussetzenden Betrieb" bezeichnet [F 4].

Für den Burstbetrieb ist nur eine statistische Beschreibung der Strömung möglich. Jedes ausgewertete Signal wird der Informationsverarbeitung zugeführt. Für den Mittelwert ergibt sich mit der Signalrate

$$S = \frac{\mathrm{d}N}{\mathrm{d}t} \tag{4.4.12}$$

aus Gl. (1.2.16) z. B. für die x-Richtung

$$U = \lim_{N\to\infty} \left\{ \lim_{V\to 0} \frac{1}{V} \int\limits_V \frac{\int\limits_N \frac{v_{xn}}{S_n}\,\mathrm{d}N}{\int\limits_N \frac{1}{S_n}\,\mathrm{d}N}\,\mathrm{d}V \right\}. \tag{4.4.13}$$

Gl. (4.4.13) besagt, daß bei Informationsverarbeitung im Burstbetrieb jeder Meßwert v_{xn} mit der aktuellen Signalrate S_n gewichtet werden muß.

Die Signalrate wurde in Abschnitt 2.6 eingehend analysiert. Unter Einbeziehung der Einflüsse der zur Signalerkennung notwendigen Amplitudenschwelle und Mindestperiodenzahl, der Bewertung der Strömung durch die ellipsoide Form des Abtastvolumens, der Geschwindigkeit und der Teilchendichte läßt sich die Rate der ausgewerteten Signale und damit die Rate der zur Informationsverarbeitung angebotenen Signale aus Gl. (2.6.29) berechnen. Für die Wichtung nach Gl. (4.4.13) sind nur meßwertspezifische Faktoren von Bedeutung. Damit ist es zweckmäßig, einen Wichtungsfaktor

$$\gamma_n = |\boldsymbol{v}_n| \, K_{0n} \cdot K_{1n} \cdot K_{2n} \tag{4.4.14}$$

zu definieren, der nur diesen Teil der Signalrate umfaßt. Für endliches Abtastvolumen und endliche Anzahl der Stützstellen geht damit Gl. (4.4.13) in

$$U = \frac{\sum_{n=1}^{N} \frac{v_{xn}}{\gamma_n}}{\sum_{n=1}^{N} \frac{1}{\gamma_n}} \tag{4.4.15}$$

über. Die Varianz kann aus ($N \gg 1$)

$$\overline{v_x'^2} = \frac{\sum_{n=1}^{N} \frac{(v_{xn} - \overline{v}_x)^2}{\gamma_n}}{\sum_{n=1}^{N} \frac{1}{\gamma_n}} \tag{4.4.16}$$

berechnet werden.

Die notwendige Stützstellenzahl muß wiederum der Gl. (4.4.9) genügen. Für

$$\frac{1}{S_{\min}} = \Delta T > \Delta T_{\min} \tag{4.4.17}$$

sind die Werte statistisch unabhängig voneinander [F 4]. Wird diese Bedingung vom angebotenen Signalzug nicht erfüllt, kann durch Einbeziehung nur jeden M-ten Wertes in die Auswertung die statistische Unabhängigkeit hergestellt werden.

Das praktische Problem besteht nun darin, wie und unter welchen Bedingungen der Wichtungsfaktor meßtechnisch erfaßt werden kann. Die Bestimmung des Wichtungsfaktors erfordert die Messung zusätzlicher Signalparameter. Als weitere Parameter stehen der Spitzenwert des Bursts U_{mn} und die Signaldauer τ_n oberhalb einer Schwelle U_S zur Verfügung. Darüber hinaus müssen unter Umständen Voraussetzungen bezüglich des Teilchenkollektivs, das an der Messung beteiligt ist, erfüllt sein.

Werden Teilchen unterschiedlichen Durchmessers für die Messung verwendet, dann ist K_{0n} im Prinzip eine meßwertspezifische Größe. Im Sinne der Einbeziehung nur jeden M-ten Meßwertes in die Auswertung wird K_{0n} zu einer Invarianten des Meßzyklus, so daß der Burstbetrieb grundsätzlich auch für Teilchen mit Durchmessern großer Varianz möglich ist.

Wird zunächst vorausgesetzt, daß bei Verwendung einer Shiftfrequenz und einer Auswerteelektronik hinreichender Grenzfrequenz durch die Wahl der Mindestperiodenzahl das Abtastvolumen nicht reduziert wird, dann vereinfacht sich der Wichtungsfaktor zu

$$\gamma_n = |\boldsymbol{v}_n| \, A_n^{1/2} \tag{4.4.18}$$

mit A_n nach Gl. (2.6.13).

Im Burstbetrieb liegt mit Sicherheit Einzelteilchenstreuung vor. Damit ist dieser Faktor durch Messung des Spitzenwertes des Bursts U_{mn} und der Signaldauer τ_n oberhalb einer Schwelle U_S bestimmbar [F 4, A 7]. Für die Hüllkurve eines Teilchens mit einer Bahn beliebiger Richtung durch das Abtastvolumen gilt zum Zeitpunkt des Durchstoßens einer Triggerschwelle die Zeitfunktion

$$U_S = U_{mn}\, e^{-\frac{2\tau_n^2}{\sigma_{tn}^2}} \tag{4.4.19}$$

und die Ortsfunktion

$$U_S = U_{mn}\, e^{-\frac{2r_n^2}{\sigma_{rn}^2}}. \tag{4.4.20}$$

Dabei ist $2\tau_n$ die Laufzeit des Teilchens auf der Bahn der Länge $2r_n$ durch das Abtastvolumen, $2\sigma_{tn}$ ist die Laufzeit eines gleichartigen Teilchens auf einer Bahn gleicher Richtung der Länge $2\sigma_{rn}$ durch das Zentrum des Abtastvolumens. Die Bahn durch das Zentrum ist die längste Bahn ihrer Art; nach Gl. (III.18) (Anhang III) ist sie mit dem Faktor $A^{1/2}$ verknüpft. Für den Wichtungsfaktor folgt mit

$$\sigma_{tn} = \frac{\sigma_{rn}}{|\boldsymbol{v}|} \tag{4.4.21}$$

aus Gl. (4.4.18), Gl. (4.4.19) und Gl. (III.18)

$$\gamma_n = |\boldsymbol{v}_n|\, A_n^{1/2} = \frac{\left(2 \ln \frac{U_{mn}}{U_S}\right)^{1/2}}{\tau_n}. \tag{4.4.22}$$

Ausgehend von diesem Wichtungsfaktor lassen sich für die Informationsverarbeitung im Burstbetrieb Näherungen mit unterschiedlichem rechentechnischen Aufwand ableiten.

1. Vernachlässigung des Wichtungsfaktors, an Stelle des Zeitmittelwertes wird der Ensemblemittelwert verwendet. Diese Näherung ist nur bei geringen Turbulenzgraden erlaubt. Untersuchungen haben gezeigt, daß bei einem Turbulenzgrad von $T_u = 10\%$ ein Fehler für den Mittelwert von 1% auftritt; bei $T_u = 15\%$ beträgt der Fehler bereits 2%. Daraus folgt, daß bei Turbulenzgraden oberhalb der genannten Werte eine strömungsbezogene Informationsverarbeitung vorgenommen werden muß [F 4].
2. Wichtung mit der Geschwindigkeit $|\boldsymbol{v}_n|$. Für relativ kurze Abtastvolumina mit $c' \approx 2a'$ kann der Einfluß der ellipsoiden Form des Abtastvolumens auf die Signalrate und damit auf den Wichtungsfaktor vernachlässigt und der Wichtungsfaktor $\gamma_n \approx |\boldsymbol{v}_n|$ gesetzt werden. Die Beziehung für den Mittelwert (Gl. (4.4.15)) geht dann in [O 1]

$$U \approx \frac{\sum\limits_{n=1}^{N} \frac{v_{xn}}{|\boldsymbol{v}_n|}}{\sum\limits_{n=1}^{N} \frac{1}{|\boldsymbol{v}_n|}} \tag{4.4.23}$$

über.

Wird darüber hinaus das Koordinatensystem mit der x-Richtung in die Hauptströmungsrichtung orientiert, dann kann der Wichtungsfaktor durch $\gamma_n \approx v_{xn}$ angenähert werden und der Mittelwert durch [M 1, Q 2, S 4]

$$U \approx \frac{N}{\sum_{n=1}^{N} \frac{1}{v_{xn}}}. \tag{4.4.24}$$

3. Wichtung mit der Signaldauer τ_n. Durch Verwendung von Teilchen mit Durchmessern geringer Varianz wird gesichert, daß alle Signale aus einem Abtastvolumen derselben Ausdehnung stammen. Durch Anheben der Schwelle U_S kann darüber hinaus erreicht werden, daß nur Signale annähernd gleicher Qualität zur Auswertung gelangen. Die Spitzenwerte unterscheiden sich nur unwesentlich, so daß eine Wichtung mit

$$\gamma_n \approx \frac{1}{\tau_n} \tag{4.4.25}$$

vorgenommen und der Mittelwert nach

$$U \approx \frac{\sum_{n=1}^{N} v_{xn} \cdot \tau_n}{\sum_{n=1}^{N} \tau_n} \tag{4.4.26}$$

berechnet werden kann. Da die Amplitudenschwankungen logarithmisch in die Signalrate eingehen, ist dies eine qualitativ hochwertige Wichtung. Sie hat sich für geimpfte Strömungen international weitgehend durchgesetzt [H 5].
4. Wichtung mit dem Wichtungsfaktor nach Gl. (4.4.22) [A 7].
5. Einbeziehung des Einflusses einer Mindestperiodenzahl auf den Wichtungsfaktor. Ist die eingangs gemachte Voraussetzung, daß die Mindestperiodenzahl auf das Abtastvolumen keinen Einfluß haben soll, nicht erfüllt, dann ergibt sich aus Gl. (2.6.27) mit Gl. (4.4.14) für den Wichtungsfaktor

$$\gamma_n = |\boldsymbol{v}_n| \, A^{1/2} \left(1 - \frac{|\boldsymbol{v}_n|^2 \, N^2 A}{4 f_{\mathrm{D}n}^2}\right) \tag{4.4.27}$$

und mit Gl. (4.4.22) schließlich [A 7]

$$\gamma_n = \frac{\left(2 \ln \frac{U_{mn}}{U_\mathrm{S}}\right)^{1/2}}{\tau_n} \left(1 - \frac{N^2 \ln \frac{U_{mn}}{U_\mathrm{S}}}{2 f_{\mathrm{D}n}^2 \tau_n}\right). \tag{4.4.28}$$

Die Wichtung mit γ_n nach Gl. (4.4.28) erfüllt die höchsten Ansprüche, die an die strömungsbezogene Informationsverarbeitung gestellt werden können.

Bei näherer Untersuchung des Wichtungsfaktors nach Gl. (4.4.18) zeigt sich, daß dieser Faktor mit der Summe der mit den Meßvolumenabmessungen bewerteten orthogonalen

Geschwindigkeitskomponenten verknüpft ist

$$|\boldsymbol{v}_n|^2 A_n = \frac{v_{xn}^2}{a^2} + \frac{v_{yn}^2}{b^2} + \frac{v_{zn}^2}{c^2}. \tag{4.4.29}$$

Damit ergibt sich die Möglichkeit, bei bekanntem Wichtungsfaktor mit einem optischen Zweikomponentensystem den Betrag der dritten Komponente, z. B. der z-Komponente, zu bestimmen

$$v_{zn} = c \left(\frac{2 \ln \dfrac{U_{mn}}{U_S}}{\tau_n} - \frac{v_{xn}^2}{a^2} - \frac{v_{yn}}{b^2} \right)^{1/2}. \tag{4.4.30}$$

Dieses Verfahren [A 7, F 4] ist insofern von Bedeutung, als der optische Aufwand für eine simultane Dreikomponentenmessung sehr hoch ist. Wie der Wichtungsfaktor ist dieses Verfahren ein Ergebnis der ellipsoiden Form des Abtastvolumens. Die gewissenhafte Justierung ist damit unbedingte Voraussetzung für die zu erwartende Genauigkeit. Darüber hinaus muß Einzelteilchenstreuung garantiert sein. Solange diese Bedingungen erfüllt sind, kann Gl. (4.4.30) auch bei zeitäquidistanter Abtastung angewendet werden.

Bei der Realisierung von Meßplätzen müssen die genannten Anforderungen an die Informationsverarbeitung hardwaremäßig und/oder softwaremäßig berücksichtigt werden. Dabei kann die Auswerteelektronik für den zeitäquidistanten und/oder Burstbetrieb ausgelegt sein. Die Organisation der Abfrage der Signalauswertung wird in der Regel immer durch entsprechende Software vorgenommen.

Für alle Meßplätze ist es zweckmäßig, zur Kontrolle der Qualität der vorgenommenen Messung, die Signalrate mit zur Anzeige zu bringen. Das kann, z. B. beim Verfahren mit ständigem Periodizitätstest, in Form der Darstellung der Häufigkeitsverteilung der Periodizität der ausgewerteten Signale oder durch Ausgabe der Signalrate selbst durch On-line-Auswertung von jeweils 100 Meßwerten erfolgen. Es ist auch möglich, anhand einer Schwelle durch Angabe der Anzahl der Schwellenüberschreitungen pro Zeiteinheit die Signalrate festzustellen. Der Aufwand für die Signalauswertung und Informationsverarbeitung reicht von einfachen, auf das Meßproblem zugeschnittenen Einheiten, bis zu umfangreichen universell einsetzbaren Geräten [FI 1 bis FI 4].

Im folgenden soll auf zwei Lösungen, die für Meßplätze in der Hydrodynamik entwickelt wurden, näher eingegangen werden, um einerseits die notwendige Anpassung von optischer Meßstrecke und Auswerteelektronik und andererseits die Möglichkeiten und Grenzen zu demonstrieren, die ein Mikrorechner zuläßt. In Abb. 4.4.3. ist ein einfacher Meßplatz für eine Komponente dargestellt. Der elektronische Teil des Meßplatzes besteht aus einem Kontrollgerät (Oszillograph) für die vom Fotoempfänger abgegebenen Signale, einem Mikrorechner, in den der Periodendauermesser als Zusatzplatine eingefügt wurde, und einem Bildschirm zur Informationsausgabe. An Stelle des Bildschirmes kann auch ein xy-Schreiber eingesetzt werden. Die Signalauswertung wird von einem Periodendauermesser durch ständigen Periodizitätstest, Bestimmen der Signaldauer $n\tau$ und der Periodenzahl N vorgenommen (Abb. 4.2.4., Abb. 4.2.5.). Die Informationsverarbeitung ist nur für die zeitäquidistante Abtastung ausgelegt [K 5, A 8]. Für den Betrieb mit kontinuierlicher zeitäquidistanter Abtastung wird aus den im

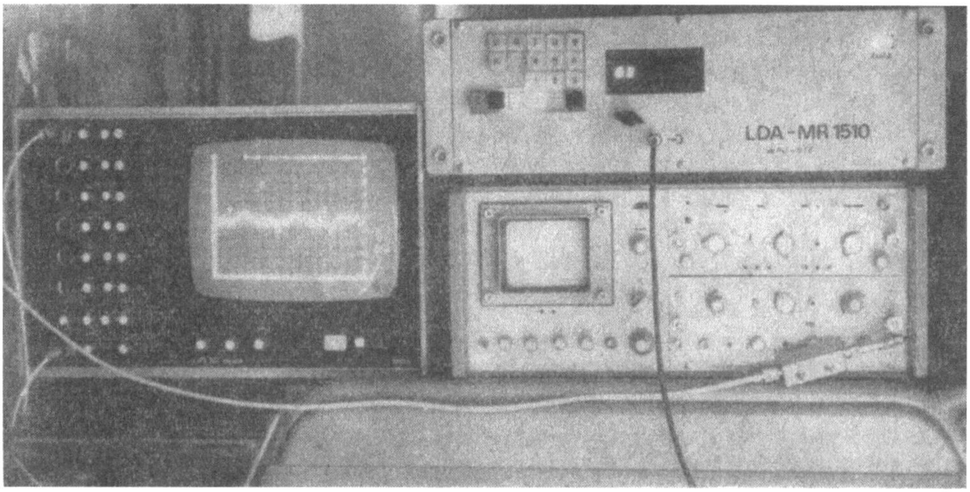

Abb. 4.4.3. Einfacher Meßplatz zur Bestimmung einer Strömungskomponente mit Mikrorechner und Periodendauermesser

Abfragezeitraum Δt anfallenden Signalen das Signal mit der höchsten Periodenzahl N für die Weitergabe an die Informationsverarbeitung ausgewählt (Abb. 4.2.4.).

Die Genauigkeit des Momentanwertes wird im wesentlichen durch die verwendete Taktfrequenz bestimmt. Wird die Taktfrequenz so hoch gewählt, daß im gesamten Frequenzbereich eine Taktzahl von mindestens 100 Takten pro kürzesten möglichen Signalzug generell gesichert werden kann, dann reduziert sich bei einer geforderten Genauigkeit von $\Delta v/v \leqq 1\%$ für den Momentanwert der Test auf Verwendbarkeit des Signales auf den Test der Periodizität. Werden geringere Taktfrequenzen verwendet, dann muß zusätzlich geprüft werden, ob die Signaldauer die gewünschte Genauigkeit garantiert.

Für den genannten Meßplatz wurde eine Taktfrequenz von 20 MHz verwendet ($\tau = 5 \cdot 10^{-8}$ s). Die Forderung nach einer Genauigkeit von 1% erfordert eine Mindestsignallänge von $n\tau \geqq 5$ µs. Die optische Strecke läßt bei einer Ausdehnung des Abtastvolumens von $2a' = 0{,}1$ mm bei der geforderten Genauigkeit Messungen bis zu 20 m/s zu. Seitens der Auswerteelektronik liegt diese Grenze zunächst weit niedriger. Bei einer Sendeoptik mit $\Theta/2 = 10°$ und He-Ne-Laser beträgt der Abstand der Interferenzflächen $\Delta x = 1{,}8$ µm. Bei einer Auflösung von mindestens 16 Takten pro Periode ist eine Signalauswertung unter den genannten Bedingungen bis zu einer Geschwindigkeit von 2,25 m/s möglich. Durch Zusammenfassen von jeweils 8 Perioden zu einer Vergleichseinheit können die von der Sendeoptik und Auswerteelektronik gesetzten Geschwindigkeitsgrenzen in Übereinstimmung gebracht werden.

Bei diesem Meßplatz werden die Stützstellenzahl N, die Mindestperiodenzahl N_{min}, der Faktor für das Zusammenfassen von Perioden, das Vergleichsintervall ε, der Abstand der Interferenzflächen Δx, die Zeitbasis Δt und der Darstellungsmaßstab auf dem Auswertegerät als Parameter in den Mikrorechner eingegeben. Ausgegeben werden können die Statistik der Periodenzahlen, der Momentanwerte-Zeitverlauf, der Mittelwert und die Varianz sowie die Häufigkeitsverteilung der Geschwindigkeit. Zusätzlich ermöglicht die Informationsverarbeitungseinheit in begrenztem Umfang eine Speicherung gemessener Feldwerte. In Abb. 4.4.4a, b ist das Ergebnis der Messung an einem Flügel in Form der Funktionen $\bar{v} = f(y)$ und $\sigma = g(y)$ nach Abschluß der Messung ausgegeben worden. Zusammen mit einer drehbaren Einkomponentenoptik (siehe Kapitel 5) entsteht ein Meßplatz, mit dem bereits ein breites Feld von Aufgaben der Hydrodynamik bearbeitet werden kann.

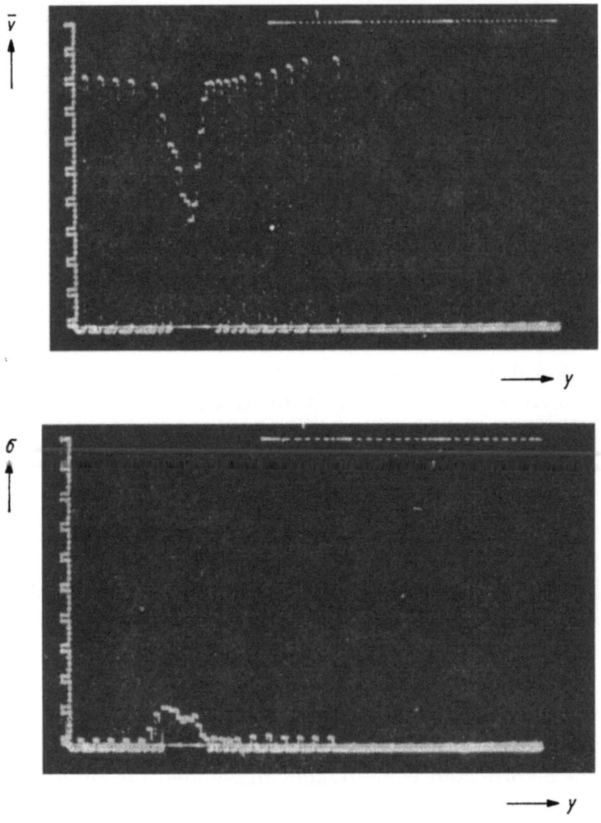

a) Mittelwert $\bar{v} = f(y)$

b) Varianz $\sigma = g(y)$

Abb. 4.4.4. Feldmessungen an einem Profil

Einen komfortableren Meßplatz zeigt Abb. 4.4.5. Dieser Meßplatz ist zur simultanen Zweikomponentenmessung mit zwei Periodendauermessern, die nach dem Prinzip des kontinuierlichen Periodizitätstests arbeiten, und darüber hinaus mit einem Spitzenwertmesser ausgerüstet. Damit werden simultan zwei Doppler-Frequenzen und in einem Kanal der Spitzenwert und die Signaldauer oberhalb einer Schwelle gemessen. Durch eine Koinzidenzschaltung wird die Zusammengehörigkeit der Meßwerte in den Kanälen festgestellt. Der Meßplatz ist mit einem Bildschirm zur Kommunikation und einem Bildschirm zur Ausgabe der Zeitfunktionen und der statistischen Verteilungen

Abb. 4.4.5. Zweikomponentenmeßplatz mit Filterbank am Kavitationskanal

ausgerüstet. Die Signalrate wird online ausgegeben. Es werden die Mittelwerte und die Varianz der Komponenten und die Strömungsrichtung sowie der Betrag der Strömungsgeschwindigkeit $|\boldsymbol{v}|$ und der Turbulenzgrad angezeigt. Durch entsprechende Software lassen sich die simultane Dreikomponentenmessung, die zeitäquidistante Abtastung und der Burstbetrieb in seinen verschiedenen Näherungen für die Wichtung realisieren [F 4]. Zur Verbesserung der Signalqualität ist dieser Meßplatz mit einer halbautomatischen Filterbank versehen. Die Signalauswertung und die Informationsverarbeitung können damit weitgehend an das Meßproblem angepaßt werden.

4.5. Längenmessung

Bei Betrieb des Laser-Doppler-Anemometers mit kontinuierlicher zeitäquidistanter Abtastung mit dem Zeitintervall Δt kann relativ einfach das Integral über die Geschwindigkeit bestimmt werden. Auf dieser Grundlage sind eine Längenmessung an bewegten Objekten und die Messung daraus abgeleiteter Größen möglich [A 5]

$$l = \Delta t \sum_n v_n . \tag{4.5.1}$$

Praktisch erprobt wurde die Längenmessung an bewegten Oberflächen. Ein Längenmeßplatz dieser Art arbeitet nach dem Rückstreuverfahren. Sender und Empfänger können als eine Einheit aufgebaut werden oder der Empfänger wird direkt neben dem optischen Sender angeordnet. Um ein kontinuierliches Signal auch bei ungenau positioniertem Durchlauf der Oberfläche durch das Meßvolumen zu sichern, werden Sendeoptiken mit relativ langem Meßvolumen $2c$ von 10 cm bis zu 20 cm ($\Theta < 1°$) eingesetzt. Eine solche Sendeoptik ist in Abb. 3.3.9. abgebildet. Im Prinzip handelt es sich um eine Optik mit unkompensierter optischer Weglänge. Abschätzungen [D 12] ergeben, daß bei einer Optik mit kompensierter optischer Weglänge zwischen Meßvolumenmitte und Meßvolumenrand ein Frequenzfehler von

$$\frac{\Delta f_{D1}}{f_D} \approx -\left(2 \frac{\alpha}{\Theta}\right)^2 \tag{4.5.2}$$

auftritt. Bei unkompensierter optischer Weglänge ergibt sich darüber hinaus innerhalb des Doppler-Bursts eine Frequenzänderung

$$\frac{\Delta f_{D2}}{f_D} \approx 4 \frac{\alpha}{\Theta} \frac{\Delta l}{d}. \tag{4.5.3}$$

Dabei sind α der Fernfelddivergenzwinkel des Laserstrahles (Gl. (1.3.12)), d der Durchmesser der Lasertaille im Meßvolumen und Δl die Weglängendifferenz zwischen den beiden Laserstrahlen, die sich aus einem Luftweg Δl_l und einem Glasweg Δl_{gl} (Brechungsindex n) zusammensetzt

$$\Delta l = \Delta l_l + \frac{\Delta l_{gl}}{n-1}. \tag{4.5.4}$$

Für einen Schnittwinkel von $\Theta = 0{,}57°$ und einen He-Ne-Laser mit $d = 1$ mm, $\alpha = 0{,}2$ mrad beträgt der maximale Fehler für die Einzelmessung bei weglängenkompensierter Optik $\Delta f_{D1}/f_D = -0{,}16\%$ und bei einer unkompensierten Optik mit $\Delta l = 30$ mm $\Delta f_{D2}/f_D = 0{,}05\%$. Der Fehler wird damit im wesentlichen durch die Auswerteelektronik bestimmt. Bei Signalausfällen infolge ungünstiger Streueigenschaften der Oberfläche können die Signallücken in begrenztem Umfang interpoliert werden. Insgesamt ist unter Einbeziehung der Auswerteelektronik auch mit einer Optik mit unkompensierter optischer Weglänge eine Längenmessung mit einem Fehler $\Delta l/l \leqq 1\%$ möglich. Der optische Empfänger muß auf das abzubildende Meßvolumen abgestimmt sein. Die Raumfilterblende begrenzt die abgebildete Tiefe des Meßvolumens. Bei gegebenen konstruktiven Daten des Empfängers kann der erforderliche Durchmesser der Raumfilterblende aus Gl. (3.2.6) berechnet werden.

5. Anpassung des Laser-Doppler-Anemometers an Meßprobleme

Es ist nicht möglich, im Rahmen eines Kapitels die Vielfalt der Anpassungsmöglichkeiten des Laser-Doppler-Anemometers an spezielle Meßprobleme und an verschiedene Meßstrecken zu behandeln. Auf eine Reihe grundsätzlicher Anpassungsprobleme wurde im Kapitel 4 bereits eingegangen. Ausgehend von einem speziellen Meßproblem können entweder

— das Meßverfahren (LDA) an die Meßstrecke oder
— die Meßstrecke an das Laser-Doppler-Anemometer oder auch
— die Signalerfassung an die Meßstrecke angepaßt werden.

Als Beispiele für die Anpassung des Meßverfahrens an die Meßstrecke sollen die Mehrkomponentenmessung mit einer Einkomponentenoptik und das Laser-Vibrometer für Messungen an schwingenden Oberflächen behandelt werden. Beispiele für die Anpassung der Meßstrecke an das Laser-Doppler-Anemometer sind die Brechungsindexanpassung zur Messung an Objekten, die keine optisch ebenen Ein- und Austrittsflächen besitzen, und die Injizierung von lumineszierenden Streuteilchen. Eine Anpassung der Signalerfassung kann bei periodischen Prozessen durch Akkumulation von Meßwerten vorgenommen werden.

Der hohe Aufwand der zeitparallelen Zweikomponentenmessung und der Wunsch nach flexibler Anpassung des optischen Sensors an das Meßobjekt haben zur Entwicklung der zeitseriellen Geschwindigkeitsmessung mit einer Einkomponentenoptik geführt. Mit einer um die optische Achse drehbaren Einkomponentenoptik ist die Ausmessung beliebig orientierter Komponenten zweidimensionaler Felder möglich. Dabei muß beachtet werden, daß die Polarisation des Strahlenpaares unabhängig vom Drehwinkel α gleich bleibt. Mit einem zirkular polarisierten Hauptstrahl und einer in die Sendeoptik eingebauten $\lambda/4$-Platte kann dies erreicht werden. In Anlehnung an Verfahren der Hitzdrahtanemometrie kann die serielle Mehrkomponentenmessung zur Bestimmung der Schubspannungen benutzt werden. Dazu werden insgesamt drei Messungen unter den Winkeln 0° (in der Regel in Hauptströmungsrichtung) und $\pm\alpha$ mit $\alpha < 90°$ durchgeführt [4]. Für die drei gemessenen Geschwindigkeiten v_1, v_2 und v_3 gilt allgemein (Abb. 5.0.1.)

$$\begin{aligned} v_1 &= \bar{v}_1 + v_1' = U + u', \\ v_2 &= \bar{v}_2 + v_2' = (U + u') \cos\alpha - (V + v') \sin\alpha, \\ v_3 &= \bar{v}_3 + v_3' = (U + u') \cos\alpha + (V + v') \sin\alpha. \end{aligned} \tag{5.0.1}$$

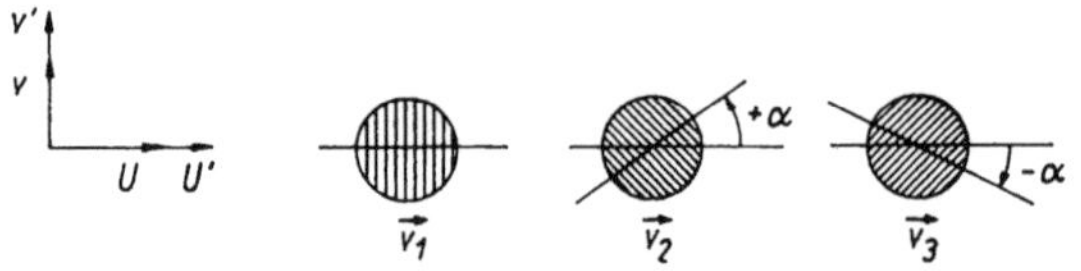

Abb. 5.0.1. Meßverfahren mit drehbarer Einkomponentenoptik

Für jeden dieser Meßwerte werden der Mittelwert und die Varianz durch Messung bestimmt. Aus diesen Werten lassen sich der Mittelwert und die Varianz der zweiten orthogonalen Komponente

$$V = \bar{v} = \frac{\bar{v}_3 - \bar{v}_2}{2 \sin \alpha}, \qquad \overline{v'^2} = \frac{\overline{{v_2}'^2} + \overline{{v_3}'^2} - \overline{2{v_1}'^2} \cos^2 \alpha}{2 \sin^2 \alpha} \tag{5.0.2}$$

und zusätzlich die Kreuzkorrelation der Schwankungsanteile beider Geschwindigkeitskomponenten

$$\overline{u'v'} = \frac{\overline{{v_3}'^2} - \overline{{v_2}'^2}}{2 \sin 2\alpha} \tag{5.0.3}$$

berechnen. Für $\alpha = 45°$ vereinfachen sich die Gl. (5.0.2) und Gl. (5.0.3) zu

$$V_{45} = \bar{v}_{45} = \frac{\bar{v}_3 - \bar{v}_2}{\sqrt{2}}, \qquad \overline{v'^2_{45}} = \overline{{v_2}'^2} + \overline{{v_3}'^2} - \overline{{v_1}'^2}, \qquad \overline{(u'v')}_{45} = \frac{1}{2} (\overline{{v_3}'^2} - \overline{{v_2}'^2}). \tag{5.0.4}$$

Damit steht ein einfacher Algorithmus zur Informationsverdichtung zur Verfügung. Die Bestimmung der einzelnen Meßwerte v_1, v_2 und v_3 kann nach dem Prinzip der zeitäquidistanten Abtastung erfolgen. Der Vorteil dieses auf stationäre und quasistationäre Strömungen beschränkten Verfahrens liegt in der Reduzierung des optischen und elektronischen Aufwandes. Durch die drehbare Optik ist der Meßplatz variabel einsetz- und relativ schnell an spezielle Probleme anpaßbar.

Eine spezielle Form des Laser-Doppler-Anemometers geht aus Abb. 1.1.3. und Gl. (1.1.9) hervor, wenn der Geschwindigkeitsvektor parallel oder antiparallel zum Laserstrahl $\boldsymbol{e}_s$ ($\varphi = \Theta/2$) und das Streulicht in Rückstreuung empfangen wird ($\psi = \pi$). Dann registriert der Empfänger eine Frequenz

$$f_D = \frac{2v}{\lambda_0}. \tag{5.0.5}$$

Im Prinzip handelt es sich hierbei um eine besondere Variante des Referenzstrahlverfahrens nach Abb. 1.1.8b. Mit $\boldsymbol{e}_r = -\boldsymbol{e}_{s1}$ ($\Theta = 0°$) und $\boldsymbol{v} = \pm \boldsymbol{e}_r |\boldsymbol{v}|$ führt Gl. (1.1.16) zum gleichen Ergebnis. Diese Anordnung stellt ein Laser-Vibrometer dar [B 5]. Mit diesem Meßplatz können berührungslos Schwingungsmessungen vorgenommen werden, die in der Meßtechnik einen großen Umfang einnehmen. Von besonderem Interesse sind Schwingungsmessungen an Oberflächen von Bauteilen, z. B. an akustischen Schwingern [C 4]. In Abb. 5.0.2a, b sind zwei Anordnungen für Laser-Vibrometer dargestellt. Ein Vibrometer im Rückstreubetrieb zeigt Abb. 5.0.2a. Die rückgestreute Leistung ist auch bei Festkörperoberflächen sehr gering. Ein Vibrometer in Reflexions-

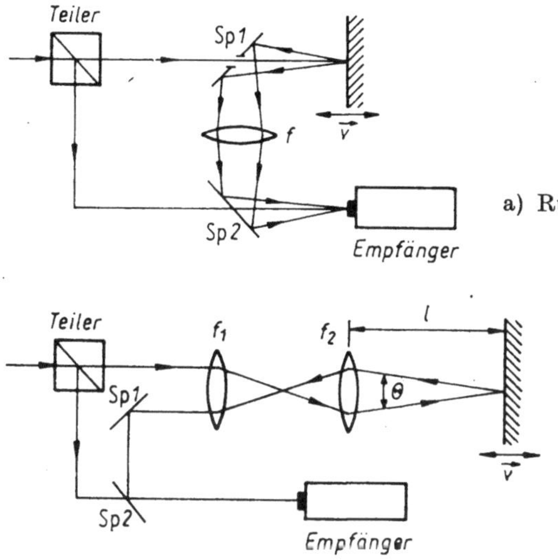

a) Rückstreuanordnung

b) Reflexionsanordnung [FI-1]

Abb. 5.0.2. Laservibrometer

betrieb, wie es in Abb. 5.0.2b dargestellt ist, führt zu einer besseren Signalqualität. Im Empfänger werden der Referenzstrahl und der mit der Doppler-Frequenz verschobene reflektierte Strahl überlagert

$$f_D = \frac{2v}{\lambda_0 \cos \Theta} \approx \frac{2v}{\lambda_0}. \tag{5.0.6}$$

Ausdehnung und Durchmesser des Meßvolumens sind mit den in Kapitel 3 angegebenen Beziehungen zu berechnen,

$$d_1 = \frac{4}{\pi} \frac{\lambda_0 f_1 l}{d_0 f_2}, \qquad 2c = \frac{8}{\pi} \frac{\lambda_0 f_1^2}{d_0 f_2^2} l. \tag{5.0.7}$$

Für praktische Messungen kann die Zugänglichkeit zum Meßort ein Problem sein. Die Lichtleitertechnik ermöglicht eine sehr variable Strahlführung. Mit zwei Lichtleiterkabeln und einem in den Sendekopf eingebauten Empfänger läßt sich eine Sonde nach dem ZBZS-Verfahren aufbauen, für Messungen an Orten, die sonst optisch sehr schwer zugänglich sind [R 3].

Ein typisches Beispiel für die notwendige Anpassung der Meßstrecke an den Meßplatz stellen Meßplätze für Flüssigkeitsströmungen dar. Sofern es sich um optisch transparente Flüssigkeiten handelt und eine definierte Strahlführung garantiert werden kann, ist das Laser-Doppler-Anemometer für Messungen in der Hydrodynamik geeignet.

Optisch transparente Medien weisen eine von der Wellenlänge abhängige Dämpfung für elektromagnetische Strahlung auf. Für die Ortsabhängigkeit der Intensität gilt allgemein

$$I(x) = I_0 \, e^{-Kx} . \tag{5.0.8}$$

K ist die Dämpfungskonstante; sie setzt sich aus Absorption und Streuung zusammen. In Tab. 5.0.1 sind für die Laserwellenlängen im sichtbaren Bereich die Dämpfungswerte für reines Wasser [36] und für See-Wasser [35] angegeben. Darüber hinaus sind die Längen mit eingetragen, bei denen die Intensität auf 37% der Maximalintensität abgefallen ist (1/e-Abfall). Insgesamt ergibt sich, daß für grünes Licht im Wasser ein „optisches Fenster" auftritt; grünes Licht weist sowohl in reinem Wasser als auch in See-Wasser die höchsten Reichweiten auf. Die grüne Linie des Argon-Lasers ist damit für Messungen im Wasser, z. B. an realen Objekten im Schiffbau, besonders geeignet. Die rote Linie des He-Ne-Lasers weist dagegen eine relativ hohe Dämpfung auf.

Tab. 5.0.1 Dämpfung der Laser-Strahlung im Wasser

λ_0	reines Wasser [36]		See-Wasser [35]	
	K	x (37%)	K	x (37%)
nm	m^{-1}	m	m^{-1}	m
632	1,277	0,78	0,2848	3,5
528	0,095	10,5	0,0442	22,6
514	0,059	17,0	0,0385	26,0
488	0,027	37,0	0,0269	37,0

Eine definierte Strahlführung kann

- durch optisch ebene Flächen im Übergangsbereich Luft—Wasser oder
- ideale geometrische Formen, z. B. bei Rohrströmungen, und
- homogenen Brechungsindex im gesamten Bereich der Flüssigkeit erreicht werden.

Probleme treten bei gekrümmten Fenstern, bei ungleicher Fensterdicke oder Rohrwandung und bei örtlichen Brechungsindexänderungen, z. B. infolge von Temperaturgradienten, auf. Gekrümmte Fenster wirken wie Zylinderlinsen; in Abhängigkeit von der Strahlorientierung und der Fensterkrümmung schneiden die Laserstrahlen sich nur teilweise oder überhaupt nicht. Darüber hinaus wird der Schnittwinkel undefiniert beeinflußt. Gradienten im Brechungsindex verursachen eine undefinierte Strahlführung und undefinierte Schnittwinkel. Im ungünstigsten Fall gehen die Strahlen aneinander vorbei, ohne sich zu durchdringen. Diese Probleme führen zu fehlerbehafteten Messungen oder machen die Messung unmöglich. Bei undefinierter Geometrie des Strömungskanals, bei unrunden Rohren oder asymmetrischen Formen, wie z. B. bei künstlichen Organen in der Medizin, können durch Brechungsindexanpassung definierte Verhältnisse hergestellt werden.

Die einfachste optische Anordnung für Messungen an Flüssigkeitsströmungen besteht in einem Kanal mit planparallelen Fenstern und optisch homogener Flüssigkeit, d. h. mit ortsunabhängigem Brechungsindex. Die unterschiedlichen Brechungsindizes beeinflussen den Strahl und die Strahlführung (Abb. 5.0.3.). Die Brennweite des Systems und die Strahltaille bleiben erhalten; der Schnittwinkel Θ_f der Laserstrahlen und der Fernfelddivergenzwinkel α des Laserstrahles werden kleiner,

$$\sin\frac{\Theta_f}{2} = \frac{1}{n_f}\sin\frac{\Theta}{2}, \qquad \alpha_f = \frac{\alpha}{n_f}. \tag{5.0.9}$$

Das reale Meßvolumen im Fluid ist länger,

$$c_f = n_f \cdot c_0, \qquad b_f = b_0, \qquad a_f = a_0 \frac{n_f \cos\dfrac{\Theta}{2}}{\left[n_f^2 - \sin^2\dfrac{\Theta}{2}\right]^{1/2}}. \tag{5.0.10}$$

Die Lage des Meßvolumens im Fluid kann mit Hilfe von Gl. (5.0.11) berechnet werden (Abb. 5.0.3.),

$$d_f = \left[\frac{\Delta s}{2\sin\dfrac{\Theta}{2}}\left(1 - \frac{d_L}{f}\right) - \frac{d_{Gl}}{\left(n_{Gl}^2 - \sin^2\dfrac{\Theta}{2}\right)^{1/2}}\right]\left(n_f^2 - \sin^2\frac{\Theta}{2}\right)^{1/2}. \tag{5.0.11}$$

In kalibrierten Rohren lassen sich ebenfalls definierte optische Verhältnisse herstellen, wenn die optische Achse in Richtung des Durchmessers des Rohres orientiert wird. Die Lage des Meßpunktes, der Schnittwinkel der Strahlen und die Ausdehnung des Meßvolumens sind berechenbar [B 6]. Die Schwierigkeiten bestehen in der Justierung und in der Beschaffung kalibrierter Rohre.

In diesem Fall ist es zweckmäßig, eine Brechungsindexanpassung vorzunehmen. In Abb. 5.0.4. ist das Prinzip der Brechungsindexanpassung dargestellt. Die Anpassung der Brechungsindezes $n_1 = n_2 = n_3$ wandelt die Meßstrecke in eine Strecke mit planparallelen Fenstern um. Da der Brechungsindex von Glas und Plexiglas bei $n \approx 1{,}5$ liegt, kommen als Anpassungsflüssigkeiten nur hochbrechende organische Flüssigkeiten in Betracht. Dabei muß beachtet werden, daß nur Flüssigkeiten eingesetzt werden, die

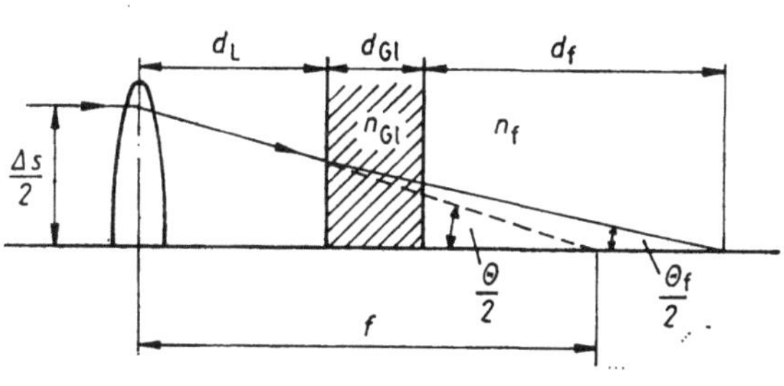

Abb. 5.0.3. Brechung der Laserstrahlen in der Kanalwand

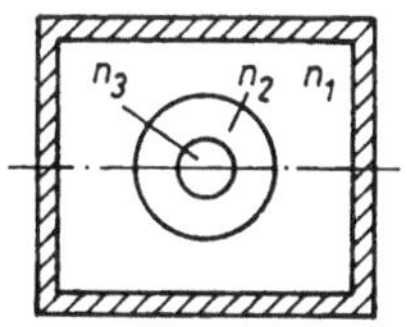

Abb. 5.0.4. Brechnungsindex-anpassung

sich mischen. Abschließend sei noch darauf hingewiesen, daß bei Mehrkomponentenmessungen mit Strahlenpaaren unterschiedlicher Wellenlänge (Farbe) bei Strahlanordnungen wie in Abb. 3.3.10a, die Meßvolumina der beiden Komponenten sich nicht überdecken. Für Messungen in Flüssigkeiten ist es deshalb zweckmäßiger, gleichfarbige Strahlenpaare unterschiedlicher Shiftung einzusetzen. Messungen in der Nähe von Kanalwänden, z. B. im Bereich von Turbinenschaufeln, sind wegen des hohen Anteiles an reflektiertem Licht sehr schwierig. GARDAVSKI und KLEINE [G 3] schlagen vor, den unterschiedlichen Drehsinn in der Polarisation bei gestreutem und reflektiertem Licht bei der Detektion des Streulichtes mit zu berücksichtigen und das reflektierte Licht auf diese Weise zu unterdrücken. Damit kann das Signal-Rausch-Verhältnis verbessert werden.

Eine wesentliche Verbesserung des Signal-Rausch-Verhältnisses bei Messungen in engen Kanälen kann durch Einsatz von fluoreszierenden Streuteilchen erreicht werden. Mit Filtern im Empfänger, die nur auf die Wellenlänge der Floureszenz abgestimmt sind, können die Störungen weitgehend unterdrückt werden [S 5].

Diese wenigen Beispiele mögen einen Eindruck von der Vielfalt der Möglichkeiten geben, die Meßstrecke und die Meßeinrichtung aneinander anzupassen. Anpassungsprobleme, die sich aus der Informationsverarbeitung ergeben, wurden bereits in Kapitel 4 ausführlich behandelt. Ergänzend sei hier noch darauf hingewiesen, daß durch Akkumulation von Meßwerten sich bei periodischen Vorgängen die Meßfehler bei schlechter Signalqualität verringern lassen. Dazu werden aus der Periodizität des Vorganges Triggerimpulse abgeleitet, die eine definierte Abtastung der Strömung mit $(t + nT)$ mit der notwendigen Stützstellenzahl N $(0 < n \leqq N)$ und damit eine phasengerechte Summation der Geschwindigkeits-Zeitverläufe erlauben.

Auf diese Weise werden Lücken in dem während eines Zyklus lückenhaften Momentanwerte-Zeitverlauf geschlossen, und andererseits ist es möglich, in Abhängigkeit vom Zeitpunkt Δt nach dem Triggerimpuls jedem Punkt einen Mittelwert zuzuordnen. Auf diese Weise ist es z. B. möglich, bei Propellermessungen in Abhängigkeit vom Drehwinkel für jeden Punkt den örtlichen Mittelwert anzugeben.

6. Das Laser-Zweifokus-Verfahren als Grenzfall des Laser-Doppler-Anemometers

Geschwindigkeitsmeßverfahren sind im Prinzip Laufzeitmeßverfahren; gemessen wird die Laufzeit eines Teilchens, das eine definierte Strecke mit der Geschwindigkeit $\boldsymbol{v}$ durchläuft. Beim Laser-Doppler-Anemometer werden diese Strecken durch das aufgespannte Interferenzfeld markiert. Die mit dem Interferenzfeld verbundene Periodizität des Signales wird vorteilhaft für die Signalerkennung ausgenutzt. Jede Einzelmessung läßt die Bestimmung der zum Interferenzfeld senkrechten momentanen Geschwindigkeit zu. Der Nachteil des Laser-Doppler-Anemometers besteht bei hohen Geschwindigkeiten darin, daß sich die installierte Laserleistung auf N Interferenzflächen verteilt. Die örtliche Intensität in den Interferenzflächen bestimmt aber die obere Geschwindigkeitsgrenze (Abschnitt 2.9), so daß aus diesem Grunde bei hohen Geschwindigkeiten eine Konzentration der Laserleistung auf möglichst wenig Interferenzflächen anzustreben ist. Im Prinzip würden zwei Interferenzflächen, auf die die gesamte Laserleistung konzentriert wird, für die Markierung der Meßstrecke im Raum genügen. Der Abstand dieser Flächen müßte allerdings im Interesse einer möglichst hohen Genauigkeit für die Zeitmessung bei hohen Geschwindigkeiten bei $\Delta x \geqq 100\ \mu\text{m}$ liegen. Zu beachten ist, daß bei nur zwei Interferenzflächen der Einfluß der Gaußförmigen Intensitätsverteilung auf den Abstand der Interferenzflächen nicht mehr zu vernachlässigen ist. Die Periodizität des Signales kann nun nicht mehr zur Signalerkennung herangezogen werden. Neue Prinzipien der Signalerkennung müssen zum Einsatz kommen. Bei nur zwei Interferenzflächen wird das Doppler-Signal auf zwei Perioden reduziert; die Maxima können auch als Start- und Stopimpuls für die Zeitmessung interpretiert werden. Durch die feste Zuordnung der Interferenzflächen zu Start- und Stopimpuls kann die Messung der Flugzeit der Teilchen mit einer Richtungserkennung versehen werden. Diese Aufgabe wird durch zwei Empfänger gelöst, auf deren Pinhole jeweils nur eine der beiden Interferenzflächen abgebildet wird. Eine Logik sorgt dafür, daß die Meßstrecke innerhalb einer vorwählbaren Zeit nur dann für eine weitere Messung freigegeben wird, wenn einem Startimpuls auch ein Stopimpuls folgte. Neben den gewünschten Start- und Stopimpulsen treten nun natürlich auch mit einer bestimmten Wahrscheinlichkeit Start- und Stopimpulse auf, die von verschiedenen Teilchen verursacht werden. Zusammen mit den im Kapitel 5 beschriebenen Verfahren zur Mehrkomponentenmessung mit einer Einkomponentenoptik führt dieser Algorithmus zu einem Meßsystem, mit dem die statistischen Parameter einer zweidimensionalen Strömung und der Momentanwerte-Zeitverlauf der Strömungsgeschwindigkeit bestimmt werden können. Durch die räumliche Ausdehnung der Interferenzflächen werden Schwankungen in der Richtung des Strömungsvektors miterfaßt. Die Hauptströmungsrichtung wird durch Drehen der Sendeoptik festgestellt. Die Verteilungsfunktion $p(\alpha)$ der Flugzeiten Δt weist in dieser Richtung ein Maximum auf. Wird dieser Richtung der Winkel $\alpha = 0°$ zugeordnet, dann reichen drei Messungen unter den Winkeln 0° und $\pm\alpha$ aus, um die statistischen Parameter der Strömung in der Hauptströmungsrichtung und der zu ihr senkrechten Richtung zu bestimmen. Damit steht ein Meßplatz zur Verfügung, der wegen der hohen Intensität in den Interferenzflächen bei hohen Geschwindigkeiten einsetzbar ist.

Der Nachteil dieses Meßplatzes ergibt sich aus der Methode, die Meßstrecke durch ein Interferenzfeld zu erzeugen. Mit $N = 2$ und $\Delta x = 100$ µm ist ein Schnittwinkel der Strahlen von $\Theta \approx 0{,}36°$ festgelegt. Die Länge des Meßvolumens beträgt dann mit $2b = 200$ µm immerhin $2c = 63$ mm. Damit ist eine quasipunktförmige Messung unmöglich. Hinzu kommt, daß die sin-förmige Intensitätsschwankung im Interferenzfeld keine ausreichend präzise Markierung für den Start und Stop der Zeitmessung erlaubt. Weitere Überlegungen haben deshalb das Ziel, neue Prinzipien der optischen Wegstreckenmarkierung zu erarbeiten.

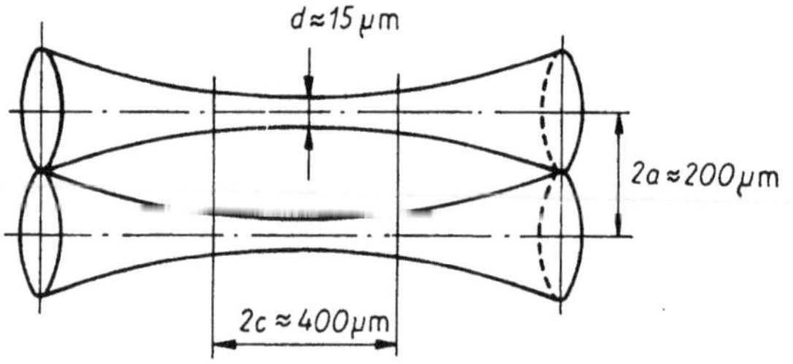

Abb. 6.0.1. Laser-Zweifokus-Verfahren

Für Messungen in Hochgeschwindigkeitskanälen müßten Kanaltiefen von $d \leqq 2$ m bei einer Ausdehnung des Meßbereiches um $2c \approx 500$ µm und Abstände der Streckenmarkierung $2a \approx 100$ µm verlangt werden.

Praktisch bewährt und durchgesetzt hat sich die Markierung der Meßstrecke durch zwei parallele Lasertaillen (Abb. 6.0.1.) [S 5, S 6, S 7] mit Taillendurchmessern um $2b = 15$ µm. Die geringe Ausdehnung der Lasertaille und des signifikanten Taillenbereiches wird durch einen großen Fernfelddivergenzwinkel des Laserstrahles erreicht. Entsprechend muß die Sendeoptik dimensioniert werden. Der Nachteil dieses Markierungsverfahrens besteht darin, daß anstelle der räumlich ausgedehnten Interferenzflächen nur noch zwei engbegrenzte Laserstrahlen den Meßraum bilden. Einzelmessungen sind nur noch bei laminaren Strömungen unter der Voraussetzung sinnvoll, daß der Strömungsvektor in der Ebene liegt, die durch die beiden Laserstrahlen aufgespannt wird, und senkrecht zu den Strahlenpaaren orientiert ist. Richtungsschwankungen werden durch die Einzelmessung nicht mehr erfaßt.

Allgemein ist durch diese Meßanordnung nur noch eine Beschreibung der Strömung durch ihre statistischen Parameter möglich. Dazu wird in Abhängigkeit von der Winkelstellung α für eine feste vorgewählte Teilchenzahl N die zweidimensionale Verteilung $p(\alpha, \Delta t)$ der Laufzeiten der Teilchen Δt festgestellt. Diese Verteilung beinhaltet alle notwendigen Informationen zur statistischen Beschreibung der Strömung [S 5]. Die Wahrscheinlichkeit für Start- und Stopimpulse, die von demselben Teilchen herrühren, ist dann am größten, wenn die Ebene der beiden Laserstrahlen mit der Ebene, in der die Hauptströmungsrichtung liegt, übereinstimmt. Durch Drehung des Sendekopfes wird eine zweidimensionale Geschwindigkeitsverteilung entsprechend Abb. 6.0.2. gemessen. Start- und Stopimpulse, die von verschiedenen Teilchen verursacht wurden, bilden in dieser Verteilung eine Art Rauschen. In Anlehnung an die in Kapitel 5 beschriebene Verfahrensweise lassen sich aus dieser Verteilungsfunktion die statistischen Parameter berechnen.

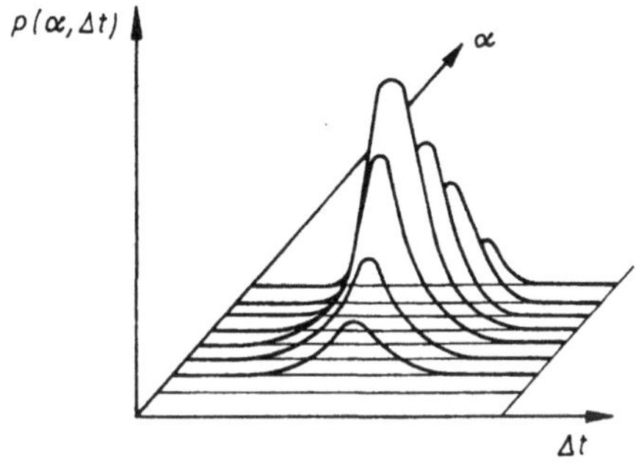

Abb. 6.0.2. Statistische Verteilung der Laufzeiten als Funktion der Winkelstellung [S 7]

Vom Prinzip her ist dieses Verfahren der Grenzfall eines Laser-Doppler-Anemometers; die Strahltaillen können als entartete Interferenzflächen aufgefaßt werden. Unverkennbar ist aber auch, daß mit der Art der Erzeugung des Meßbereiches eine neue Qualität verbunden ist. Dieses Verfahren ist in der internationalen Literatur als Laser-Zweifokus-Verfahren und als Laser-Laufzeit-Verfahren (Laser Time of Flight) bekannt. Sein großer Vorteil besteht in der hohen Strahlintensität in einem eng begrenzten Strahlbereich von nur 15 μm bis 20 μm. Damit sind bei geeigneter Teilchenauswahl Geschwindigkeitsmessungen auch in engen Kanälen bis zu 2000 ms^{-1} möglich.

7. Anhang

7.1. Anhang I: Ableitung des Radius der Phasenfront

Radius des Laserstrahles

$$r^2 = (\alpha z)^2 + r_{0s}^2, \tag{I,1}$$

Gleichung der Tangente in r_1, z_1 (Abb. 7.5.1.)

$$r' = \left.\frac{\mathrm{d}r}{\mathrm{d}z}\right|_{z_1} \cdot z + c = \frac{\alpha^2 z_1 z}{[(\alpha z)^2 + r_{0s}^2]^{1/2}} + c, \tag{I,2}$$

Gleichung Gl. (I,2) muß mit $r = r_1$ und $z = z_1$ Gl. (I,1) erfüllen

$$[(\alpha z_1)^2 + r_{0s}^2]^{1/2} = \frac{(\alpha z_1)^2}{[(\alpha z_1)^2 + r_{0s}^2]^{1/2}} + c,$$

$$c = \frac{r_{0s}^2}{[(\alpha z_1)^2 + r_{0s}^2]^{1/2}}. \tag{I,3}$$

Damit ergibt sich für Gl. (I,2)

$$r' = \frac{\alpha z_1 z + r_{0s}^2}{[(\alpha z_1)^2 + r_{0s}^2]^{1/2}}. \tag{I,4}$$

Aus dem Schnittpunkt mit der Abzisse $r' = 0$ ergibt sich

$$z_0 = -\frac{r_{0s}^2}{\alpha^2 z_1}, \qquad z_0 \cdot z_1 = -\frac{r_{0s}^2}{\alpha^2} \tag{I,5}$$

und damit

$$R(z)^2 = r_1{}^2 + (z_0 + z_1)^2 \approx (z_0 + z_1)^2, \qquad r_1 \ll z_0 + z_1. \tag{I,6}$$

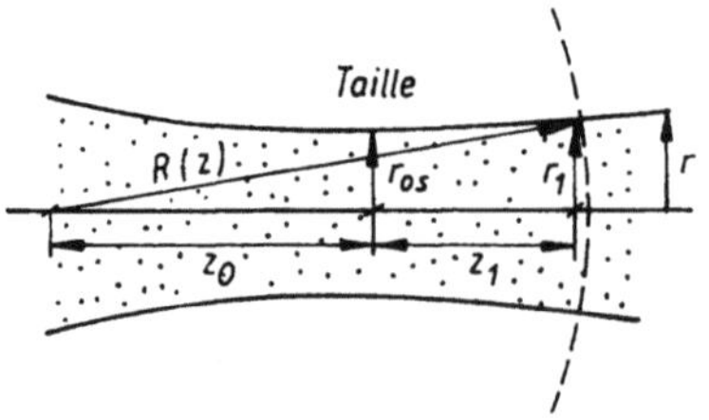

Abb. 7.I.1. Phasenfront im Laserstrahl

Allgemein ergibt sich mit Gl. (1.3.12)

$$R(z) = z\left(1 + \left(\frac{r_{0s}\pi}{\lambda z}\right)^2\right), \qquad z \gg r_1 \tag{I,7}$$

7.2. Anhang II: Referenzstrahlverfahren — Integration über die Empfängerfläche

Auswertung der Gl. (2.4.3) (Abb. 7.II,1)

$$\begin{aligned} |r_{11}| - |r_1| &= [(x_1 - x_P)^2 + (y_1 - y_P)^2 + (z_1 - z_P)^2]^{1/2} - (x_P^2 + y_P^2 + z_P^2)^{1/2} \\ &= [x_1^2 + y_1^2 + z_1^2 + x_P^1 + y_P^2 + z_P^2 - 2x_Px_1 - 2y_Py_1 - 2z_Pz_1]^{1/2} \\ &\quad - z_P\left[1 + \left(\frac{x_P}{z_P}\right)^2 + \left(\frac{y_P}{z_P}\right)^2\right]^{1/2} \\ &\approx z_P\left[\frac{x_1^2 + y_1^2 + z_1^2}{2z_P^2} - \frac{x_1x_P + y_1y_P}{z_P^2} - \frac{z_1}{z_P}\right] \\ &= \frac{x_1^2 + y_1^2 + z_1^2}{2z_P} - \frac{x_1x_P + y_1y_P}{z_P} - z_1. \end{aligned} \tag{II,1}$$

Damit ergibt sich als Teilintegral

$$2\int\limits_{x_P=0}^{\infty} e^{-\frac{(x_P^2+y_P^2)}{(\alpha z_P)^2}} \cos\left\{\frac{2\pi}{\lambda}\left(\frac{x_1^2 + y_1^2 + z_1^2}{2z_P} - \frac{x_1x_P + y_1y_P}{z_P} - z_1\right) + (\varphi_{11} - \varphi_1)_0\right\} dx_P. \tag{II,2}$$

Zerlegen der cos-Funktion mit Hilfe eines Additionstheorems

$$\begin{aligned} &\cos\left\{\frac{2\pi}{\lambda}\left(\frac{x_1^2 + y_1^2 + z_1^2}{2z_P} - \frac{x_1x_P + y_1y_P}{z_P} - z_1\right) + (\varphi_{11} - \varphi_1)_0\right\} \\ &= \cos\left\{\frac{2\pi}{\lambda}\left(\frac{x_1^2 + y_1^2 + z_1^2}{2z_P} - z_1\right) + (\varphi_{11} - \varphi_1)_0\right\} \cos\left(\frac{x_1x_P + y_1y_P}{z_P}\frac{2\pi}{\lambda}\right) \\ &\quad + \sin\left\{\frac{2\pi}{\lambda}\left(\frac{x_1^2 + y_1^2 + z_1^2}{2z_P} - z_1\right) + (\varphi_{11} - \varphi_1)_0\right\} \cos\left(\frac{x_1x_P - y_1y_P}{z_P}\frac{2\pi}{\lambda}\right). \end{aligned} \tag{II,3}$$

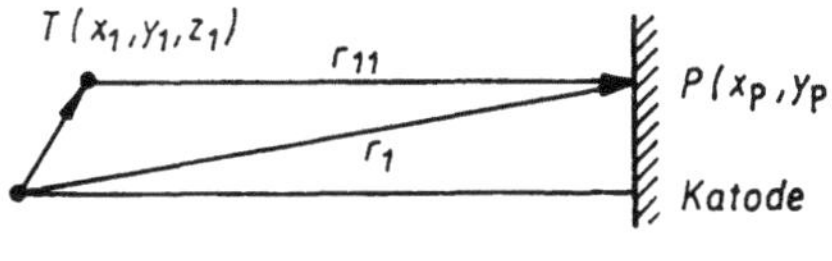

Abb. 7.II.1. Zuordnung der Koordinaten

Die Integration nach nochmaliger Zerlegung ergibt mit r_{0s} nach Gl. (1.3.12)

$$4\cos\left\{\frac{2\pi}{\lambda}\left(\frac{x_1^2+y_1^2+z_1^2}{2z_P}-z_1\right)+(\varphi_{11}-\varphi_1)_0\right\}$$

$$\times\int_0^\infty\int_0^\infty e^{-\left(\frac{x_P}{\alpha z_P}\right)^2}\cos\left(\frac{x_1x_P}{z_P}\frac{2\pi}{\lambda}\right)\cdot e^{-\left(\frac{y_P}{\alpha z_P}\right)^2}\cos\left(\frac{y_1y_P}{z_P}\frac{2\pi}{\lambda}\right)dx_P\,dy_P$$

$$=\pi(\alpha z_P)^2\,e^{-\frac{x_1^2+y_1^2}{r_{0s}^2}}\cos\left\{\frac{2\pi}{\lambda}\left(\frac{x_1^2+y_1^2+z_1^2}{2z_P}-z_1\right)+(\varphi_{11}-\varphi_1)_0\right\} \qquad \text{(II,4)}$$

7.3. Anhang III: Berechnung der Projektionsfläche $A_\perp(\vartheta, \varphi)$ [B 3, F 3]

In Abb. 7.III.1 ist die vektorielle Darstellung der Teilchenbahn $\boldsymbol{r}$ mit Hilfe von Kugelkoordinaten r, ϑ, φ und der Koordinaten des Durchstoßpunktes $P(\xi, \eta)$ durch die Ebene der Projektionsfläche abgebildet. Die Projektionsfläche wird durch ein rechtwinkliges Koordinatensystem ξ, η aufgespannt, dessen Ursprung mit dem Ursprung des x, η, z-Systems zusammen fällt. Die ξ-Achse ist die Schnittgerade der $\xi\eta$-Ebene mit der xy-Ebene.

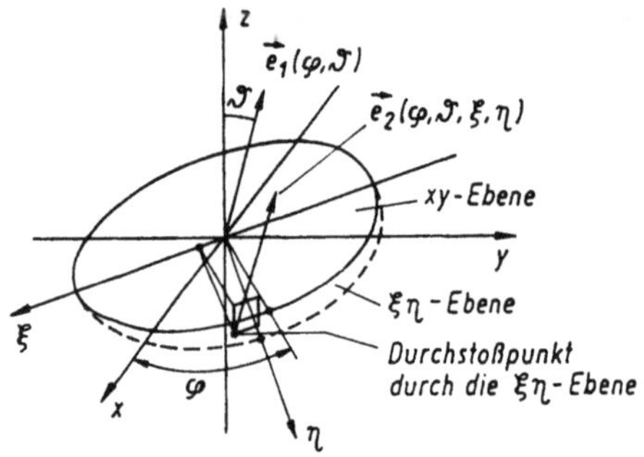

Abb. 7.III.1. Zuordnung der Teilchenbahn

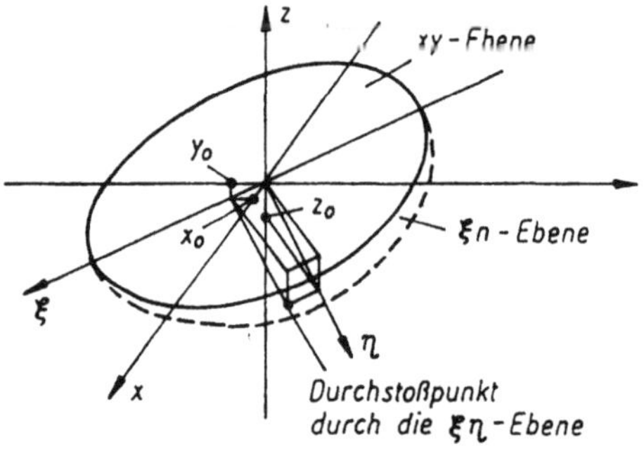

Abb. 7.III.2. Zur Orientierung des Meßvolumens

Mit diesen Festlegungen ergibt sich der Bahnvektor $\boldsymbol{r} = \boldsymbol{r}(x, y, z)$ in seinen Komponenten aus

$$\begin{aligned} x &= r\cos\varphi\sin\vartheta + \xi\sin\varphi + \eta\cos\varphi\cos\vartheta, \\ y &= r\sin\varphi\sin\vartheta - \xi\cos\varphi + \eta\sin\varphi\cos\vartheta, \\ z &= r\cos\vartheta - \eta\sin\vartheta. \end{aligned} \qquad \text{(III,1)}$$

Dabei ist r der Bahnparameter; der Wert $r = 0$ liegt in der $\xi\eta$-Ebene und ist dem Durchstoßpunkt zugeordnet (Abb. 7.III.2). Der erste Summand der Gl. (III,1) erfaßt die Richtung der in den Koordinatenursprung verschobenen Bahn $(\boldsymbol{e}_1(\vartheta, \varphi))$, der zweite und dritte Summand die Projektion x_0, y_0, z_0 auf die x, y, z-Achsen. Aus der Gleichung des Meßellipsoides (Gl. (2.5.1)) erhält man mit Gl. (III,1) eine Bestimmungsgleichung für den Bahnparameter r [B 3]

$$Ar^2 + Br + C = 0. \tag{III,3}$$

Darin sind

$$A = \frac{1}{a^2} \cos^2 \varphi \sin^2 \vartheta + \frac{1}{b^2} \sin^2 \varphi \sin^2 \vartheta + \frac{1}{c^2} \cos^2 \vartheta ,$$

$$\begin{aligned} B = {} & \frac{1}{a^2} (2\xi \sin \varphi \cos \varphi \sin \vartheta + 2\eta \cos^2 \varphi \sin \vartheta \cos \vartheta) \\ & + \frac{1}{b^2} (-2\xi \sin \varphi \cos \varphi \sin \vartheta + 2\eta \sin^2 \varphi \sin \vartheta \cos \vartheta) \\ & + \frac{1}{c^2} (-2\eta \sin \vartheta \cos \vartheta), \end{aligned} \tag{III,4}$$

$$\begin{aligned} C = {} & \frac{1}{a^2} (\xi^2 \sin^2 \varphi + \eta^2 \cos^2 \varphi \cos^2 \vartheta + 2\xi\eta \sin \varphi \cos \varphi \cos \vartheta) \\ & + \frac{1}{b^2} (\xi^2 \cos^2 \varphi + \eta^2 \sin^2 \varphi \cos^2 \vartheta - 2\xi\eta \sin \varphi \cos \varphi \cos \vartheta) \\ & + \frac{1}{c^2} \eta^2 \sin^2 \vartheta - 1 . \end{aligned}$$

Aus Gl. (III,4) können für eine gegebene Bahn bei bekanntem Meßellipsoid die Werte des Parameters r für die Durchstoßpunkte durch das Meßellipsoid und damit die Länge der Bahn im Bereich des Meßellipsoides berechnet werden.
Es ergibt sich

$$r_{1,2} = -\frac{B}{2A} \pm \frac{1}{2A} (B^2 - 4AC)^{1/2} \tag{III,5}$$

und

$$d = r_1 - r_2 = \frac{1}{A} (B^2 - 4AC)^{1/2}. \tag{III,6}$$

Für die Bestimmung der im Doppler-Burst enthaltenen Schwingungen muß bei der angegebenen Orientierung die Bahn auf die x-Achse projiziert werden

$$d_x = (r_1 - r_2) \cos \varphi \sin \vartheta = \frac{1}{A} (B^2 - 4AC)^{1/2} \cos \varphi \sin \vartheta . \tag{III,7}$$

Division durch den Abstand der Interferenzflächen (Gl. (2.3.6)) führt zur Anzahl der im Doppler-Burst enthaltenen Schwingungen

$$N' = \frac{2 \sin \Theta/2}{\lambda_0} \frac{1}{A} (B^2 - 4AC) \cos \varphi \sin \vartheta . \tag{III,8}$$

Es ist sinnvoll, wiederum zu normierten Größen überzugehen. Mit der maximalen Periodenzahl N_{max} nach Gl. (2.5.4) ergibt sich

$$Q' = \frac{N}{N'} = \frac{N}{N_{max}} \cdot \frac{N_{max}}{N'} = \frac{Q}{\frac{1}{2aA}\,(B^2 - 4AC)\cos\varphi\sin\vartheta}. \tag{III,9}$$

Q ist wiederum die auf die maximale Periodenzahl normierte Periodenzahl N.

Der Bewertungsfaktor K_1, mit dem das Meßellipsoid eine gegebene Strömungsrichtung bewertet, ergibt sich, indem ausgehend von Gl. (III,9) untersucht wird, welche Fläche zu dem Parameter $Q' = 0$ (e^{-2}-Abfall) der Amplitude gehört.

Der Ausdruck

$$B^2 - 4AC = 0 \tag{III,10}$$

in Gl. (III,7) [B 3] hat bezüglich der Koordinaten ξ und η die Struktur

$$K\xi^2 + L\eta^2 + M\xi\eta - N = 0, \tag{III,11}$$

wobei K, L, M, N ausschließlich Funktionen der Richtungskoordinaten φ und ϑ sind:

$$\begin{aligned} K &= \frac{\sin^2\vartheta}{a^2b^2} + \frac{\sin^2\varphi\cos^2\vartheta}{a^2b^2} + \frac{\cos^2\varphi\cos^2\vartheta}{b^2c^2}, \\ L &= \frac{\cos^2\varphi}{a^2c^2} + \frac{\sin^2\varphi}{b^2c^2}, \\ M &= 2\sin\varphi\cos\varphi\cos\vartheta\left(\frac{1}{a^2c^2} - \frac{1}{b^2c^2}\right), \\ N &= \frac{\cos^2\varphi\sin^2\vartheta}{a^2} + \frac{\sin^2\varphi\sin^2\vartheta}{b^2} + \frac{\cos^2\vartheta}{c^2} = A. \end{aligned} \tag{III,12}$$

Gl. (III,11) ist wiederum die Gleichung einer Ellipse.

Zur Bestimmung der Halbachsen a', b' ist eine Drehung des Koordinatensystems um den Winkel v notwendig. Für das Verschwinden des Mischgliedes M in Gl. (III,11) ist eine Drehung des Koordinatensystems um

$$v = \frac{1}{2}\arctan\frac{M}{K - L} \tag{III,13}$$

erforderlich. Die Koordinaten ξ und η sind durch

$$\begin{aligned} \xi &= \xi'\cos v - \eta'\sin v, \\ \eta &= \xi'\sin v + \eta'\cos v \end{aligned} \tag{III,14}$$

zu ersetzen. Nach Substitution von ξ und η ergibt sich durch Umformung die Gleichung der von der Strömung senkrecht durchsetzten Fläche

$$\frac{(\xi')^2}{\dfrac{N(1+\tan^2 v)}{K+M\tan v+L\tan^2 v}}+\frac{(\eta')^2}{\dfrac{N(1+\tan^2 v)}{L-M\tan v+K\tan^2 v}}=1, \tag{III,15}$$

eine Ellipse mit den Halbachsen

$$\begin{aligned} a^* &= \left[\frac{N(1+\tan^2 v)}{K+M\tan v+L\tan^2 v}\right]^{1/2}, \\ b^* &= \left[\frac{N(1+\tan^2 v)}{L-M\tan v+K\tan^2 v}\right]^{1/2}. \end{aligned} \tag{III,16}$$

Die Bewertung der Strömungsrichtung durch das Meßellipsoid ergibt sich damit zu

$$A_\perp(\vartheta,\varphi)=\pi\left(\frac{4N^2}{4LK-M^2}\right)^{1/2}=\pi abc(A)^{1/2}. \tag{III,17}$$

Die zusätzliche Forderung nach einer Mindestperiodenzahl reduziert die wirksame Fläche weiter. Der Einfluß von $N_{\min}$ folgt aus Gl. (III,8). Für die längste mögliche Bahn eines Teilchens im Meßellipsoid bei gegebener Anströmrichtung ϑ, φ ergibt sich die in dieser Richtung maximale Periodenzahl. Diese längste Bahn folgt aus Gl. (III,6) für $\xi=0$ und $\eta=0$. Für diese Werte wird $B=0$ und $C=-1$, so daß sich aus Gl. (III,6)

$$d_{\max}(\vartheta,\varphi)=\frac{2}{(A)^{1/2}} \tag{III,18}$$

ergibt. Damit können die normierte Periodenzahl

$$Q'=\frac{N}{N_{\max}(\vartheta,\varphi)}=Q\,\frac{a(A)^{1/2}}{\cos\varphi\sin\vartheta} \tag{III,19}$$

und der bei Schräganströmung durch die Mindestperiodenzahl bedingte Bewertungsfaktor

$$K_2=\left(1-(Q')^2\right)=1-Q^2\,\frac{a^2A}{\cos^2\varphi\sin^2\vartheta} \tag{III,20}$$

berechnet werden.

8. Literaturverzeichnis

Bücher:

[1] Vasilenko, Ju. G.; Dubniščev, Ju. N.; Koronkevič, V. P.; Sobolev, V. S.; Stolpovskij, A. A.; Utkin, E. N. (Василенко, Ю. Г.; Дубнищев, Ю. Н.; Коронкевич, В. П.; Соболев, В. С.; Столповский, А. А.; Уткин, Е. Н.): Лазерные допплеровские измерители скорости. Izd. „Nauka" sib. otd., Novosibirsk 1975

[2] Durst, F.; Melling, A.; Whitelaw, J. H.: Principles and Practice of Laser Doppler Anemometry. Academic Press, London/New York/San Francisco 1976 (Neuauflage 1981)

[3] Watrasiewicz, B. M.; Rudd, M. J.: Laser Doppler Measurements. Butterworth, London/Boston 1976

[4] Durrani, T. S.; Greated, C. A.: Laser Systems in Flow Measurements. Plenum Press, New York/London 1977

[5] Rinkevičjus, B. S. (Ринкевичюс, Б. С.): Лазерная анемометрия. Izd. Energija, Moskva 1978

[6] Dubniščev, Ju. N.; Rinkevičjus, B. S. (Дубнищев, Ю. Н.; Ринкевичюс, Б. С.): Методы лазерной доплеровской анемометрии. Izd. „Nauka", Moskva 1982

[7] Prandl, L.: Führer durch die Strömungslehre. Vieweg & Sohn, Braunschweig 1965

[8] Albring, W.: Angewandte Strömungslehre. Akademie-Verlag, Berlin 1978

[9] Truckenbrodt, E.: Strömungsmechanik. Springer-Verlag, Berlin/Heidelberg/New York 1968

[10] Göhler, W.: Höhere Mathematik, Kleiner Wissensspeicher. Deutscher Verlag für Grundstoffindustrie, Leipzig 1970

[11] Kleen, W.; Müller, R. (Hrsg.): Laser. Springer-Verlag, Berlin/Heidelberg/New York 1969

[12] Naray, S.: Laser und ihre Anwendungen. Akademische Verlagsgesellschaft Geest & Portig, Leipzig 1976

[13] Paul, H.: Lasertheorie I u. II. Akademie-Verlag, Berlin 1969

[14] Svelto, O.: Principles of Lasers. Plenum Press, New York/London 1976
russ.: Fisika Laserov, izd. Mir, Moskva 1979

[15] Brunner, W.; Junge, K.: Wissensspeicher Lasertechnik. Fachbuchverlag, Leipzig 1982

[16] Landau, L. D.; Lifschitz, E. M.: Hydrodynamik. Akademie-Verlag, Berlin 1981

[17] Schilling, H.: Optik und Spektroskopie. Fachbuchverlag, Leipzig 1980

[18] Hofmann, Chr.: Die optische Abbildung. Akademische Verlagsgesellschaft Geest & Portig, Leipzig 1980

[19] Menzel, E.; Mirandé, W.; Weingärtner, I.: Fourier-Optik und Holographie. Springer Verlag, Wien/New York 1974

[20] Bronstein, I. N.; Semendjajew, K. A.: Taschenbuch der Mathematik. Verlag Nauka, Moskau; Teubner Verlagsgesellschaft, Leipzig, 20. Auflage

[21] MUSTEL, T. J.; PARYGIN, V. N. (МУСТЕЛЬ, Е. Р.; ПАРЫГИН, В. Н.): Методы модуляции и сканирования света. Izd. „Nauka", Moskva 1970
[22] GRÖBNER, W.; HOFREITER, N.: Integraltafeln 2. Teil (Bestimmte Integrale). Springer-Verlag, Wien/New York 1973, 5. Auflage
[23] BORN, M.: Optik. Springer-Verlag, Berlin/Heidelberg/New York 1965
[24] BORN, M.; WOLF, E.: Principles of Optics. Pergamon Press, Oxford/New York/Toronto/ Sydney/Paris/Frankfurt 1980, 6. Auflage
[25] KERKER, D. M.: The Scattering of Light. Academic Press, New York/London 1969
[26] MOTCHENBACHER, C. D.; FITCHEN, F. C.: Low Noise Electronic Design. John Wiley and Sons, New York 1972
[27] MEINKE, H.; GUNDLACH, F. W.: Taschenbuch der Hochfrequenztechnik. Springer-Verlag, Berlin/Göttingen/Heidelberg 1956
[28] RINT, C.: Handbuch der Hochfrequenztechnik Bd. II. Verlag für Radio-Foto-Kinotechnik, Berlin 1953
[29] LEVI, L.: Applied Optics. John Wiley and Sons, New York/London/Sydney 1968
[30] GARDNER, F. M.: Phaselock Techniques. John Wiley and Sons, New York/London 1977
[31] BÖRNER, H.: Phasenkopplungssysteme in der Nachrichten-, Meß- und Reglungstechnik. Verlag Technik, Berlin 1976
[32] BEYER, O.; HACKEL, H.; PIEPER, V.; TIEDGE, J.: Wahrscheinlichkeitsrechnung und mathematische Statistik. Teubner Verlagsgesellschaft, Leipzig 1980
[33] BRIGHAM, O. E.: The Fast Fourier Transform. Prentice Hall, Englewood Cliffs 1974
[34] The Encyclopedia of Oceanography I. Reinhold Publishing Cooperation, New York 1966
[35] LANDOLD BÖRNSTEIN: Zahlenwerte und Funktionen aus der Physik, Chemie, Astronomie, Geophysik und Technik, Bd. 3. Springer-Verlag, Berlin/Göttingen/Heidelberg 1952
[36] PAPOULIS, A.: Probability, Random Variables and Stochastic Processes. McGraw Hill Book Company, New York/St. Louis/San Francisco/Toronto/London/Sydney 1965

Zeitschriften:

[A 1] AMON, G.; FEISTAUER, N.: Laser-Doppler-Geschwindigkeitsmesser LADO I Ergebnis erfolgreicher deutsch-sowjetischer Zusammenarbeit in der Laser-Doppler-Velocimetrie. Feingerätetechnik **26** (1977) S. 446–448
[A 2] ADRIAN, R. J.; EARLY, W. E.: Analysis of LDV Performance Using Mie-Scattering Theory. Proceedings of the Minnesota Symposium on Laser Anemometry, Bloomington, Mn., Oct. 1975, S. 426
[A 3] ADRIAN, R. J.; GOLDSTEIN, R. J.: Analysis of Laser Doppler Anemometer. J. Phys. E: Scientific Instrum. **4** (1971) S. 501–511
[A 4] ADRIAN, R. J.; ORLOFF, K. L.: Laser Doppler Signals: Visibility Characteristics and Application to Particle Size. Applied Optics **16** (1977) S. 677–684
[A 5] ALBRECHT, H. E.; KRÖGER, W.; FIEDLER, O.: Längenmessung an bewegten Objekten mit einem LDA-Meßplatz. Feingerätetechnik **33** (1984) S. 126–127
[A 6] ALBRECHT, H. E.; KRÖGER, W.: Verfahren zur Auswertung von Signalen bei Doppler-Anemometern. DD-WP 149279, Ausgabe 22. 08. 1980
[A 7] ALBRECHT, H. E.; FUCHS, W.; KRÖGER, W.: Verfahren und Anordnung zur Auswertung von Doppler-Anemometer-Signalen. DD-WP 209287, Ausgabe 25. 04. 84
[A 8] ALBRECHT, H. E.; FUCHS, W.; KRÖGER, W.; EL-DANDOUSH, S.; PULS, D.: Entwicklung, Erprobung und Anwendung eines Laser-Doppler-Anemometers für Strömungsmessungen im Kavitationskanal. Schiffbauforschung **22** (1983) S. 75–86

[B 1] Beyer, W.: Berechnung von Streufunktionen (unveröffentlicht). Rostock, Wilhelm-Pieck-Universität, Sektion Technische Elektronik 1981

[B 2] Beyer, W.: Berechnung von Streulichtparametern (unveröffentlicht). Rostock, Wilhelm-Pieck-Universität, Sektion Technische Elektronik 1982

[B 3] Buchhave, P.: Biasing Errors in Individual Particle Measurements. Proceedings of the LDA Symposium Copenhagen, March 1975, S. 258–278

[B 4] Baker, R. J.; Wigley, G.: Design, Evaluation and Application of a Filter Bank Signal Processor. Proceedings of the LDA Symposium Copenhagen, March 1975, S. 350–365

[B 5] Buchhave, P.: Laser Doppler Vibriation Measurements Using Variable Frequency Shift. DISA-Informationen **18** (1975) S. 15–20

[B 6] Boadway, J. D.; Karahan, E.: Correction of Laser Doppler Anemometer Readings for Refraction at Cylindrical Interfaces. DISA-Informationen **26** (1981) S. 4–6

[B 7] Bossel, H. H.; Hiller, W. J.; Meier, G. E. A.: Noise Cancelling Signal Difference Method for Optical Velocity Measurements. J. Phys. E.: Scientific Instr. **5** (1972) S. 893–896

[C 1] Chang, I. C.: Acoustooptic Devices and Applications. IEEE Transactions on Sonics and Ultrasonics **23** (1976) S. 1–22

[C 2] Cherdron, W.; Durst, F.; Richter, G.: Computer Programms to Predict the Properties of Scattered Laser Radiation. Universität Karlsruhe, SFB 80, Bericht EM 121 1978

[C 3] Chao, B. T.: Turbulent Transport Behavior of Small Particles in Dilute Suspension. Österreichisches Ingenieurarchiv 1964, S. 7–21

[C 4] Chijiiwa, M.; Morii, T.: Measurement of Vibrations in Audio Components Using a Laser Vibrometer. DISA-Informationen **27** (1982) S. 1–7

[D 1] Dopheide, D.; Durst, F.: Einfluß der Axialmoden von CW-Lasern auf Laser-Doppler-Messungen bei hohen Frequenzen. Technisches Messen **49** (1982) S. 9–15, S. 69–77

[D 2] Dickson, L. D.: Characteristics of a Propagating Gaussian Beam. Applied Optics **9** (1970) S. 1854–1861

[D 3] Durao, D. F. G.; Whitelaw, J. H.: The Performance of Acoustooptic Cells for Laser-Doppler Anemometry. J. Physics E: Scientific Instr. **8** (1975) S. 776–780

[D 4] Durst, F.: Scattering Phenomena and their Application in Optical Anemometry. J. of Applied Mathematics and Physics **24** (1973) S. 619–643

[D 5] Durst, F.; Heiber, K. F.: Signal-Rausch-Verhältnisse von Laser-Doppler-Signalen. Optica Acta **24** (1977) S. 43–67

[D 6] Drain, L. E.: Coherent and Noncoherent Methods in Laser-Doppler Beat Velocity Measurements. J. Physics D: Appl. Physics **5** (1972) S. 481–495

[D 7] Durst, F.; Hoewe, B. M.; Richter, G.: Laser-Doppler Measurement of Crosswind Velocity. Applied Optics **21** (1982) S. 2596–2607

[D 8] Durst, F.; Richter, G.: Neuere Entwicklungen auf dem Gebiet der Laser-Doppler-Windgeschwindigkeitsmessungen. I. Theorie und Verifikationsexperimente. Z. Flugwiss. u. Weltraumforsch. **7** (1983) S. 153–170

[D 9] Durst, F.; Richter, G.: Neuere Entwicklungen auf dem Gebiet der Laser-Doppler-Windgeschwindigkeitsmessungen. II. Meßsystem für Freilandmessungen und sein Einsatz. Z. Flugwiss. u. Weltraumforsch. **7** (1983) S. 263–273

[D10] Durst, F.: LDA-Kurs 1980, Lehrgangsmaterialien. Karlsruhe SFB 80

[D11] Durst, F.; Stevenson, W. H.: Moiré Pattern to Visually Model Laser-Doppler-Signals. Proceedings of the LDA-Symposium Copenhagen, March 1975, S. 183–205

[D12] Durst, F.; Stevenson, W. H.: Influence of Gaussian Beam Properties on Laser-Doppler-Signals. Applied Optics **18** (1979) S. 516–524

[D13] Durst, F.; Lehmann, B.; Tropea, C.: Laser-Doppler-Systems for Rapid Scanning Flow Fields. Rev. Sci. Instrum. **52** (1981) S. 1676–1681

[E 1] EWBANK, M. D.; NEWMAN, P. R.: Linear Elektro-Optic Effect in Tellurium Dioxide. J. Appl. Phys. 53 (1982) S. 1150–1153

[E 2] ESCHER, H.; WEIDINGER, F.: Acousto-Optic Properties of Dense Flint Glasses. J. Appl. Phys. 46 (1975) S. 65–70

[E 3] EDWARDS, R. V.; ANGUS, J. C.: Spectral Analysis of the Signal from the Laser-Doppler-Flowmeter, Time Independent Systems. J. Appl. Phys. 42 (1971) S. 837–850

[F 1] FELDNER, E.; GÖRLICH, P.; KROHS, A.; POHL, H. J.; SCHMEIER, G.: Prinzipien für den Einsatz photoelektronischer Bauelemente in der Meßtechnik und Automatisierung. Feingerätetechnik 12 (1963) S. 194–202

[F 2] FEISTAUER, N.; ALBRECHT, H. E.: Application LADO II. Proceedings IMEKO Congress 1982, Preprint V/IV S. 218–226

[F 3] FUCHS, W.; ALBRECHT, H. E.; KRÖGER, W.: Zur Berechnung der Signalrate beim Laser-Doppler-Anemometer im Burstbetrieb. messen — steuern — regeln 26 (1983) S. 331–335

[F 4] FUCHS, W.: Ein Beitrag zur Informationsverarbeitung des Laser-Doppler-Anemometers bei niedrigen Streuteilchenzahlen. Dissertation, Rostock, Wilhelm-Pieck-Universität 1984

[F 5] FARMER, W. M.: Measurement of Particle Size Number Density and Velocity Using a Laser Interferometer. Applied Optics 11 (1972) S. 2603–2612

[F 6] FELLER, D. S.: Transientenspeicher — Oszilloskopie auf neuen Wegen. messen u. prüfen 15 (1979) S. 61–63, 140–143, 228–231, 379–380

[F 7] FUCHS, W.; ALBRECHT, H. E.; KRÖGER, W.: Strömungsbezogene Datenverarbeitung beim Laser-Doppler-Anemometer im Burstbetrieb. messen — steuern — regeln 27 (1984) S. 304–305

[G 1] GEORGE, W. K.; LUMLEY, J.: The Laser-Doppler-Velocimeter and its Application to Measurement of Turbulence. J. Fluid Mechanics 60 (1973) S. 321–362

[G 2] GOLDSTEIN, R. J.; ADRIAN, R. J.: Measurement of Fluid Velocity Gradients Using Laser Doppler Technique. Rev. Scientific Instr. 42 (1971) S. 1317–1320

[G 3] GARDAVSKY, J.; KLEINE, R.: Reflection Suppression by Polarisation in Backscatter LDA Measurements Near Walls and in Two-Phase Flows. Applied Optics 20 (1981) S. 4110–4123

[G 4] GARDNER, F. M.: Equivocation as a Cause of PLL Hangup. IEEE Transac. on Communications 30 (1982) S. 2242–2243

[H 1] HJELMFELD, A. T.; MOCKROS, L. F.: Motion of Discrete Particles in a Turbulent Fluid. Appl. Sci. Res. 16 (1966) S. 149–161

[H 2] HÖSEL, W.; RODI, W.: Ein neues Verfahren zur Prüfung digitaler Frequenzmeßgeräte für Laser-Doppler-Velocimetrie-Signale. Technisches Messen 45 (1978) S. 125–128

[H 3] HANSON, St.: Visualation of Alignment Errors and Heterodyning Constraints in Laser-Doppler-Velocimeters. Proceedings of the LDA Symposium Copenhagen, March 1975, S. 176–182

[H 4] HÖSEL, W.; RODI, W.: Eine genaue digitale Auswertemethode für Laser-Doppler-Velocimeter Signale. Techn. Messen 45 (1978) S. 43–48, 105–110

[H 5] HÖSEL, W.; RODI, W.: New Biasing Elimination Method for Laser-Doppler-Velocimeter Counter Processing. Rev. Sci. Instrum. 48 (1977) S. 910–919

[J 1] JACKSON, D. A.; PAUL, D. M.: Measurement of Supersonic Velocity and Turbulence by Laser Anemometry. J. Phys. E.: Sci. Instrum. 4 (1971) S. 173

[K 1] KOGELNIK, H.; LI, T.: Laserbeams and Resonators. Applied Optics 5 (1966) S. 1550–1567

[K 2] KONIUTA, K.; DUDERMEL, M. T.; ADLER, P. M.: A Laser-Doppler-Anemometer with Microscopic Intersection Volume. J. Phys. E: Sci. Instrum. 12 (1979) S. 918–920

[K 3] KRÖGER, W.: Ein universelles Verfahren zur Signalauswertung in der Laser-Doppler-Anemometrie. Dissertation, Rostock, Wilhelm-Pieck-Universität 1984

[K 4] KRAUSE, G.: Breitbandige rauscharme Fotodiodenschaltungen. Elektronik 25 (1976) S. 53–56

[K 5] Kröger, W.; Albrecht, H. E.; Fuchs, W.: LDA-Meßplatz zur seriellen Mehrkomponentenmessung mit mikrorechnergekoppeltem Periodendauermesser. messen — steuern — regeln **26** (1983) S. 134—140

[L 1] Lehmann, B.: Geschwindigkeitsmessung mit dem Laser-Dopplerverfahren. Wissenschaftl. Berichte d. Telefunken AG (1968) S. 141

[L 2] Lading, L.: Processing of Laser-Doppler-Anemometry Signals. DISA-Informationen **19** (1976) S. 12—18

[L 3] Lading, L.: A Fourier Optical Model for the Laser-Doppler-Velocimeter. Opto-Electronics **4** (1972) S. 385—389

[L 4] Le-Cong, P.; Lovberg, R. H.: Analysis of Dual Beam Laser Velocimeter Applied to Microcirculation Studies. Rev. Sci. Instrum. **51** (1980) S. 565—574

[L 5] Lammers, A.; Landau, J.: Laser-Doppler-Velocimeter Flow Measurements. 16. International Towing Tank Conference, Leningrad 1981, Proceedings V. 1, S. 541—552

[L 6] Landau, J.: Wake Field Measurements on a Ship Model with a LDA System. DISA-Informationen **26** (1981) S. 23—26

[M 1] Mc Laughlin, D. K.; Tiederman, W. G.: Biasing Correction for Individual Realization of Laser Anemometer Measurements in Turbulent Flows. Phys. Fluids **16** (1973) S. 2082 to 2088

[N 1] Nakatani, N.; Hanoika, N.; Konishi, T.; Yamada, T.: Optimisation of Receiving Optical Systems in the Laser-Doppler-Velocimeter for Reduction of Sampling Volume. J. Phys. E: Scientific Instrum. **10** (1977) S. 846—847

[N 2] Nakatani, N.; Nishikawa, T.; Yamada, T.: LDA Optical Systems with Multifrequency Shifting for Simultaneous Measurement of Flow Velocities at Several Points. J. Phys. E: Scientific Instrum. **13** (1980) S. 172—173

[O 1] Orloff, K. L.; Olson, L. E.: High-Resolution LDA-Measurements of Reynolds Stresses in Boundary Layers and Wakes. AIAA-Journal **20** (1982) S. 624—631

[P 1] Paul, D. M.; Jackson, D. A.: Rapid Velocity Sensor Using a Static Confocal Fabry Perot Interferometer and a Single Frequency Argon Laser. J. Phys. E: Scientific Instrum. **4** (1971) S. 170

[P 2] Pike, E. R.: Burst Correlation Processing in LDV. 3. International Workshop on Laser-Velocimetry, Purdue University 1978, Proceedings S. 41—49

[Q 1] Quate, C. F.; Wilkenson, C. D.; Werislow, D. K.: Interaction of Light and Microwave Sound. Proceedings IEEE **53** (1963) S. 1604—1623

[Q 2] Quigley, M. S.; Tiederman, W. G.: Experimental Evaluation of Sampling Bias in Individual Realization Laser Anemometry. AIAA-Journal **15** (1977) S. 266—268

[R 1] Rudd, M. J.: A New Theoretical Model for the Laser Dopplermeter. J. Phys. E: Scientific Instrum. **2** (1969) S. 55—58

[R 2] Riva, C.; Rosa, B.; Benedek, G.: Laser Doppler Measurements of Blood in a Capillary Tubes and Retinal Arteries. Investigativ Ophthalmology **11** (1972) S. 938—943

[R 3] Ruck, B.; Durst, F.: Laser-Doppler-Anemometer auf der Grundlage von Gradientenfasern. Technisches Messen **50** (1983) S. 243—249

[S 1] Schnettler, B.: Optoelektronische Demodulation von Laser-Doppler-Signalen. Technisches Messen **48** (1981) S. 159—163

[S 2] Schanz, G. W.: Weshalb eigentlich Transientenspeicher? messen u. prüfen **15** (1979) S. 563—564

[S 3] Steenstrup, F. V.: Counting Techniques Applied to Laser Doppler Anemometry. DISA-Informationen **18** (1975) S. 21—25

[S 4] Stevenson, W. H.; Thomson, H. D.; Roesler, T. C.: Direct Measurement of Laser Velocimeter Bias Errors in a Turbulent Flow. AIAA-Journal **20** (1982) S. 1720—1723

[S 5] SCHODL, R.: Laser-Two-Focus Velocimetry (L2F) for Use in Aero Engines. AGARG LS No. 90 (1977) S. 410–434

[S 6] SCHODL, R.: On the Extension of the Range of Applicability of LDA by Means of the Laser-Dual-Focus (L2F) Technique. Proceedings of the LDA-Symposium Copenhagen, March 1975, S. 480–489

[S 7] SCHRICKER, U.: Optische Strömungsmessungen mit dem Laser-Zwei-Fokus-Verfahren. Feinwerktechnik u. Meßtechnik **90** (1982) S. 65–69

[T 1] TRIDIMAS, Y.; LALOR, M. J.; WOOLLEY, N. H.: Beam Waist Location and Measurement in Dual Beam Laser. Doppler Anemometer. J. Phys. E: Scientific Instrum. **11** (1978) S. 203–206

[T 2] TCHEN, C. M.: Mean Value and Correlation Problems Connected with the Motion of Particles Suspended in a Turbulent Fluid. Martinus Nijhoff, The Hague (1947) Kap. 4, S. 72

[T 3] Texas Instruments G.m.b.H.: Das Optokochbuch. München 1975

[T 4] TRIDIMAS, Y.; LALOR, M. J.; WOOLLEY, N. H.: Criteria for Achieving Coincidence of Beam Waist and Crossover Region in a Dual-Beam Laser Doppler Anemometer. J. Phys. E: Scientific Instrum. **12** (1979) S. 1176–1178

[T 5] TROPEA, C. D.: Anwendung von Eventoskopen in der Laser-Doppler-Anemometrie. messen u. prüfen **18** (1982) S. 818–822, 827

[T 6] TROPEA, C. D.: Frequency Determination in an LDA Digital Processor. Universität Karlsruhe, SFB 80, Bericht ME 152

[V 1] Valvo G.m.b.H.: Fotoelektronische Bauelemente. Hamburg 1967

[V 2] VENKATESH, P.: Influence of Validation Scheme in a Laser-Doppler-Anemometer Period Timing Device for Frequency Measurement. J. Phys. E: Scientific Instrum. **14** (1981) S. 587–592

[Y 1] YEH, Y.; CUMMINS, H. Z.: Localized Fluid Flow Measurements with an He-Ne Laser Spectrometer. Appl. Phys. Lett. **4** (1964) S. 176–178

Firmenschriften zu Laser-Doppler-Anemometern:

[FI-1] DANTEC (früher DISA), Dänemark
Elektronische Meßgeräte GmbH

[FI-2] TSI, USA
Thermo Systems Inc.

[FI-3] OEI, BRD
Opto-Elektronische Instrumente GmbH & Co

[FI-4] Polytec, BRD
Gesellschaft für Analysen-, Meß- und Regeltechnik mbH & Co

9. Symbolverzeichnis

a	Spaltbreite (1.4), Koeffizient der Streufunktion (1.6.1), Halbachse des Meßvolumens (2.0)
A	Fläche, Amplitude (1.4), Wichtungsparameter (2.0)
b	Gitterkonstante (1.4), Koeffizient der Streufunktion (1.6.1), Halbachse des Meßvolumens (2.0), Bildweite (3.3.1)
c	Halbachse des Meßvolumens (2.0)
C	Kapazität
d	Durchmesser der abgebildeten Strahltaille (1.3; 2.0; 3.0), Linsenabstand (3.0), Bahnlänge (2.0; Anhang III)
D	Strahltaillendurchmesser vor der Linse (1.3; 2.8; 2.9; 3.0), Kohärenzfaktor (2.1; 2.6), Durchmesser der Empfangsoptik (2.8)
$\mathbf{e}, \vec{e}$	Einheitsvektor
E	elektrische Feldstärke
f	Frequenz, Brennweite
F	Streufunktion (1.6.1; 2.6), Zusatzrauschen (1.7)
g	Spiegelparameter (1.3), Gegenstandsweite (3.3.1)
G	integrale Streufunktion (1.6.1; 2.0)
h	Abstand der Hauptebenen (3.0)
H	magnetische Feldstärke
i	zeitabhängiger Strom
I	Gleichstrom, Flächenleistungsdichte (Intensität)
J	Quantenstrom (1.7)
$\mathbf{k}, \vec{k}$	Wellenvektor (Wellenzahl)
K	Reduktionsfaktoren für das Meßvolumen (2.6)
l	Modenfaktor (1.3), Dicke des Phasengitters (1.4.1), Breite des Schwingers der Bragg-Zelle
L	Resonatorlänge (1.3), Schwingerlänge (1.4.2)
m	Masse (1.3), Beugungsordnung (1.4), normierter Brechnungsindex (1.5), Modulationsgrad (1.7; 2.0)
M	Verstärkung (1.7)
n	Brechungsindex (1.7; 2.0), Teilchendichte (2.0)
N	Anzahl, Stützstellenzahl (1.2; 4.4)
p	zeitl. veränderl. Druck (1.2), Modenparameter (1.3), elastooptischer Koeffizient (1.4), Polarisation (1.5)
P	Leistung, Mittelwert Druck (1.2)
q	Modenparameter (1.3), Mie-Parameter (1.6)
Q	Periodenzahlenverhältnis (2.6)
r	Radius

R	Widerstand, Phasenradius (1.3)
s	Schlupf
Δs	Strahlabstand (3.0)
S	normierte Dehnungswelle (1.4), Amplitudenfunktion der Streuung (1.6.1.), spektrale Empfindlichkeit (1.7), Signalrate (2.6)
SRV	Signal-Rausch-Verhältnis (1.7)
t	Zeit
T	Meßzeit (1.2; 4.4), absolute Temperatur (1.3), Periodendauer
T_u	Turbulenzgrad (4.4)
U	Spannung
U, V, W	mittlere Geschwindigkeiten in x, y, z-Richtung
u, v, w	Geschwindigkeiten in x, y, z-Richtung
u', v', w'	Geschwindigkeitsschwankung in x, y, z-Richtung
$\boldsymbol{v}$, $\vec{v}$	Geschwindigkeit
V	Volumen
α	Divergenzwinkel (1.3), Einfallswinkel (1.4), Drehwinkel (5.0)
β	Beugungswinkel (1.4)
δ	Vervielfältigungsfaktor (1.7)
ε	Dielektrizitätskonstante
ζ	Funktion (1.6)
η	dynamische Viskosität, Wirkungsgrad
ϑ	Winkel (sphärische Koordinaten)
$\varkappa$	el. Leitfähigkeit
λ	Wellenlänge (optisch)
Λ	Gitterkonstante, Wellenlänge (akustisch) (1.4)
μ	Erwartungswert (1.2; 4.4)
ξ	Phasenwinkel (2.1)
ϱ	Dichte (1.2)
σ	Schubspannung (1.2), Varianz (1.2; 4.4)
τ	Scherspannung (1.2), Lebensdauer (1.3), Zeitkonstante (1.6.2)
φ	Phasenwinkel, Winkel (sphärische Koordinaten)
X	Funktion (1.6)
ψ	Phasenwinkel, Funktion (1.6), Wellenfunktion (1.4)
ω	Kreisfrequenz
Ω	Raumwinkel
Θ	Schnittwinkel der Laserstrahlen

Indizes:

a	akustisch
ax	axial (1.3)
A	Fläche (2.6)
B	Bragg, Beleuchtung (1.4)
D	Doppler, Draht (1.3)
E	Empfänger
f	Fluid, (1.6.2), flüssig
g	Gitter (1.4.1), Grenze
L	Laser, Luft, Linse
max	maximal

P	Partikel
r	Radius
s	Strahl, Shift
S	Schwelle, Sender, Spalt (1.4), Strahl (2.0)
S	Strahl (2.0)
st	Streuung
tr	transversal (1.3)
T	Teilchen (2.0)
x, y, z	in karthesischen Koordinaten
r, ϑ, φ	in Kugelkoordinaten
0, 1, 2	Medienindizes, Wellenbezeichnungen
m, n, l	Laufindizes für Summation

Funktionen:

Φ	Wahrscheinlichkeitsintegral (1.3; 4.4)
si	Funktion $(\sin x)/x$ (1.4)
Γ	Gammafunktion (1.6)
J	Bessel-Funktion (1.4)
t	Student-Verteilung (1.2; 4.4)
N	Neumann-Funktion (1.6.1)
H	Hankel-Funktion (1.6.1)
χ^2	Verteilung (4.4)
Re { }	Realteil von
$\underline{E}^*$	konjugiert komplex
c. c.	konjugiert komplex (1.4.2)
$\|\boldsymbol{v}\|$, v	Betrag

Konstanten:

c	Lichtgeschwindigkeit
ε_0	Dielektrizitätskonstante des Vakuums
q	Elementarladung
h	Plancksches Wirkungsquantum
k	Boltzmannkonstante

10. Sachwortverzeichnis

Abbildung der Strahltaille 30
Abtastung, zeitäquidistante 165
Abtastvolumen 96ff.
Akkumulation 182
Amplitudenstrichgitter 33
Amplitudenverteilung 96ff.

Bragg-Zelle 37
—-—, Bandbreite 42
—-—, Daten 45
—-—, Materialien 44ff.
—-—, Winkel 38ff.
Brechungsindexanpassung 181
Burst 89
Burstbetrieb 165, 168

Doppler-Effekt 10, 32
—-—, LDA 12
Doppler-Frequenz 78
Doppler-Peak 27, 106, 155, 161

Empfangsoptik 133
Ensemblemittelwert 23
Eventoskop 160

Fotodiode, Daten 70
Fotodiodenempfänger 153
Filterbank 161
Frequenzregelschleife 155
Frequenzvorverschiebung 16ff., 146

Heterodynempfänger 13

Informationsverarbeitung 149ff., 164ff.
—, strömungsbezogene 171

Interferenzfeld 14, 82ff., 124ff., 143
—, virtuelles 87

Kohärenzfaktor 75
Kohärenzlänge 28
Kollimator 131
Kolmogorovsche Mikromaßstäbe 20
Konfidenzintervall 22, 166, 167
Korrelator 162ff.

Längenmessung 176
Laser, Ar- 24
—, Daten 26
—, He—Ne- 24
—, Moden 26ff.
—, Strahl 28ff.
—, Taille 29
$\lambda/2$-Platte 48
$\lambda/4$-Platte 48

Mehrkomponentenmessung 17, 143ff., 172
Meßvolumen 88ff.
Mie-Parameter 51
Mie-Streuung 49
Mittelwert 21, 168
Modulation des Laserstrahls 31ff.
Modulationsgrad 66ff., 102ff.
—, integraler 83, 101
—, örtlicher 76

Navier-Stokessche Differentialgleichungen 20ff.

Optik, Dimensionierung 135ff.
optischer Empfänger 133, 147
optische Meßstrecke 127

optische Mischung 13, 73ff., 78
optoelektronische Wandler 64

Periodendauermesser 157ff.
Phasengitter 36
Phasenregelschleife 155ff.
Photonenstrom 118
Polarisation 17, 45ff., 143, 182

Quantenwirkungsgrad 64ff.

Rauschen 67ff.
Referenzstrahlverfahren 15, 85ff., 123
Reflexion 47
Reynoldssche Gleichungen 21
Reynoldssche Spannungen (Tensor) 22
Rotationsbeugungsgitter 31ff., 138, 140

Scanning 140
Schlupf 62
Sekundärelektronenvervielfacher 68, 152
Sendeoptik 128ff., 136
—, drehbare 178
Shiftfrequenz 17, 101, 145
Signal 73ff.
—, Frequenzbereich 105ff., 149
—, Zeitbereich 89ff., 149
Signalerkennung 157
Signalfrequenz 82
Signal-Rausch-Verhältnis 65ff., 113ff.
—-—-—, integrales 117
—-—-—, örtliches 114
spektrale Empfindlichkeit 65
Spektrum 13, 107, 139
Spektrumverbreiterung 108
Stichprobenumfang 23, 121, 167
Strahlaufweitung 133
Strahlmatrix 129
Strahlteiler 137
Streufunktion, integrale 58
Streuteilchen 48
Streuwelle 50
—, Intensität 50, 58
Strömung, Kenngrößen 18ff.
—, quasistationäre 21
Stützstellen 21, 166ff.

Taillenanpassung 124, 131, 141, 145
Taillenfehlanpassung 124ff.
Teilchendichte 93, 120
Teilchenfolgevermögen 61ff.
Tracker 155
turbulente Schwankungen 20
Turbulenzgrad 167

Varianz 22, 166
Vibrometer 179

Wichtung 170ff.

Zeitmittelwert 22
Zweibeleuchtungsstrahl-Zweistreustrahl-Verfahren 14, 81, 122

Bei Fragen zur Produktsicherheit wenden Sie sich bitte an:
If you have any questions regarding product safety,
please contact:

Walter de Gruyter GmbH
Genthiner Straße 13
10785 Berlin
productsafety@degruyterbrill.com